微生物学实践与技术

迟乃玉 著

科学出版社

北京

内 容 简 介

本书是作者总结30余年从教微生物学基础理论及实验、微生物学创新实践和科学研究经验，并参阅国内外大量图书和文献，尤其是微生物学的科学研究最新理论和应用技术写作而成。本书的宗旨是为对微生物及其应用感兴趣的学习者，提供一部理论和实践、实验和技术结合的操作性强的工具书。通过阅读本书，不仅能够系统了解微生物学实践操作的基本知识，还可以了解微生物学及其相关应用的规范操作。本书为实验、实践、创新、生产等过程，提供理论、实验和实践的思想、思维、方法和技术，为现代微生物工程的设计、开发、研究奠定基础。

本书分为基础性、综合性、研究性三个层次，内容翔实、全面、科学，可供从事微生物工作的人员及兴趣爱好者参考。

图书在版编目（CIP）数据

微生物学实践与技术 / 迟乃玉著. —北京：科学出版社，2020.9
ISBN 978-7-03-065994-1

Ⅰ. ①微… Ⅱ. ①迟… Ⅲ. ①微生物学 Ⅳ. ① Q93

中国版本图书馆CIP数据核字（2020）第164939号

责任编辑：丛 楠 林梦阳 / 责任校对：严 娜
责任印制：张 伟 / 封面设计：蓝正设计

科学出版社 出版
北京东黄城根北街16号
邮政编码：100717
http://www.sciencep.com
北京凌奇印刷有限责任公司 印刷
科学出版社发行 各地新华书店经销

*

2020年 9 月第 一 版 开本：787×1092 1/16
2023年 3 月第四次印刷 印张：13 1/2
字数：306 000

定价：88.00 元

（如有印装质量问题，我社负责调换）

前　言

21 世纪是生物时代，生命科学及其产业蓬勃发展，而作为产业技术的核心，微生物发酵是产业工程的必经之路。基于生命产业新时代，微生物学产业的理论、实践、技术和创新等工业化思维尤为重要，《微生物学实践与技术》应运而生。本书包括 3 部分内容。第一部分为基础性实践与技术；第二部分为综合性实践与技术；第三部分为研究性实践与技术。

基础性实践与技术——微生物学实验技术最基本的操作和技能训练，主要包括微生物培养和形态观察等内容。通过本部分内容的学习，可以建立微生物学产业实践技术最基本的操作理念和思维，为综合性、研究性实践奠定基础。

综合性实践与技术——主要训练、培养微生物学产业兴趣爱好者的综合思维能力。综合性实验由多种实践手段、技术和多层次的实验内容所组成，如微生物诱变育种。学习本部分内容可以提升基础性实践内容、技术的综合运用能力，为研究性实践奠定基础。

研究性实践与技术——是实践、检验综合思维能力的体现，如蛋白酶产生菌选育。研究性实践是在完成基础性、综合性实践的基础上，用微生物学等多学科交叉实践方法和手段，设计方案，开展科学研究，撰写研究论文，在科学创新研究与产业素质方面进行训练，为微生物学的研究和产业技术开发等工作提供指导。

本书总结了作者 30 余年微生物学理论、实验、实践等教学实践过程及经验，实用性、操作性、指导性都比较强。同时，本书补充了部分微生物学科及产业前沿内容，体现了本书的精度、准度和高度。

虽然本书作者长期从事微生物学基础理论科学研究及生产实践，但由于实验条件、经验等因素的限制，书中难免存在不足，敬请读者批评指正！

迟乃玉

2019 年 5 月 5 日于大连大黑山

目　录

第三部分　研究性实践与技术

实验须知

1. 实验前必须充分预习实验指导，明确实验目的、原理和方法，做到心中有数，思路清楚，以保证实验质量。

2. 实验课上，注意聆听实验指导老师对实验内容讲解；观察示范操作，掌握实验操作要领。

3. 实验进行前，用湿布擦净桌台，必要时用“0.1% 新洁尔灭”溶液擦拭；洗手，减少染菌概率。

4. 实验进行时严格按操作规程进行，掌握微生物学实验基本操作。

微生物实验最重要的是严格进行无菌操作，要求做到以下几点。

1）在进行接种操作前，关闭门窗，防空气对流。

2）接种时避免在室内走动、讲话，以免因尘土和飞沫而导致染菌。

3）凡转接过微生物的各种器皿（试管、培养皿、锥形瓶等），应先经灭菌后才能清洗；带菌载玻片、带菌工具（如吸管、玻璃刮棒等）应在 3% 来苏尔液（Lysol）中浸泡 20min 后再清洗。

4）实验时，须穿上工作服，离开时脱去，并经常清洗以保持清洁。

5. 实验进行培养的材料用记号笔注明菌名、接种日期、操作者姓名（或组别），放在指定培养箱中培养，按时观察并及时记录实验现象、结果。实验室中的菌种和物品等，未经老师许可，不得携至室外。

6. 使用显微镜或其他贵重仪器时，细心操作，特别爱护。对消耗材料、实验药品力求节约，节约水和电等。

7. 实验完毕，将仪器、药品放回原处，擦净桌面，用肥皂洗手后离开实验室。值日生负责清扫工作及安全检查（门窗、灯等）。

8. 每次实验结果，以实事求是的科学态度填写实验报告，回答思考问题，及时将实验报告交指导教师批阅。

9. 意外事故处理如下：

1）菌液污染桌面或其他地方时，可用 3% 来苏尔液或 5% 石炭酸覆盖 0.5h 后擦去，如是芽孢杆菌，应适当延长消毒时间。

2）如菌液污染手部，酒精棉（75%）擦去后用肥皂清洗；污染致病菌，将手浸泡在 2%～3% 来苏尔溶液中 20min 后清洗。

3）实验过程中如不慎将菌液或其他化学溶液吸入口中，立即吐出，用清水漱口多次，再根据该菌致病程度做进一步处理。

4）如遇衣物或易燃品着火，应先熄灭火源，再用湿布或沙土覆盖灭火，必要时用灭火器灭火。

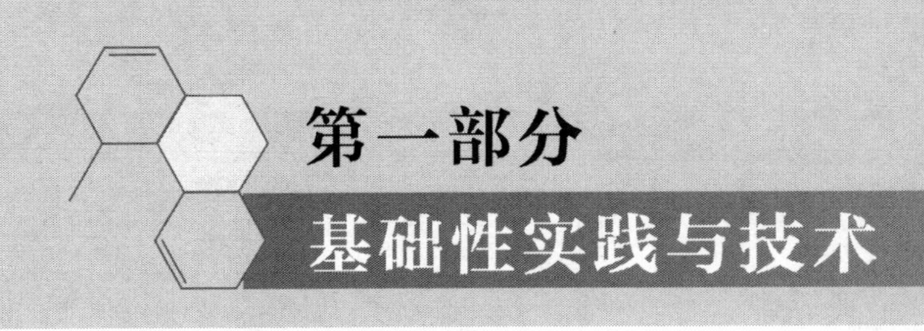

第一章　微生物分离、培养技术

自然界中各种微生物混杂在一起，即使少量样品也是许多微生物混合体。研究具有某种特性的微生物，需要从自然界中分离该特性微生物并进行纯培养。微生物分离、培养技术主要包括：培养基配制、灭菌和消毒、无菌操作、纯种分离、微生物纯培养等。

培养基是人工配制的，含有六大营养要素，适合微生物生长繁殖或产生代谢产物的混合营养物质。主要用于微生物分离、培养、鉴定、菌种保藏以及积累产物代谢等。自然界中微生物种类繁多，营养类型多样，研究目的不同，培养基种类也很多。不同种类培养基的基本组成包括碳源、氮源、无机盐和水等营养成分。此外，为了满足微生物生长繁殖或积累产物代谢要求，还必须控制培养基 pH。细菌、放线菌一般适于生长在中性或微碱性环境中，而酵母菌和霉菌则适于生长在偏酸性环境中。

配制培养基的各种营养物质、容器等取自自然环境，因此配制好的培养基必须立即灭菌，如果不能及时灭菌，应暂存冰箱内，目的是防止其中微生物生长繁殖而消耗养分或改变培养基的酸碱度。

根据微生物种类和实验目的不同，培养基区分如下。

1．按成分

培养基按成分分为天然培养基、组合培养基和半组合培养基。天然培养基是指一类利用动物、植物、微生物或包括其提取物制成的培养基，如牛肉膏蛋白胨培养基或麦芽汁培养基等。其优点是取材方便、营养丰富、种类多样、价格低廉；缺点是所用物质成分不清楚、不稳定。这类培养基是实验室和发酵工厂常用培养基。

组合培养基又称合成培养基或综合培养基，是一类按微生物的营养要求精确设计后用多种高纯化学试剂配制的培养基，如高氏Ⅰ号培养基、察氏培养基等。优点是各成分已知且含量稳定，操作重复性高；缺点是价格较贵、配制过程复杂。一般用于研究微生物营养、代谢、生理、生化、遗传、育种、菌种鉴定或生物指标测定等对参数定量精度要求较高的研究工作中。

半组合培养基又称半合成培养基，是指一类主要以化学试剂配制，同时还加有某种或某些天然成分的培养基，如马铃薯葡萄糖培养基。因其中含有一些未知的天然成分，因此只能看作是一种半组合培养基。大多数微生物都能在此种培养基上生长，应用广泛。

2．按物理状态

培养基按物理状态分为液体培养基、固体培养基、半固体培养基和脱水培养基。液体培养基因不加凝固剂，如琼脂，导致培养基呈液态。广泛应用于微生物培养、生理代谢、遗传学研究及发酵工业等。

固体培养基是一类外观呈固体状态的培养基，根据固体的性质又可分为：

（1）固化培养基　常称“固体培养基”，是指在液体培养基中加入一定量凝固剂（常加 1.5%～2.0% 琼脂）经溶化冷凝而成。此培养基可供微生物分离、鉴定、活菌计数、菌种保藏等。

（2）非可逆固化培养基　指一旦凝固后不能重新熔化的固化培养基，如血清培养基或无机硅胶培养基等。

（3）天然固态培养基　由天然固态基质直接配制成的培养基，如用麸皮或稻草粉配制成的培养基。

半固体培养基是指在液体培养基中加入 0.2%～0.7% 琼脂，经溶化冷凝而成。半固体培养基可放入试管中形成“直立柱”，常用于细菌运动特征观察、趋化性研究，厌氧菌的培养、分离和计数，以及细菌和酵母菌的菌种保藏等，若用于双层平板中，可测定噬菌体的效价。

脱水培养基又称脱水商品培养基或预制干燥培养基，指含有除水以外的一切营养成分的商品化培养基，使用时加入适量水分并加以灭菌、分装即可，是一类具有成分精确、使用方便等优点的现代化培养基。

3．按用途

培养基按用途分为选择培养基和鉴别培养基。选择培养基是一类根据微生物的特殊营养要求或其对某化学、物理因素抗性的原理而设计的培养基，具有使菌样中的劣势菌变成优势菌的功能。广泛应用于菌种筛选等领域，如马丁培养基。选择培养基分为：

（1）加富性选择培养基　是指在基础培养基中含有适宜某些微生物生长繁殖所需的特殊营养物质（如血清、酵母浸膏、动植物组织液等），可使这类微生物增殖速度比其他微生物快，从而使其在多种微生物存在情况下占有生长优势。这种培养基应用于培养某些对营养要求苛刻的微生物，如培养百日咳杆菌所使用的含有血液的培养基。

（2）抑制性选择培养基　利用分离对象对某种抑菌物质所特有的抗性，在筛选培养基中加入这种抑菌物质，经培养后，使原有样品中对此抑制剂表现敏感的优势菌生长大受抑制，而原先处于劣势的分离对象大量增殖，最终在数量上占据优势。通过“取其所抗”的办法，达到富集培养的目的。例如，分离真菌用的马丁培养基中加有抑制细菌生长的孟加拉红、链霉素；分离产甲烷菌用的培养基通常加有抑制细菌的青霉素等。

鉴别培养基是一类在成分中加有能与目的菌的无色代谢产物发生显色反应的指示剂，从而达到只需用肉眼辨别颜色就能方便地从近似菌落中找出目的菌菌落的培养基。如检查细菌能否利用不同糖类产酸产气的糖发酵培养基。

正确掌握培养基配制方法是从事微生物学实验工作的重要基础。由于微生物种类及代谢类型多样性，因而用于培养微生物培养基的种类很多，它们的配方及配制方法虽各有差异，但一般培养基配制程序却大致相同。

1.1 常规培养基制备程序

一、目的

1. 掌握培养基配制原理。
2. 了解常规培养基配制程序和注意事项。

二、原理

培养基是人工配制的，含有六大营养要素，适合微生物生长繁殖或产生代谢产物的混合营养料。一般应含有微生物生长繁殖或产生代谢产物所需的碳源、氮源、能源、无机盐、水等营养成分。此外，还须控制培养基的 pH。

培养基配制程序大致相同，如器皿的准备，棉塞的制作，培养基配制与分装等。

三、材料、仪器

（1）试剂　待用培养基组成成分、琼脂、1mol/L NaOH（附录 3-1）、1mol/L HCl（附录 3-2）等。

（2）仪器及其他　电子天平、药匙、称量纸、量筒、烧杯、玻璃棒、可调电炉、pH 试纸、培养基分装器（玻璃漏斗、乳胶管、铁架台）、试管、锥形瓶、棉塞或胶塞、牛皮纸、线绳、记号笔、高压蒸汽灭菌锅、木棒、报纸、吸管、培养皿等。

四、方法

1．玻璃器皿清洗和包装

（1）玻璃器皿清洗　玻璃器皿在使用前必须洗刷干净。将量筒、锥形瓶、试管、培养皿等玻璃用品浸入含有清洗剂的水中浸泡 15～20min，用毛刷刷洗，然后用自来水冲洗 2～3 次，再用蒸馏水冲洗 2～3 次，如果玻璃器皿表面形成均匀水膜视为清洗干净，否则重复上述清洗过程（详见附录 1）。清洗干净的器皿置于烘箱中烘干备用。

（2）玻璃器皿包装

1）培养皿包装。将干燥配套培养皿（11～12 套）用报纸或牛皮纸包成一包，或者将配套培养皿直接放于不锈钢培养皿灭菌桶中，待灭菌（培养皿应朝上摆放）。

2）吸管包装。用细铁丝将少许棉花（勿用脱脂棉）塞入吸管上端，长 1～1.5cm，距吸管口约 0.5cm（距吸管口太近，易被唾液浸湿，造成通气不良；距吸管口太远，吸管用后取出不便），棉花要塞得松紧适宜，以吹时能通气而又不滑下为准。

吸管包装过程如下（见图 1-1）：将报纸横裁成宽约 5cm 纸条，然后将已塞好棉花的吸管尖端放在报纸条一端呈 30°～45°，折叠纸条包住尖端，用右手压住吸管管

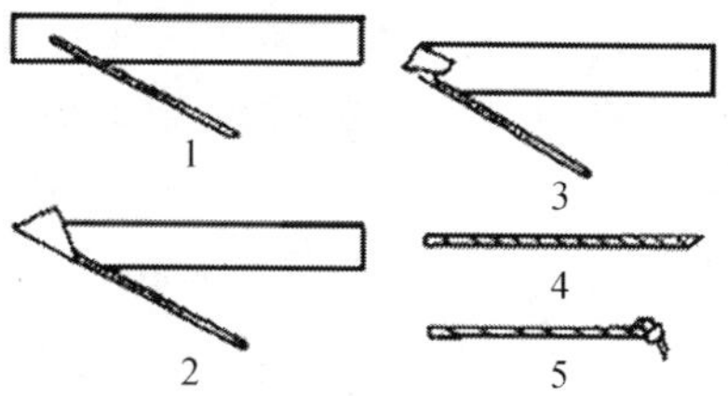

身，左手将吸管压紧在桌面上向前搓转，螺旋包装吸管至纸条末端，再将末端报纸条折叠打结，待灭菌。

如有装吸管的不锈钢筒，也可将吸管直接装入筒内（吸管尖朝筒底，粗端在筒口）灭菌。使用时，手持吸管粗端从不锈钢筒中抽出。

1 3 4 2 5

图 1-1 单支吸管包装

2．液体及固体培养基配制

培养基的配制过程可简单描述为：称量→溶化→加琼脂→溶化→定容→调 pH →分装→包扎→灭菌→斜面或平板制作→无菌检查。

（1）液体培养基配制

1）称量。根据培养基配方计算各成分用量，用电子天平称量。

注意：称药品时严防药品混杂，一把药匙用于一种药品称量，或用药匙称一种药品后，将药匙擦净，再称另一药品；药品瓶盖不要盖错。

2）溶化。在配制培养基的烧杯中，加入所需水量 2/3 左右的水（根据实验需要可用去离子水或蒸馏水），加热，再将称好培养基的成分按配方顺序依次加入，逐个用玻璃棒搅拌溶解。

注意：配制培养基时，不可用铜或铁锅，以免铜、铁氧化物溶入培养基中，改变培养基组成。另外，在培养基成分加入过程中，各种成分溶解次序是先加缓冲化合物，然后是大量元素、微量元素，最后加维生素等。

3）定容。待培养基成分全部溶解后，用滴管加水至所需体积。如某种成分用量为微量时，可先配成母液，然后按用量吸取一定体积溶液，加入培养基中。

4）调 pH。待培养基冷却至室温时，用剪刀剪出一小段 pH 试纸，用玻璃棒蘸少许培养基于 pH 试纸上，测定其 pH。培养基 pH 调配时，通常用 1mol/L NaOH 或 1mol/L HCI 溶液进行调节。

注意：调 pH 时应逐滴加入 NaOH 或 HCl 溶液，且边加边搅拌。防止局部过酸或过碱，改变培养基组成成分。并连续用 pH 试纸检测，直至所需 pH 为止（pH 不要调过头，以免回调会影响培养基中离子浓度）。配制 pH 低的琼脂培养基时，应将琼脂和调好 pH 的培养基分开灭菌后再混合，或将琼脂培养基在中性 pH 条件下灭菌，再调整 pH（以防调好 pH 的琼脂培养基在高压蒸汽下琼脂因水解不能凝固）。

（2）固体培养基配制　配制固体培养基时，应将配好的液体培养基加热煮沸，再将称好的琼脂加入，减小火力继续加热至琼脂全部溶化，再补充蒸发失去的水至所需体积。

注意：琼脂加热溶化过程中，需不断搅拌，防琼脂糊底烧焦；应控制火力，以免培养基因沸腾而溢出容器。

（3）培养基分装　根据不同需要，将配好的培养基分装入试管或锥形瓶，分装培养基时不能沾污管口或瓶口。如果培养基沾污管口或瓶口，可用脱脂棉擦去管口或瓶口的培养基，并将脱脂棉弃去。

1）试管分装。将玻璃漏斗置于铁架台上，漏斗下端接一根5～7cm乳胶管，乳胶管下端再接一根5～7cm玻璃管，乳胶管上加一弹簧夹。培养基分装（见图2），左手拿住空试管中部，并将漏斗最下端的玻璃管嘴插入距试管口3～4cm处，并使玻璃管口触及管壁；右手拇指及食指控制弹簧夹开关乳胶管，中指及无名指控制漏斗最下端玻璃口位置；待试管内注入定量培养基后，先放开弹簧夹，再抽出玻璃管，此时切忌玻璃管口触及试管管口。

如果需要大批量培养基分装试管，可用定量送样器分装，即将培养基盛入500～1000ml定量送样器，调好所需体积，然后通过抽提、压送，实现培养基快速、准确分装到试管（见图1-2）。

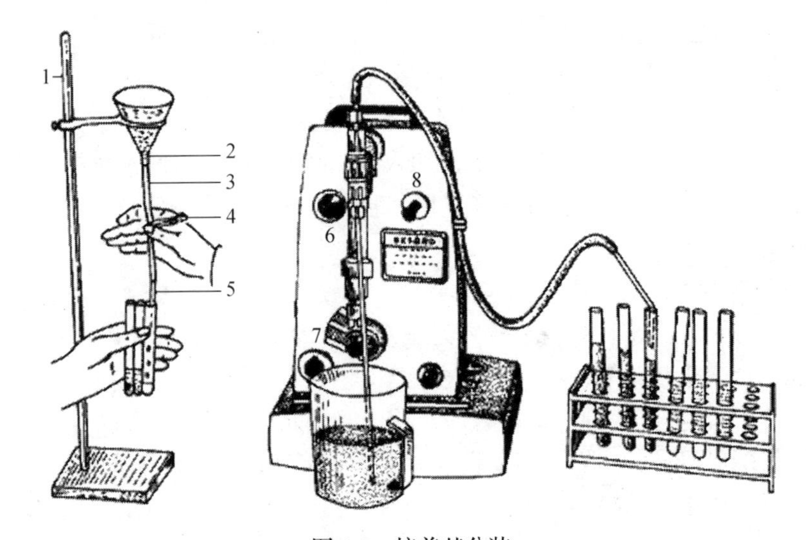

图1-2 培养基分装

1. 铁架；2. 漏斗；3. 乳胶管；4. 弹簧夹；5. 玻璃管；6. 流速调节；7. 装量调节；8. 开关

试管培养基装入量，根据试管大小及需要而定。所用试管大小为1.8cm×18cm时，液体培养基一般分装试管高度1/4左右；固体培养基趁热分装试管高度1/5（5～6ml）；半固体培养基分装试管高度1/3。

2）锥形瓶分装。用于振荡培养微生物时，500ml锥形瓶装入50～150ml或1000ml装入100～300ml液体培养基；用于制作平板培养基时，可在锥形瓶中装入其容积一半的培养基。

（4）棉塞制作及试管、锥形瓶的包扎　好气性微生物培养时，需提供优良通气条件。用试管或锥形瓶培养好气性微生物时，必须实现容器和外界空气交换，通常方法是在试管及锥形瓶口加上棉塞。棉塞作用是保证良好通气；过滤空气，防止杂菌污染；减缓培养基水分蒸发。

1）试管棉塞制作及试管包扎。制作试管棉塞应根据试管口大小进行，首先选用一块大小、厚薄适中的普通棉花（勿用脱脂棉，因其易吸水变湿，造成污染，且价格较贵），其次将其铺展成正方形，再对折成三角形，然后从三角形一端卷起，卷成上粗下细的圆柱（见图 1-3），外包一层纱布，再塞在试管口上。加塞时，棉塞 2/3 在试管内，1/3 在试管外。制作的棉塞应紧贴管壁，不宜过紧或过松。过紧妨碍空气流通，操作不便；过松滤菌效果不好。

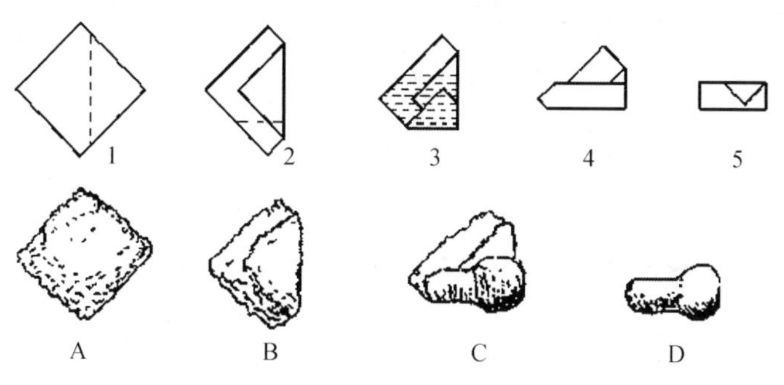

图 1-3 棉塞制作过程

将装入培养基的试管塞好棉塞或胶塞，试管每 5 支或 7 支一组，外面包上一层牛皮纸（防灭菌时冷凝水润湿棉塞），用线绳以活结形式扎好，用记号笔注明培养基名称、组别、配制日期，待灭菌。

2）锥形瓶棉塞制作。锥形瓶棉塞制作类似试管棉塞，不同点是选择棉花大小、厚度比试管棉塞制作的棉花大些、厚些。有时为了加大液体振荡培养通气量，则用 8 层纱布包扎瓶口代替棉塞。目前也有采用无菌培养容器封口膜直接封在瓶口上，既保证良好通气、过滤除菌，又操作简便，很受欢迎。

在塞好棉塞或用封口膜的锥形瓶口上，再包一层牛皮纸（或聚丙烯薄膜代替牛皮纸，其防水效果好，且可重复使用），用线绳捆好，待灭菌。

（5）培养基灭菌　培养基经分装包扎后，立即进行高压蒸汽灭菌，一般培养基在 0.1MPa、121℃灭菌 20min。若有特殊情况培养基不能及时灭菌，则应暂存于 4℃冰箱，时间不宜过久。

（6）斜面和平板制作

1）斜面制作。将已灭菌的琼脂培养基试管，趁热置于木棒上（见图 1-4），使成适当斜度，凝固后即成斜面。斜面长度以不超过试管长度 1/2 为宜。如制作半固体或固体深层培养基时，灭菌后则应垂直放置至冷凝。

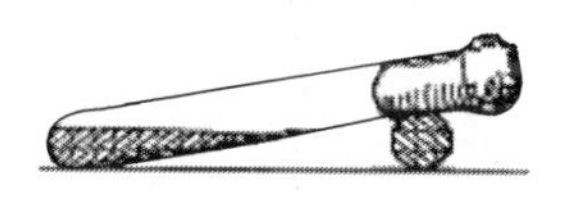
图 1-4 斜面放置

2）平板制作。将锥形瓶中已灭菌的培养基冷至 50℃左右倒入无菌培养皿中。温度过高时，平板冷凝水太多；温度低于 50℃，由于培养基凝固易使平板凹凸不平。

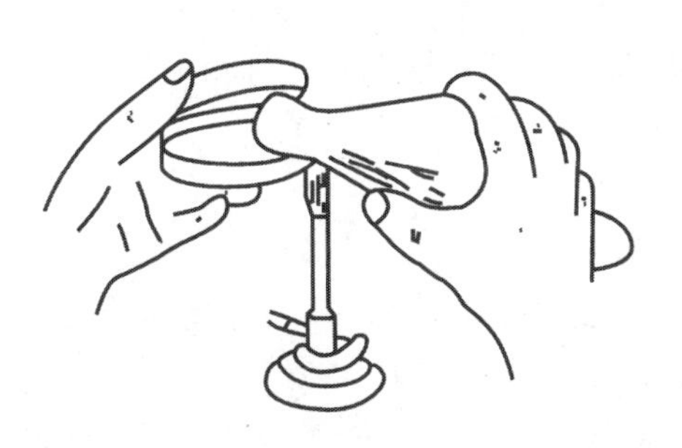
图 1-5 倒平板示意图

平板制作应在火焰旁进行（见图 1-5）。右手用小指和手掌将锥形瓶棉塞取下，灼烧瓶口；左手拿培养皿，用左手大拇指和食指将培养皿盖打开一缝，至瓶口正好伸入为宜。倒入培养基（培养皿直径为 9cm，培养基用量为 15～20ml 为宜），迅速盖好皿盖，轻轻旋转培养皿，使培养基均匀分布于整个培养皿中，置于桌上，待冷凝后将平板倒置放置。

（7）培养基无菌检查　灭菌后培养基须进行无菌检查。从中抽出几支试管（或培养皿），置 37℃培养箱中培养 1～2d，确定无菌后方可使用。

五、报告内容

1. 简述吸管包装过程及注意事项。
2. 简述棉塞制作过程。
3. 简述斜面及平板培养基制作过程。

1.1.1　细菌常用培养基制备

一、目的

1. 掌握细菌培养基配制原理。
2. 掌握细菌培养基配制方法。

二、原理

牛肉膏蛋白胨培养基（肉汤培养基）是培养细菌的培养基，它含有一般细菌生长繁殖或积累代谢所需要的营养物质。其中牛肉膏为微生物提供碳源、氮源、磷酸盐和维生素；蛋白胨主要提供氮源和维生素；NaCl 提供无机盐；琼脂作凝固剂。用碱将 pH 调至中性或微碱性。牛肉膏蛋白胨培养基配方如下：牛肉膏 0.5%，蛋白胨 1%，NaCl 0.5%，琼脂 1.5%～2%，pH 7.4～7.6。

三、材料、仪器

（1）试剂　牛肉膏、蛋白胨、NaCl、琼脂或琼脂粉、1mol/L NaOH（附录 3-1）等。

（2）仪器及其他

1）称量药品所需仪器：电子天平、药匙、称量纸、玻璃棒等。

2）配制培养基所需仪器：量筒、烧杯、可调电炉（或电磁炉）、玻璃棒、pH 试纸（pH 5.5～9.0）等。

3）分装、包扎、灭菌所需仪器：培养基分装器、试管、锥形瓶、棉塞、牛皮纸、线绳、记号笔、高压蒸汽灭菌锅等。

四、方法

（1）称量　按培养基配方用量依次称取蛋白胨和 NaCl 于烧杯中；用玻璃棒挑取牛肉膏置于小烧杯进行称量，然后向小烧杯加入少量蒸馏水，加热融化后加入上述烧杯中。牛肉膏也可用称量纸称量，称量后直接放入水中，稍微加热，牛肉膏便与称量纸分离，用玻璃棒取出纸片。

注意：蛋白胨易吸湿，称取时动作要迅速。

（2）溶化　在上述烧杯中加入所需水量 2/3 左右蒸馏水，将烧杯置于可调电炉加热，用玻璃棒搅拌使药品溶解。

（3）定容　待药品全部溶化，补水到所需总体积。将称好的琼脂（1.5%～2%）加入，继续加热至琼脂全部溶化，最后补足因蒸发而失去的水分至所需体积。在制备锥形瓶装固体培养基时，可先将一定量液体培养基分装于锥形瓶，然后将琼脂按 1.5%～2% 的量直接加入锥形瓶，灭菌和加热溶化同步进行，节省时间。

（4）调 pH　用 pH 试纸测量培养基原始 pH，用滴管向培养基中加 1mol/L NaOH 调 pH，边加边搅拌，并随时用 pH 试纸测其 pH，直到 pH 为 7.6。对于 pH 要求较精确的微生物，其 pH 调节可用酸度计。

（5）分装　按实验要求，将培养基分装试管或锥形瓶。固体培养基分装试管以其高度 1/5 为宜，分装锥形瓶不超过其容积 1/2。

注意：培养基在分装过程中，切忌沾到管口或瓶口，以防沾污棉塞而引起污染。

（6）加塞　培养基分装完毕，将试管或锥形瓶加棉塞（泡沫塑料塞或胶塞）。

（7）包扎　试管或锥形瓶加棉塞后，外包一层牛皮纸（防灭菌时冷凝水润湿棉塞），用线绳以活结形式捆好。注明培养基名称、组别和配制日期。

（8）灭菌　将上述培养基在 0.1MPa、121℃灭菌 20min。

（9）搁置斜面　将灭菌试管培养基冷却在 50℃左右（以防斜面上冷凝水太多），试管口端搁在木棒或其他合适高度的器具上，搁置斜面应不空底，斜面长度以试管总长 1/2 为宜。

（10）无菌检查　将灭菌培养基置 37℃恒温培养 1～2d，以检查灭菌是否彻底。

1.1.2　放线菌常用培养基制备

一、目的

通过配制高氏Ⅰ号培养基，掌握合成培养基配制方法。

二、原理

高氏Ⅰ号培养基是用来培养和观察放线菌形态特征的组合培养基，如果向其中加适量抗菌药物（如抗生素、酚等）可分离各种放线菌。

高氏Ⅰ号培养基特点是含多种化学成分，配制过程中可能相互作用产生沉淀，如培养基中磷酸盐和镁盐混合时易产生沉淀。因此，在配制合成培养基时，一般按培养基配方顺序依次完全溶解各成分，甚至有时还需要将两种或多种成分分别灭菌，使用时按用量混合。另外，如果组合培养基某种成分用量为微量时，可先配成母液，然后按用量吸取一定体积溶液，加入培养基。例如，高氏Ⅰ号培养基中 $FeSO_4 \cdot 7H_2O$ 的量只有 0.001%，因此，在配制高氏Ⅰ号培养基时需预先配成高浓度 $FeSO_4 \cdot 7H_2O$ 贮备液，然后按需加入一定的量。

高氏Ⅰ号培养基配方如下：可溶性淀粉 2%，NaCl 0.05%，KNO_3 0.1%，$K_2HPO_4 \cdot 3H_2O$ 0.05 %，$MgSO_4 \cdot 7H_2O$ 0.05%，$FeSO_4 \cdot 7H_2O$ 0.001 %，琼脂 1.5%～2%，pH 7.4～7.6。

三、材料、仪器

（1）试剂　可溶性淀粉、NaCl、KNO_3、$K_2HPO_4 \cdot 3H_2O$、$MgSO_4 \cdot 7H_2O$、$FeSO_4 \cdot 7H_2O$、琼脂、1mol/L NaOH（附录 3-1）等。

（2）仪器及其他

1）称量药品所需仪器：电子天平、药匙、称量纸等。

2）配制培养基所需仪器：量筒、烧杯、可调电炉、玻璃棒、pH 试纸（pH 5.5～9.0）等。

3）分装、包扎、灭菌所需仪器：培养基分装器、试管、锥形瓶、棉塞、牛皮纸、线绳、记号笔、高压蒸汽灭菌锅等。

四、方法

（1）称量及溶化　量取所需水量 2/3 左右水加入烧杯，置石棉网上加热至沸腾；将已称量的可溶性淀粉置于小烧杯中，加入少量冷水调成糊状，倒入上述烧杯用玻璃棒不断搅拌，继续加热至淀粉完全糊化；称量 NaCl、KNO_3、$K_2HPO_4 \cdot 3H_2O$、$MgSO_4 \cdot 7H_2O$，依次加入烧杯中使其完全溶解；1000ml 培养基中加入 1ml 浓度为 0.01g/ml $FeSO_4 \cdot 7H_2O$ 贮备液；补水至所需体积。如果配制固体培养基，其溶化过程同前。

0.01g/ml $FeSO_4 \cdot 7H_2O$ 贮备液配制方法：在 100ml 水中加入 1g $FeSO_4 \cdot 7H_2O$。

（2）pH 调节、分装、加塞、包扎、灭菌及无菌检查　同前。

1.1.3 真菌常用培养基制备

一、目的

1. 了解半组合培养基配制原理。
2. 掌握马铃薯葡萄糖培养基、豆芽汁葡萄糖培养基配制方法。

二、原理

马铃薯葡萄糖培养基、豆芽汁葡萄糖培养基是培养酵母菌、霉菌的常用半组合培养基。

马铃薯葡萄糖培养基配方如下：马铃薯 20%，葡萄糖 2%，琼脂 1.5%～2%，pH 自然。

豆芽汁葡萄糖培养基配方如下：黄豆芽 10%，葡萄糖 5%，琼脂 1.5%～2%，pH 自然。

三、材料、仪器

（1）材料　马铃薯、葡萄糖、黄豆芽、琼脂等。

（2）仪器及其他

1）称量药品所需仪器：电子天平、药匙、称量纸等。

2）配制培养基所需仪器：量筒、烧杯、刀、菜板、可调电炉、纱布、玻璃棒等。

3）分装、包扎、灭菌所需仪器：培养基分装器、试管、锥形瓶、棉塞、牛皮纸、线绳、记号笔、高压蒸汽灭菌锅等。

四、方法

1．马铃薯葡萄糖培养基制备

（1）配制　用刀将马铃薯去皮，切成块小火煮沸 30min，用纱布过滤，加葡萄糖及琼脂溶化后补足水至所需体积。

（2）分装、加塞、包扎、灭菌及无菌检查　同前。

2．黄豆芽葡萄糖培养基制备

（1）配制　取新鲜黄豆芽加水，小火煮沸 30min，用纱布过滤，加葡萄糖及琼脂溶化后定容。

（2）分装、加塞、包扎、灭菌及无菌检查　同前。

1.1.4　分离真菌培养基制备

一、目的

通过配制分离真菌的马丁培养基，明确选择培养基的原理，掌握选择培养基配制方法。

二、原理

马丁培养基是用来分离真菌的选择培养基。葡萄糖主要作碳源；蛋白胨主要作氮源；KH_2PO_4、$MgSO_4 \cdot 7H_2O$ 作为无机盐，为微生物提供钾、磷、镁离子。培养基中加入孟加拉红和链霉素能有效抑制细菌和放线菌生长，对真菌无抑制作用，从而达到分离真菌的目的。

马丁培养基配方如下：KH_2PO_4 0.1%，$MgSO_4 \cdot 7H_2O$ 0.05%，蛋白胨 0.5%，葡萄糖 1%，1% 孟加拉红 0.33%（体积分数），琼脂 1.5%～2%，pH 自然。临用时以无菌操作在 1000ml 培养基中加入 1% 链霉素 3ml，使其终浓度为 30μg/ml。

三、材料、仪器

（1）试剂　KH_2PO_4、$MgSO_4 \cdot 7H_2O$、蛋白胨、葡萄糖、琼脂、1% 孟加拉红（附录 3-3）、1% 链霉素（附录 3-4）等。

（2）仪器及其他

1）称量药品所需仪器：电子天平、药匙、称量纸等。

2）配制培养基所需仪器：量筒、烧杯、可调电炉、玻璃棒等。

3）分装、包扎、灭菌所需仪器：培养基分装器、试管、锥形瓶、棉塞、牛皮纸、线绳、记号笔、高压蒸汽灭菌锅等。

四、方法

（1）称量及溶化　根据培养基配方计算各成分用量，用电子天平称量；依次溶解于所需水量 2/3 左右水中，待培养基各成分完全溶化后；补水至所需体积。在培养基中加入 1% 孟加拉红溶液，混匀后，加入琼脂加热使其溶化。

（2）分装、加塞、包扎、灭菌及无菌检查　同前。

（3）链霉素加入　用无菌水将链霉素配成 1% 溶液，无菌操作在 1000ml 培养基中加 1% 链霉素溶液 3ml。

注意：链霉素受热易分解，待培养基温度降到 45～50℃时加入。

1.2　常用灭菌方法概述

微生物在自然界中分布广泛，为了保证生产和科学研究所需菌株不受其他杂菌干扰，灭菌和消毒技术至关重要。灭菌和消毒两者概念不同，灭菌是采用强烈的理化因素使物体内外部的一切微生物永远丧失其生长繁殖能力的措施，能杀死或消灭环境中所有微生物（包括芽孢和孢子）；消毒是采用较温和的理化因素，仅杀死物体表面或内部一部分对人或动、植物有害的病原菌，而对被消毒的对象基本无害的措施，能消灭病原菌和有害微生物营养体。灭菌和消毒方法有多种，分为物理法和化学法两大类。物理法包括加热灭菌（干热灭菌和湿热灭菌）、过滤除菌、辐射灭菌等。化学法是利用无机或有机化学药剂进行消毒与灭菌。人们可根据微生物特点、待灭菌材料、实验目的和要求选用不同灭菌和消毒方法。

一、加热灭菌

加热灭菌主要利用高温使菌体蛋白质变性或凝固、酶失活而达到杀菌目的。根据加热方式不同，分为干热灭菌和湿热灭菌。

1. 干热灭菌

干热灭菌包括火焰烧灼灭菌和热空气灭菌。火焰烧灼灭菌适用于接种环、接种针、接种钩等。无菌操作时试管口或瓶口也在火焰上做短暂烧灼灭菌。对于小刀、镊子、载玻片、玻璃涂棒可预先浸泡在 75% 乙醇中，使用时取出，通过瞬间火焰烧灼灭菌。

应该注意的是，接种完毕，接种针灼烧先从中部开始（使热度由针的中部传递到端部，使微生物逐渐焦化），再将针端移到火焰上直立灼烧；也可将接种针置于外焰过渡处理后再彻底灼烧，避免直接灼烧微生物引起爆散，污染环境。

热空气灭菌是利用加热的高温（150～170℃）空气进行灭菌的方法。此法适用于耐高温玻璃制品、金属制品及保藏微生物用的沙土、液体石蜡以及碳酸钙等物品的灭菌，同时对新制作的试管及三角瓶棉塞具有固定形状作用。

2．湿热灭菌

湿热灭菌是一类利用高温的水或水蒸气进行灭菌的方法，通常多指用 100℃以上的加压蒸汽进行灭菌。在同样温度和相同作用时间下，湿热灭菌法比干热灭菌法更有效，原因是高温蒸汽不但穿透力强，而且还能破坏维持蛋白质空间结构和稳定性的氢键，加速蛋白质的变性。湿热灭菌种类很多，主要有以下几类。

（1）常压法

1）巴氏消毒法。巴式消毒法是一种低温湿热消毒法，处理温度变化不大，一般在 60～85℃下处理 15s 至 30min。主要用于牛奶、啤酒、果酒或酱油等不宜进行高温灭菌的液态风味食品或调料。具体分为低温维持法和高温瞬时法：①低温维持法是指在温度为 63℃下维持 30min，用于牛奶消毒。②高温瞬时法是指温度和时间分别为 72～85℃和 15s 或 120～140℃和 2～4s，急剧冷却至 75℃，经匀质化后冷却至 20℃条件下对牛奶或其他液态食品（果汁、果汁饮料、豆乳、茶、酒、矿泉水等）进行处理的一种工艺。其特点是既能杀死产品中微生物，又能较好保持食品品质与营养价值。

2）煮沸消毒法。采用 100℃水煮沸保持 10～15min，可杀死繁殖体；1～3h 可杀灭芽孢。在水中加入 1%～2% 碳酸氢钠或 2%～5% 石炭酸，能增强杀菌作用，效果更好。在高原地区，因气压低导致沸点低，需要延长煮沸时间，海拔每增高 300m，延长 2min。将刷洗干净物品全部浸入水中，大小相同器皿不能重叠，确保物品各面与水接触。锐利、细小、易损物品用纱布包裹，以免撞击或散落。玻璃、搪瓷类制品放入冷水或温水中煮沸，金属、橡胶类制品待水沸后放入。消毒时间以水沸后开始计算，消毒后及时取出，其“无菌”有效期不超过 6h。此法适用于耐高温搪瓷、金属、玻璃和橡胶类制品等，如注射器和解剖器械，但注射器和解剖器械也可采用高压蒸汽灭菌或干热灭菌，或采用一次性无菌用品。

3）间歇灭菌法。间歇灭菌法又称分段灭菌法或丁达尔灭菌法，是利用水蒸气把培养基加热到 100℃，分几次蒸煮，达到彻底灭菌又保护培养基营养成分的目的。它是通过间歇灭菌器（阿诺氏灭菌器）达到灭菌目的。阿诺氏灭菌器类似铝质或铁质蒸笼，灭菌时，通过加热使温度达 100℃，常压下使水一直保持沸腾状态，利用不断产生的水蒸气来灭菌。

间歇灭菌分 3 次进行，第一次 80～100℃蒸煮 15～60min，杀死其中所有微生物的营养体，取出于培养箱培养一定时间（芽孢发育成营养体）；第二次同样蒸煮和培养，如此连续重复 3 次在较低灭菌温度下达到彻底灭菌的良好效果。此法适用于不能用高压蒸汽灭菌的培养基，如明胶培养基、牛奶培养基、含糖培养基等。缺点是灭菌较麻烦，工作周期长。

（2）加压法

1）常规加压蒸汽灭菌法是将物品放在密闭高压蒸汽灭菌锅内 0.1MPa、121℃灭菌 20～30min。时间长短可根据灭菌物品的种类和数量不同有所变化，以达到彻底灭菌为准。此法适用于培养基、工作服、橡胶制品、玻璃器皿等灭菌。

2）连续加压蒸汽灭菌法俗称“连消法”，指培养基加热到135～140℃维持5～15s以达到彻底灭菌目的。用于大型发酵厂的大批培养基灭菌。

二、过滤除菌

微生物虽小，但有一定体积，通过过滤除菌也能把它们除掉。过滤除菌是通过滤器（由各种多孔径介质构成的滤板）把含菌液体或气体中的微生物截留在滤板上，从而达到滤菌目的。

滤器有多种类型，根据滤板介质不同，滤器有硅藻土滤器、石棉板滤器、玻璃滤器、陶瓷滤器、火棉胶滤器、滤膜滤器。根据过滤对象和滤板介质不同，滤器有液体滤器和空气滤器两类。空气滤器常用介质是棉花纤维和玻璃纤维，前者如实验室试管棉塞、棉滤管滤器和发酵工厂车间中总滤器；后者如超净工作台、接种室和发酵工厂常用过滤介质。应用广泛的滤器有蔡氏滤器和微孔滤膜滤器。

蔡氏滤器是由石棉制成的圆形滤板和一个特制金属漏斗组成，分上下两节，过滤时，用螺旋把石棉板紧紧夹在上、下两节滤器之间，然后将溶液置于滤器中抽滤，每次过滤必须用一张新滤板。据孔径大小滤板分为3种型号：K型最大，作一般澄清用；EK型滤孔较小，用来除去一般细菌；EK-S型滤孔最小，可除去大病毒。

微孔滤膜滤器是一种新型滤器，其滤膜是用醋酸纤维素和硝酸纤维素混合物制成的薄膜，孔径为0.025～10.00μm。过滤时，液体和小分子物质通过，细菌被截留在滤膜上。实验室中用于除菌的微孔滤膜孔径一般为0.20μm。微孔滤膜不仅用于除菌，还可用来测定液体或气体中的微生物，如水中微生物检查。

过滤除菌适用于以下几个方面：对热不稳定、体积小的液体材料（如血清、酶、毒素、噬菌体等）；高温灭菌易遭破坏的各种培养基成分（如尿素、碳酸氢钠、维生素、抗生素、氨基酸等）；空气（如安装在超净工作台、发酵罐空气进口、微生物无菌培养室、细胞培养室、精密仪器仪表厂、医药和食品等部门、科研单位的各种空气过滤装置）。

三、辐射灭菌

辐射分为紫外线等非电离辐射和γ射线等电离辐射。

紫外线波长在200～400nm，具有杀菌作用，其中以256～266nm杀菌力最强。在波长一定的条件下，紫外线杀菌效率与强度和时间乘积成正比。

紫外线杀菌机制主要是因为紫外线诱导DNA胸腺嘧啶间形成胸腺嘧啶二聚体，从而抑制DNA正常复制（但不能在开着日光灯或钨丝灯情况下开启紫外灯进行杀菌，因可见光能激活微生物体内光修复酶，使形成的胸腺嘧啶二聚体拆开复原）。另外，空气在紫外线辐射下产生臭氧（O_3）；水在紫外线辐射下被氧化生成过氧化氢（H_2O_2）。H_2O_2和O_3均有杀菌作用。

紫外线穿透力极差，适用于接种室、超净工作台、无菌培养室及手术室空气、物体表面灭菌。紫外线灭菌通过紫外线灯进行，紫外线灯距离照射物体以不超过1.2m为宜。

紫外线对人体有损伤作用，可严重灼烧眼结膜而损伤视神经，对皮肤也有刺激作用，所以不能直视紫外线灯，更不能开着紫外线灯下工作。

此外，X 射线和 γ 射线等因具较高能量与穿透力，在常温下可对不耐热物品灭菌。其机理在于产生游离基，破坏 DNA。广泛应用于不能进行加热灭菌的纸张、塑料薄膜、各种积层材料制作的容器及医用生物敷料等灭菌。X 射线和 γ 射线灭菌最大优点是穿透力强，可在厚包装完好条件下灭菌。

四、化学药物的消毒与灭菌

化学药物的消毒与灭菌是指应用能抑制或杀死微生物的化学试剂进行消毒或灭菌的方法。其主要是通过改变细胞膜通透性；使蛋白质变性或凝固；改变原生质的胶体性状，使菌体发生沉淀或凝固来达到消毒与灭菌目的。

根据化学药物的效应，可分为灭菌剂、消毒剂、防腐剂。灭菌剂是指能杀死一切微生物的化学药品；消毒剂是指能杀死病原菌和其他有害微生物的化学药品；防腐剂是指只能防止或抑制微生物繁殖的化学药品。三者之间界限难以明确区分，一种药物在低浓度时，可作防腐剂或消毒剂，而在高浓度时，可作杀菌剂。化学药品对微生物作用是抑菌还是杀菌以及作用效果还与处理微生物时间长短、微生物种类及微生物所处环境等因素有关。

化学消毒剂按其化学性质可分以下几类：无机酸、碱及盐类；重金属盐，如汞盐、银盐等；氧化剂，如高锰酸钾、过氧化氢、过氧乙酸及臭氧等；卤素及其化合物，如氟、氯、漂白粉、碘等；有机化合物，如酚类、醇类、甲醛、有机酸及有机盐等；表面活性剂，如新洁尔灭；矿质元素，如硫。按灭菌作用可分为高效消毒剂（可杀灭一切微生物），如过氧乙酸、甲醛等；中效消毒剂（可杀灭抵抗力较强的结核杆菌和其他细菌、真菌和大多数病毒），如乙醇、新洁尔灭等；低效消毒剂（只能杀灭除结核杆菌以外的抵抗力较弱的细菌、真菌、病毒），如高锰酸钾等。

实验室中常用化学药品有 2% 煤酚皂（来苏尔），0.1% 升汞，75% 乙醇等。常用化学消毒剂应用范围和浓度见表 1-1。

表 1-1　常用化学消毒剂应用范围和常用浓度

类别	实例	常用浓度	应用范例
醇类	乙醇	70%～75%	皮肤及器械
酸类	食醋	5～10ml/m^3	房间消毒（防呼吸道传染）
碱类	石灰水	1%～3%	地面
酚类	石炭酸	3%～5%	地面，家具，器皿
	来苏尔	2%	空气，皮肤
醛类	福尔马林	10% 溶液 2～6ml/m^3	接种室、箱或厂房熏蒸
重金属离子	升汞	0.1%	非金属物品、器皿

续表

类别	实例	常用浓度	应用范例
重金属离子	硝酸银	0.1%～1%	皮肤，滴新生儿眼睛
氧化剂	高锰酸钾	0.1%～3%	皮肤，尿道，水果，蔬菜
	过氧化氢	3%	伤口
卤素及其化合物	氯气	0.2～0.5mg/L	饮用水，游泳池水
	漂白粉	1%～5%	空气（喷雾），饮水，体表
染料	结晶紫	2%～4%	皮肤，伤口
去污剂	新洁尔灭	0.05%～0.1%	皮肤，黏膜，手术器械

1.2.1 干热灭菌

一、目的

1. 了解干热灭菌原理和应用范围。
2. 掌握干热灭菌操作技术。

二、原理

干热灭菌是利用高温使微生物细胞内蛋白质凝固变性而达到灭菌目的。细胞内蛋白质凝固变性与其含水量有关，环境和细胞内含水量越大，则蛋白质凝固就越快；反之含水量越小，凝固越慢。干热灭菌温度为150～170℃，时间为1～2h。干热灭菌温度不能超过180℃，否则包器皿的纸或棉塞就会烧焦，甚至引起燃烧。

电热干燥箱是干热灭菌常用仪器，它是通过电热丝加热来调温，不仅用来灭菌，也可用于器皿等材料烘干。

干热灭菌适用范围：玻璃器皿（培养皿、锥形瓶、试管、离心管、刻度吸管等），金属用具（牛津杯、镊子、手术刀等）和其他耐高温物品（陶瓷培养皿盖、沙土管、液体石蜡、碳酸钙等）。

三、材料、仪器

培养皿、试管、报纸、吸管、电热干燥箱等。

四、方法

（1）装入待灭菌物品　将包好的待灭菌物品（培养皿、试管、吸管等）放入电热干燥箱内，一般不超过总容量2/3，关好箱门。

注意：玻璃器皿在灭菌前应洗净、晾干；灭菌物品不要摆得太挤，以免妨碍空气流通；灭菌物品不能用油纸包扎，不要紧靠四壁，以防包装纸烧焦起火。

（2）升温　接通电源，关闭箱门，打开干燥箱排气孔，设定灭菌温度为150～170℃，当温度升到100℃时，关闭排气孔，继续加热。

（3）恒温　当箱内温度升到要求温度（150～170℃）时开始计时，恒温维持1～2h。

注意： 干热灭菌过程中，严防恒温调节器控制失灵造成事故。

（4）降温　达到规定时间后切断电源，自动降温。

（5）开箱取物　待温度降到70℃以下，方可打开箱门，取出灭菌物品。

注意： 箱内温度未降到70℃以前，切忌打开箱门，以免骤然降温导致玻璃器皿炸裂。

1.2.2 高压蒸汽灭菌

一、目的

1. 了解高压蒸汽灭菌原理。
2. 掌握高压蒸汽灭菌操作技术。

二、原理

高压蒸汽灭菌是将待灭菌物品放在一个密闭加压灭菌锅内，通过加热，使灭菌锅隔套间水沸腾而产生蒸汽。待水蒸气将锅内冷空气驱尽后，关闭排气阀，继续加热，此时由于水蒸气不能溢出，增加灭菌锅内压力，使水沸点升高，得到比100℃高的蒸汽温度，导致菌体蛋白质凝固变性而达到灭菌目的。当锅内压力为0.1MPa，温度121℃时，一般维持20～30min，即可杀死一切微生物营养体、孢子及芽孢。

同一温度下，湿热灭菌比干热灭菌强。其原因有三：①湿热中细菌菌体吸收水分，蛋白质较易凝固，因蛋白质含水量增加，所需凝固温度低。②湿热穿透力比干热强。③湿热蒸汽有潜热存在。1g水在100℃时，由气态变成液态时可放出2.26kJ热量。这种潜热，能迅速提高被灭菌物体温度，从而增加灭菌效力。

高压蒸汽灭菌器是一个耐压、密闭的金属锅，有立式（见图1-6）、卧式、手提式（见图1-7）三种。实验室以立式、手提式为主，卧式用于大批量物品灭菌及消毒。不同类型灭菌器虽大小外形各异，但基本结构大致相同。外锅装水，供发生蒸汽用，与之连通有水位玻管以标志水量。外锅一般有石棉或玻璃棉的绝热层防止散热。内锅（灭菌室）是放置灭菌物的空间，可配置铁架以分放灭菌物品。灭菌器上装有表示锅内温度和压力的温度计、压力表。温度计可分为2种，一种是直接插入式水银温度计，装在密闭的钢管内，焊接在内锅；另一种感应式仪表温度计，其感应部分安装在内锅排气管，仪表安装在锅外底部，便于观察。压力表内外锅各装一只，大多数压力表标明4种单位：公制压力单位（kg/cm^2）、英制压力单位（磅/平方英寸）、压力法定计量单位（Pa）和温度单位（℃），便于灭菌时参考。灭菌锅还有排气口、安全阀。排气阀内外锅各一个，用于排除空气。新型灭菌锅多在排气阀外装有气水分离器（疏水管），内有由膨胀盒控制活塞，利用空气、冷凝水与蒸汽之间温度控制开关，在灭菌过程中，可不断自动排出冷空气。安全阀利用可调弹簧控制活塞，超过额定压力即自动放气减压。如果压力超过一定限度，安全阀门便自动打开，放出过多的蒸汽。

高压蒸汽灭菌技术关键是在压力上升之前需将锅内冷空气排尽。若锅内未排尽冷

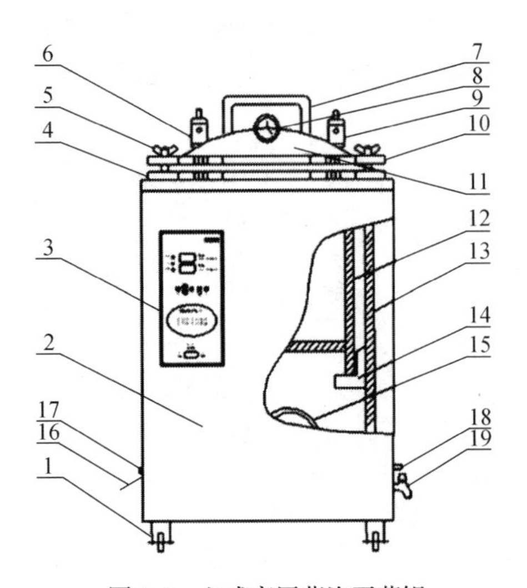

图 1-6 立式高压蒸汽灭菌锅

1. 脚轮；2. 桶身外壳；3. 面板；4. 下法兰；5. 蝶形螺母；6. 安全阀；7. 胶木柄；8. 压力表；9. 放气阀；10. 上法兰；11. 容器盖；12. 灭菌网篮；13. 外桶；14. 搁脚；15. 电热管；16. 电源线；17. 保险丝；18. 放气管；19. 防水柄

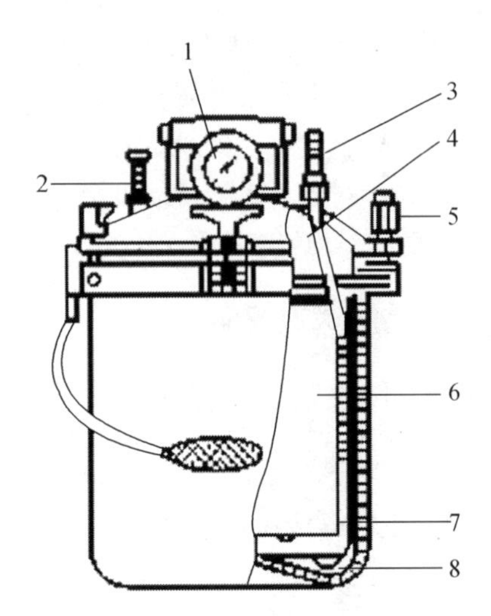

图 1-7 手提式灭菌锅

1. 安全阀；2. 压力表；3. 放气阀；4. 软管；5. 紧固螺栓；6. 灭菌桶；7. 筛架；8. 水

空气，压力表虽指 0.1MPa，但锅内温度实际只有 100℃，结果造成灭菌不彻底。表 1-2 是灭菌锅内有不同分量空气时，压力与温度的关系。

表 1-2 灭菌锅内有不同分量空气时，压力与温度关系

压力表读数 /MPa	灭菌锅内的温度 /℃			
	空气完全排除	空气排除 2/3	空气排除 1/2	空气排除 1/3
0.035	109	100	94	90
0.070	115	109	105	100
0.105	121	115	112	109
0.140	126	121	118	115
0.175	130	126	124	121
0.210	135	130	128	126

高压灭菌时过高温度常对培养基造成不良影响：①出现混浊、沉淀，天然培养基成分加热沉淀出大分子多肽聚合物，培养基中 Ca^{2+}、Mg^{2+}、Fe^{3+}、Zn^{2+}、Cu^{2+}、Sb^{3+} 等阳离子与培养基中可溶性磷酸盐共热沉淀；②营养成分破坏或改变，酸度较高时淀粉、蔗糖、乳糖或琼脂灭菌过程中易水解，pH 7.5、压力 0.1MPa、121℃灭菌 20min，葡萄糖破坏 20%，麦芽糖破坏 50%，若培养基中有磷酸盐共存，葡萄糖转变成酮糖类物质，培养液由淡黄变为红褐色，破坏更为严重；③ pH 7.2 培养基中的葡萄糖、蛋白胨、磷酸盐在 0.1MPa、121℃灭菌 15min 以上可产生抑制微生物生长的物质；④高压

蒸汽灭菌后培养基 pH 下降 0.2～0.3；⑤高压蒸汽灭菌过程会增加冷凝水，降低培养基成分浓度。对于前三种不良影响，可采用低压灭菌（如在 0.056MPa、112.6℃下 30min 灭菌葡萄糖溶液）；或将培养基几种成分分别灭菌，临用前无菌混合（如磷酸盐与 Ca^{2+}、Mg^{2+}、Zn^{2+}、Cu^{2+}等阳离子溶液混合）；特殊情况时可采用间歇灭菌、过滤除菌（如维生素溶液）。

三、材料、仪器

培养皿、报纸、吸管、试管、锥形瓶、培养基、高压蒸汽灭菌锅等。

四、方法

1．灭菌操作

（1）加水　打开高压蒸汽灭菌锅锅盖，加适量水。不同高压蒸汽灭菌锅加水方法不同，具体操作见各高压蒸汽灭菌锅说明书。

注意：切忌忘记加水，同时加水量不可过少，以防灭菌锅烧干引起爆炸。

（2）放入待灭菌物品　将待灭菌物品放入灭菌桶内。

注意：灭菌物品不要放得太挤和紧靠锅壁，以免影响蒸汽流通和冷凝水顺壁流入灭菌物品。

（3）加盖　将灭菌锅盖上的软管插入灭菌桶槽内，有利于锅内冷空气自下而上排出（对手提式灭菌锅而言）。加盖，上下螺栓口对齐，再以对角方式均匀旋紧螺栓，使螺栓松紧一致，以免漏气。

（4）排放锅内冷空气及升温灭菌　打开排气阀，加热，自锅内开始产生蒸汽 3～5min 再关紧排气阀（或喷出气体不形成水雾），此时已将锅内的冷空气排尽，温度随蒸汽压力增高而上升，待压力逐渐上升至所需温度时，控制热源，维持所需压力和温度，并开始计时（一般培养基 0.1MPa、121℃灭菌 20min，含糖等成分的培养基在 0.056MPa、112℃灭菌 15min，但为了保证效果，可将其他成分先 0.1MPa、121℃灭菌 20min，然后以无菌操作加入糖溶液）。灭菌到所需时间，停止加热，压力随之逐渐降低。

注意：灭菌主要因素是温度不是压力，锅内冷空气必须完全排尽，才能关上排气阀；灭菌时人不能离开工作现场，控制热源维持灭菌时压力，压力过高不仅培养基的成分被破坏，而且高压蒸汽灭菌锅超过耐压范围易发生爆炸，造成事故。

（5）灭菌完毕降温及后处理　待压力降至零时，慢慢打开排气阀，开盖，立即取出灭菌物品。灭菌后的培养皿、试管、吸管等需烘干或晾干。

注意：压力未完全降至常压前，不能打开锅盖，以免培养基沸腾将棉塞冲出，也不可用冷水冲淋灭菌锅迫使温度迅速下降。灭菌物品开盖后立即取出，以免凝结在锅盖和器壁上的水滴弄湿包装纸或落到被灭菌物品上，增加染菌率。

若连续使用灭菌锅，每次灭菌前需补足水分；灭菌完毕，除去锅内剩余水分，保持灭菌锅干燥。

2．无菌试验

可抽少数灭过菌培养基置37℃恒温培养箱中培养1～2d。若无菌生长，即视为灭菌彻底。

五、结果

1．概述高压蒸汽灭菌原理和适用范围。

2．检查培养基灭菌是否彻底。

1.2.3 紫外线及化学试剂灭菌

一、目的

了解紫外线及化学试剂灭菌原理和方法

二、原理

紫外线灭菌机理主要是因为它诱导胸腺嘧啶二聚体形成和DNA链交联，从而抑制DNA复制。另一方面，由于辐射能使空气中氧电离成O^-，再使O_2氧化生成臭氧（O_3）或使水（H_2O）氧化生成过氧化氢（H_2O_2）。O_3和H_2O_2均有杀菌作用。此外，为了加强紫外线灭菌效果，在开紫外灯前，可在无菌室内或接种箱内喷洒3%～5%石炭酸溶液，使空气中附着有微生物的尘埃降落，同时也可以杀死一部分细菌。无菌室内的桌面、凳子用2%来苏尔擦洗，然后再开紫外灯照射，既增强杀菌效果，又达到灭菌目的。

紫外线穿透力不强，只适用于无菌室、接种箱、手术室内空气及物体表面的灭菌。紫外线灯距照射物以不超过1.2m为宜。

三、材料、仪器

（1）培养基　　牛肉膏蛋白胨培养基（附录5-1）。

（2）试剂　　3%～5%石炭酸、2%来苏尔等。

（3）仪器及其他　　紫外线灯、接种箱、培养箱等。

四、方法

（1）单用紫外线照射

1）在无菌室内或在接种箱内打开紫外线灯，照射30min，关闭开关。

2）将牛肉膏蛋白胨平板盖打开15min，盖上皿盖，37℃恒温培养24h。每次3组。

3）检查每个平板生长的菌落数。如不超过4个，说明灭菌效果良好，否则，需延长照射时间或加强其他措施。

（2）化学消毒剂与紫外线照射结合使用

1）在无菌室内，先喷洒3%～5%石炭酸溶液，再用紫外线灯照射15min。

2）无菌室内桌面、凳子用2%来苏尔擦洗，再用紫外线灯照射15min。

3）检查灭菌效果，方法同“单用紫外线照射”。

注意：因紫外线对眼结膜及视神经有损伤作用，对皮肤有刺激作用，故不能直视紫外线灯光，更不能在紫外线灯下工作。

五、结果

在表1-3中记录3种方法的灭菌效果。

表1-3　紫外线及化学试剂灭菌实验结果

处理方法	平板菌落数			灭菌效果比较
	1	2	3	
紫外线照射				
3%～5%石炭酸＋紫外线照射				
2%来苏尔＋紫外线照射				

1.2.4　微孔滤膜过滤除菌

一、目的

1．了解过滤除菌原理。

2．掌握微孔滤膜过滤除菌方法。

二、原理

过滤除菌是将含菌液体或气体通过细菌滤器装置，使杂菌因微孔直径大小限制而留在滤板或滤器上，从而达到除去杂菌目的。

此法常用于不宜加热的液体物质，特点是不破坏溶液中各种物质化学成分，如抗生素、血清、疫苗、毒素、维生素和糖类溶液等，可用过滤方法得到无菌溶液。

三、材料、仪器

（1）培养基　　牛肉膏蛋白胨培养基（附录5-1）。

（2）溶液　　2%标准葡萄糖溶液（附录3-5）。

（3）仪器及其他　　镊子、酒精棉球、0.20μm滤膜、微孔滤膜过滤器、注射器、试管、吸管、玻璃涂棒。

四、方法

（1）组装、灭菌　　将0.20μm滤膜装入滤器中，旋紧压平，包装，0.1MPa、121℃灭菌20min。

（2）连接　　将灭菌滤器以无菌操作方式连接于装有待滤溶液（2%标准葡萄糖溶

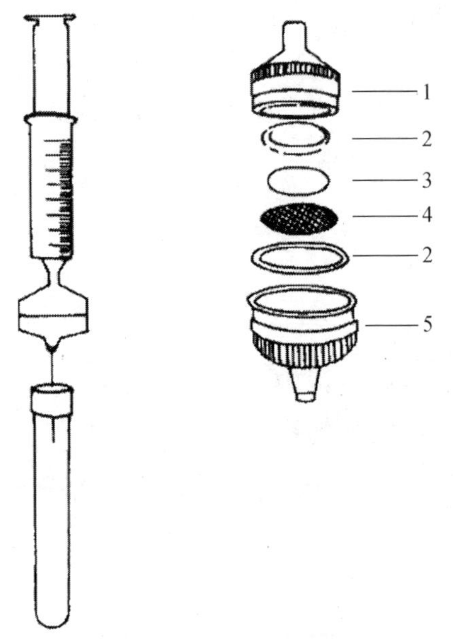

图 1-8 微孔滤膜过滤器装置

1. 入口端；2. 垫圈；3. 微孔滤膜；4. 支持板；5. 出口端

液）注射器上，将针头与出口处连接并插入带橡皮塞的无菌试管（见图 1-8）。

（3）压滤 将注射器中待滤溶液加压缓缓过滤到无菌试管。

注意：压滤时，用力要适当，不可太猛太快，以免细菌被挤压通过滤膜。

（4）无菌检查 无菌操作吸取除菌滤液 0.1ml 于牛肉膏蛋白胨平板上，涂布均匀，37℃恒温培养 24h，检查是否有菌生长。

（5）清洗 弃去塑料滤器上微孔滤膜，将塑料滤器清洗干净，并换上新的微孔滤膜，组装包扎，再经灭菌后使用。

注意：整个过程应在无菌条件下严格无菌操作，以防污染。应避免各连接处出现渗透现象。

五、结果

记录无菌检查结果。

1.2.5 化学消毒剂的抑（杀）菌作用

一、目的

1. 了解常用化学消毒剂对微生物的作用。
2. 学习测定石炭酸系数的方法。

二、原理

常用化学消毒剂主要有：重金属及其盐类、有机溶剂（如酚、醇、醛等）、卤族元素及其化合物、染料和表面活性剂等。重金属离子可与菌体蛋白结合而使之变性或与某些酶蛋白的巯基结合使酶失活，重金属盐是蛋白质沉淀剂，可与代谢产物发生螯合作用使之变为无效化合物；有机溶剂可使蛋白质及核酸变性，或破坏细胞膜透性使内含物外溢；碘可与蛋白质的酪氨酸残基不可逆结合使蛋白质失活，氯气与水发生反应产生的次氯酸具有杀菌作用；染料在低浓度条件下可抑制微生物生长，但对细菌的作用具有选择性，革兰氏阳性菌比革兰氏阴性菌对染料更加敏感；表面活性剂能降低溶液表面张力，作用于微生物细胞膜，改变其透性，同时也能使蛋白质发生变性。

各种化学消毒剂的杀菌能力常以石炭酸为标准，以石炭酸系数（酚系数）表示。将某一消毒剂做不同程度稀释，在一定条件下，该消毒剂杀死全部供试微生物的最高稀释倍数与达到同样效果石炭酸的最高稀释倍数的比值，为这种消毒剂对该种微生物的石炭酸系数。石炭酸系数越大，说明该消毒剂杀菌能力越强。

不同化学消毒剂对不同微生物杀菌能力不同，同一种化学消毒剂对不同微生物的杀菌效果也不一致。因此，使用化学消毒剂进行消毒或灭菌时，应注意药品浓度及使用时其他因素的干扰和影响。

三、材料、仪器

（1）菌种　大肠杆菌（*Escherichia coli*），斜面培养 24h；白色葡萄球菌（*Staphylococcus albus*），斜面培养 18h。

（2）培养基　牛肉膏蛋白胨培养基（附录 5-1）。

（3）试剂　2.5% 碘酒、0.1% 升汞、5% 石炭酸、75% 乙醇、95% 乙醇、1% 来苏尔、0.25% 新洁尔灭、0.005% 结晶紫、0.05% 结晶紫、无菌生理盐水等。

（4）仪器及其他　酒精灯、火柴、培养皿、试管、接种环、试管架、吸管、玻璃涂棒、记号笔、镊子、滤纸片、培养箱等。

四、方法

（1）滤纸片法测定化学消毒剂抑（杀）菌作用

1）将已灭菌并冷却至 50℃左右的牛肉膏蛋白胨培养基倒入培养皿，水平放置待凝固。

2）用吸管吸取 0.2ml 培养 18h 的白色葡萄球菌菌液加入上述平板，玻璃涂棒涂布均匀。

3）将已涂布好的平板底皿划分成 4～6 等份，每一等份内标明一种消毒剂的名称。

4）用镊子将已灭菌小圆形滤纸片（直径 5mm）分别浸入装有各种消毒剂溶液的试管中浸湿。

注意：取出滤纸片时要保证被取出滤纸片所含消毒剂溶液量基本一致，并在试管内壁沥去多余药液。

无菌操作将滤纸片贴在平板相应区域，平板中间贴上浸有无菌生理盐水滤纸片作对照（见图 1-9）。

5）将上述贴好滤纸片的含菌平板于 37℃恒温培养，24h 后取出观察抑（杀）菌圈大小（见图 1-10）。记录抑（杀）菌圈直径（见表 1-4）。

（2）石炭酸系数测定

1）将石炭酸稀释成 1/50、1/60、1/70、1/80 及 1/90 等不同浓度，分别取 5ml 装入相应试管。

2）将待测消毒剂（来苏尔）稀释成 1/150、1/200、1/250、1/300 及 1/500 等不同浓度，各取 5ml 装入相应试管。

3）取盛有灭菌的牛肉膏蛋白胨液体培养基试管 30 支，其中 15 支标明石炭酸 5 种浓度，每种浓度 3 管（分别标记上 5、10 及 15min）；另外 15 支标明来苏尔 5 种浓度，每种浓度 3 管

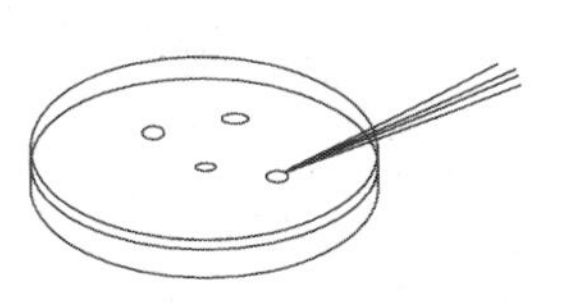

图 1-9　贴滤纸片

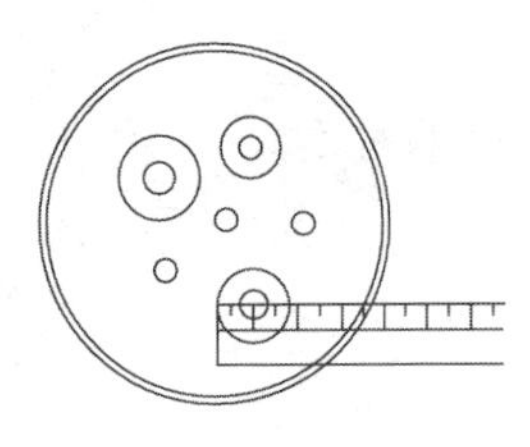

图 1-10　滤纸片法测定化学消毒剂的杀（抑）菌作用

（分别标记上 5、10 及 15min）。

4）在上述盛有不同浓度石炭酸和来苏尔溶液试管中各接入 0.5ml 大肠杆菌菌液并摇匀。

注意：吸取菌液时要将菌液吹打均匀，保证每个试管中接入菌量一致。

每管自接种时起分别于 5、10 和 15min 时，用接种环从各管内取一环菌液接入标有相应石炭酸及来苏尔浓度的装有牛肉膏蛋白胨液体培养基的试管。

5）将上述试管于 37℃恒温培养，2d 后观察并记录细菌生长状况。细菌生长者试管内培养液混浊，以“＋”表示；不生长者培养液澄清，以“－”表示（见表 1-5）。

6）计算石炭酸系数值，找出将大肠杆菌在药液中处理 5min 后仍能生长，而处理 10min 和 15min 后不生长的来苏尔及石炭酸的最大稀释倍数，计算二者比值（见表 1-5）。若来苏尔和石炭酸在 10min 内杀死大肠杆菌的最大稀释倍数分别是 250 和 70，则来苏尔的石炭酸系数为 250/70＝3.6。

五、结果

表 1-4　各种化学消毒剂对白色葡萄球菌的作用能力

消毒剂	抑（杀）菌圈直径 /mm	消毒剂	抑（杀）菌圈直径 /mm
2.5% 碘酒		1% 来苏尔	
0.1% 升汞		0.25% 新洁尔灭	
5% 石炭酸		0.005% 结晶紫	
75% 乙醇		0.05% 结晶紫	
95% 乙醇		无菌生理盐水	

表 1-5　石炭酸系数测定和计算

消毒剂	稀释倍数	生长状况			石炭酸系数
		5min	10min	15min	
石炭酸	50				
	60				
	70				
	80				
	90				
来苏尔	150				
	200				
	250				
	300				
	500				

1.3 无菌操作和微生物接种技术

一、原理

在微生物研究与应用中，不仅需要分离纯化技术，而且还需要微生物纯培养。在分离、转接及培养纯培养物时防止其他微生物污染的技术被称为无菌技术，是保证微生物学研究正常进行的关键。

接种技术是微生物学实验及研究中一项最基本操作技术。接种是用接种工具分离微生物，或将纯种微生物在无菌条件下由一个培养器皿转接到盛有已灭菌并适合该菌生长繁殖所需要培养基的另一器皿中。微生物学实验所有操作应在无菌条件下进行，即在火焰附近进行熟练的无菌操作，或在接种箱或无菌室内的无菌环境下进行操作。

根据实验目的及培养方式不同可以采用不同接种工具和接种方法。常用接种工具有接种针、接种环、接种铲、玻璃涂棒、吸管、微量加样器等。常用接种方法有斜面接种、液体接种、穿刺接种和平板接种等。

二、目的

学习并掌握无菌操作和微生物接种技术。

三、材料、仪器

无菌室、超净工作台、培养箱、振荡器、接种针、接种环、接种铲、玻璃涂棒、吸管、微量加样器等。

四、方法

1．斜面接种

（1）*划线法* 从斜面培养基底部向上部做“Z”形来回划线。此法能充分利用斜面，以获得大量菌体细胞，细菌接种常采用此法。

1）分段划线：将斜面分成3～4段，在2～3段划线接种前灼烧接种环灭菌，接种环冷却后蘸取前段接种处，再划线以分得单个菌落。

2）纵向划线：便于快速划线接种。

（2）*放线菌斜面接种法* 多用密波状蜿蜒划线法接种，便于观察气生菌丝和孢子颜色，放线菌接种常采用此法。

（3）*酵母菌斜面接种法* 常用中央划线法接种，用来观察菌种形态和培养特征，酵母菌接种常采用此法。

（4）*霉菌斜面接种法* 常用点接法，点接在斜面中部偏下方处，霉菌接种常采用此法。

（5）*真菌接种法*　对于部分真菌，如灵芝等担子菌类，常用挖块接种法，即挖取菌丝体及少量培养基，移接到斜面培养基。

2．液体接种

这是斜面菌种或液体菌种接种到液体培养基（试管或锥形瓶）中的操作方法。

（1）*斜面菌种接种液体培养基*　如接种量小，用接种环取少量菌种送入液体培养基，并使环在液体培养基中搅动，使菌体分散于培养基中；如接种量大，可先在斜面菌种管中倒入适量无菌水，用接种环将菌苔刮下，试管口在火焰上灭菌后，把菌悬液用吸管转入液体培养基。接种后塞上棉塞，将液体培养基轻轻摇动，使菌体均匀分布于培养基中。

（2）*液体培养物接种到新鲜液体培养基*　根据具体情况采用不同接种用具，如用灭菌吸管、滴管或微量加样器吸取菌液接种。用吸管时，先将包裹纸稍松动，揭开其上部 1/3 长度处，在火焰旁伸入菌种管内，吸取菌液，转接到待接种培养基内。灼烧管口，迅速塞好管塞。沾有菌的吸管插入原包装吸管的纸套内，不能直接放在实验台上，以免污染桌面，经高压灭菌后再冲洗。还可以直接把液体培养液摇匀后倒入液体培养基中；利用高压无菌空气通过特制的移液装置把液体培养液吸到液体培养基中，如啤酒酵母扩培时，从汉森罐到扩大罐就是采用此法；利用负压将液体培养液吸到液体培养基中，如在抗生素生产中，从种子瓶到种子罐就是采用此法。

3．穿刺接种

穿刺接种是用接种针从菌种试管蘸取少量菌体穿刺到固体或半固体深层培养基中的接种方法。常用来接种厌氧菌，检查细菌运动能力或保藏菌种，只适于细菌和酵母接种培养。具体操作如下。

（1）*消毒*　用酒精棉球擦手消毒，乙醇完全挥发后点燃酒精灯。

（2）*穿刺接种*　穿刺接种包括以下步骤。

1）手持试管。

2）旋松试管塞。

3）灼烧接种针。

4）拔塞取菌。在火焰旁用右手小指和手掌拔去试管塞，将接种针在培养基上冷却，用接种针尖蘸取少量菌种。

5）接种。有 2 种操作方法：一种是水平法，类似于斜面接种法；另一种是垂直法（见图 1-11）。尽管穿刺时被穿刺试管手持方法不同，但穿刺时接种针都必须挺直，并接种到深层固体培养基 3/4 处，再沿原线拔出，连续接种 3 针后，烧灼试管口灭菌，盖上试管塞，灼烧接种针残菌。

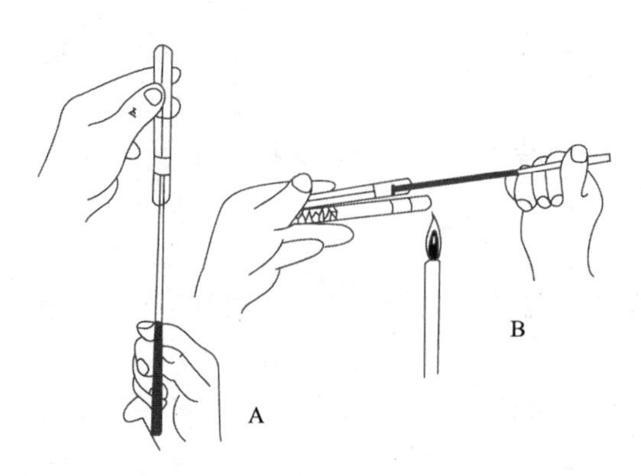

图 1-11　穿刺接种

A．垂直穿刺接种；B．水平穿刺接种

注意：穿刺接种时要求手稳，穿刺线要直且整齐。

（3）培养　将接种试管直立于试管架，适宜条件下恒温培养，一定时间后观察结果。

4．平板接种

平板接种是用接种环将菌种接至平板培养基上，或用吸管、滴管将一定体积的菌液移至平板培养基的一种方法。根据目的不同，平板接种分为以下几种。

（1）斜面接平板

1）划线法。用接种环自斜面直接取少量菌体菌悬液，接种在平板靠近边缘一点，在平板培养基表面自左至右轻轻划线（见图 1-12）。

划线方法分为交叉划线法（见图 1-13A）和连续划线法（见图 1-13B）。交叉划线法是在平板一边做第一次平行划线 3～4 条，转动培养皿约 70°，并将接种环上剩余物烧掉，待冷却后通过第一次划线部分做第二次平行划线，同法进行第三次划线第四次划线。连续划线法是从平板边缘一点开始。连续做紧密波浪式划线，直到平板中央，转动培养皿 180°，再从平板另一边（不烧接种环）同样划线到平板中央。划线完毕后，盖上培养皿盖，倒置恒温培养。

注意：划线时接种环平面与平板之间夹角尽量小，以免划破培养基。

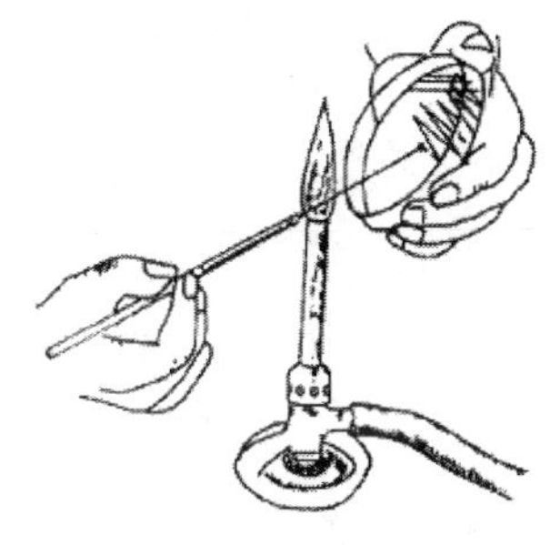

图 1-12　平板划线操作图

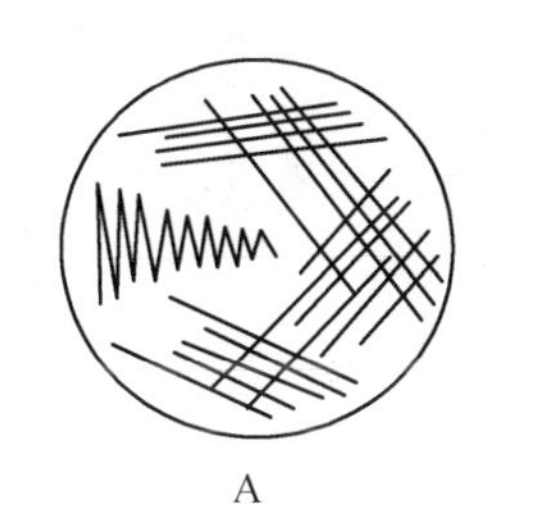

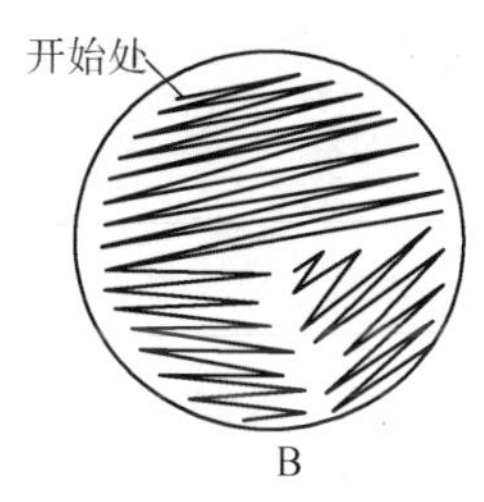

图 1-13　划线分离图

A．交叉划线法；B．连续划线法

2）点种法。一般用于观察霉菌的菌落。在无菌操作下，用接种针从斜面或孢子悬液中取少许孢子，轻轻点种于平板培养基上，一般以三点（∴）形式接种。霉菌孢子易飞散，用孢子悬液点种效果好。

（2）液体接平板　用无菌吸管或滴管吸取一定体积的菌液移至平板培养基，用玻璃涂棒将菌液均匀涂布于整个平板；或将菌液加入培养皿，再倒入熔化并冷至 45～50℃的固体培养基，轻轻摇匀、平置、凝固后倒置培养。此种方法在稀释分离菌种时常用。

（3）平板接斜面　一般是将在平板培养基分离培养得到的单菌落，接种到斜面培养基，作进一步扩大培养或保存用。接种前先选择好平板上单菌落，并做好标记。左手拿平板，右手拿接种环，在火焰旁操作，灼烧接种环后将接种环在空白培养基处冷却，挑取菌落，在火焰旁稍等片刻，此时左手将平板放下，拿起斜面培养基，进行斜面接种。

注意：接种过程中勿将菌烫死，接种时操作应迅速，防止污染杂菌。

（4）其他平板接种法　根据实验要求不同接种方法不同，如做抗菌谱实验时，可用接种环取菌在平板上与抗生素划垂直线；做噬菌体裂解实验时，可在平板上将菌液与噬菌体悬液混合涂布于同一区域。

第二章　显微观察技术

微生物最显著特点是个体微小，需要借助于显微镜才能观察到它们的个体形态和细胞结构。熟悉显微镜和掌握其操作技术是研究微生物不可缺少的手段。

2.1　普通光学显微镜的使用

一、目的

1．复习普通台式显微镜结构、各部分功能。

2．学习并掌握显微镜使用方法和油镜的原理。

二、原理

1．显微镜基本结构

现代普通光学显微镜由机械装置和光学系统 2 部分组成（见图 2-1）。

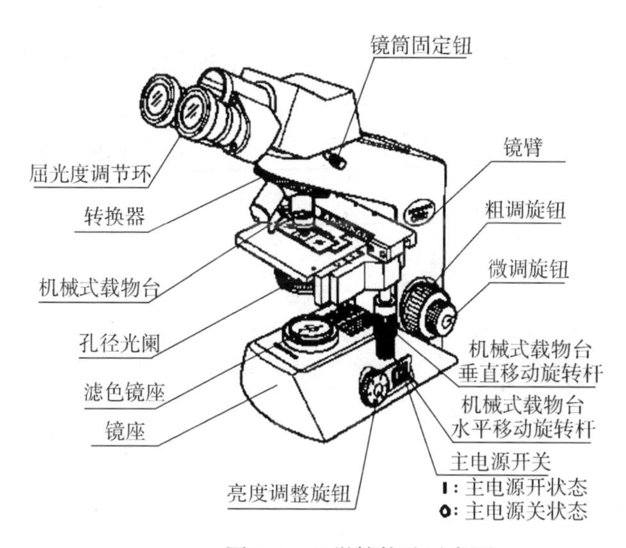

图 2-1　显微镜构造示意图

（1）机械装置部分

1）镜座：是显微镜基座，稳定和支持整个镜身。镜座内装有照明光源等。

2）镜臂：用以支持镜筒、载物台和照明装置。也是移动显微镜时用手握住部分。

3）镜筒：位于镜臂前方圆筒状结构，上端安装目镜，下端与物镜转换器相连。

4）转换器：在镜筒下方可旋转的圆盘，其上装有 3～4 个不同放大倍数的物镜，可以按顺时针或逆时针自由旋转。转换器内有一“T”形卡，用于对准和固定物镜位置，转动旋转盘可使不同物镜到达工作位置，使物镜和光轴同心（合轴）。

5）载物台：位于镜筒下方放置被检标本的平台，呈方形或圆形，中央有一圆形通光孔，两旁各有一压片夹。载物台上装有标本移动器，通过垂直移动旋转杆和水平移动旋转杆上下和左右移动标本。在移动器上还附有一纵横游标尺，用于计算标本移动距离和确定标本位置。

6）调节器：调节物镜与被检标本距离，以便清晰地观察标本，分为粗调旋钮和细调旋钮。一般粗调旋钮只用于粗调焦距，使用低倍镜时，仅用粗调旋钮可获得清晰物像。使用高倍镜、油镜时，用粗调旋钮找物像，细调旋钮获清晰物像。粗调旋钮旋转一圈可使载物台升降 10mm，细调旋钮旋转一圈可使载物台升降 0.1mm。

（2）光学系统部分

1）光源：显微镜底座自带光源。

2）聚光器：在载物台下方，由一组（2～3 个）透镜组成，可使光源发射的光线集合成光束，增加照明强度，聚集于标本射入物镜。利用升降调节螺旋调节光线强弱，一般用低倍镜时聚光器在下位，用油镜时聚光器应升到上位。

光圈是位于聚光器上的虹彩光圈，由几十张金属游片组成，通过调整光阑孔径的大小，调节进入物镜光线的强弱。观察较透明标本时，光圈宜缩小一些，这时显微镜分辨率虽降低，但反差增强，从而使透明标本看得更清楚。但不宜将光圈关得太小，以免由于光干涉现象而导致成像模糊。

3）物镜：装在物镜转换器上的一组镜头，一般有低倍镜、高倍镜、油镜 3 种。每个物镜上刻有相应标记，低倍镜上刻有 4× 或 10×，高倍镜上刻有 40× 或 45×，油镜上一般为 100×。物镜上标有数值孔径（NA）、工作距离（观察标本最清晰时物镜下透镜表面与盖玻片上表面之间最短距离）以及要求盖玻片的厚度等主要参数。

4）目镜（接目镜）：目镜由 2 块透镜组成。上面一块与眼接触，称接目透镜；下面一块靠近视野，称会聚透镜。两块透镜中间，装有一个用金属制成的光阑，物镜与会聚透镜在光阑面上成像，在光阑面上还可安装目镜测微尺。目镜功能是把物镜放大的物体再次放大。不同目镜刻有 5×，10×，15× 等以表示放大倍数，根据需要选择适当目镜。

2. 显微镜成像原理

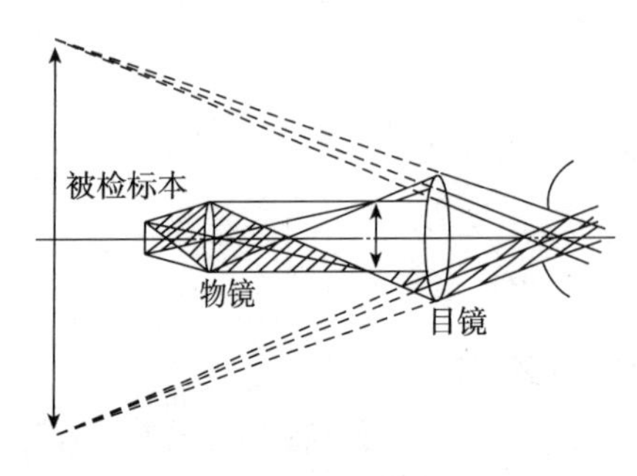

图 2-2　显微镜成像原理

目镜、物镜各自相当于一个凸透镜，被检标本置于物镜下方 1～2 倍焦距之间，物镜可使标本在物镜的上方形成一个倒立放大实像（倒像），该实像正好位于目镜的下焦点（焦平面）之内，目镜进一步将它放大成一个虚像，通过调焦可使虚像落在眼睛的明视距离处（见图 2-2）。

3．显微镜油镜工作原理

油镜放大倍数最大，但使用比较特殊，需在载玻片与镜头之间加滴镜油，作用如下。

（1）增加照明亮度　油镜放大倍数可达100×，放大倍数这样大的镜头，焦距很短，直径很小，所需要光照强度却最大。从承载标本载玻片透过的光线，因介质密度不同（从载玻片进入空气，再进入镜头），有些光线会因折射或全反射，不能进入镜头（见图2-3），致使在使用油镜时会因射入光线较少，物像不清楚。为了不使通过的光线有所损失，在使用油镜时须在油镜与载玻片之间加入与玻璃折射率（n=1.52）相仿的镜油（通常用香柏油，其折射率n=1.52）。

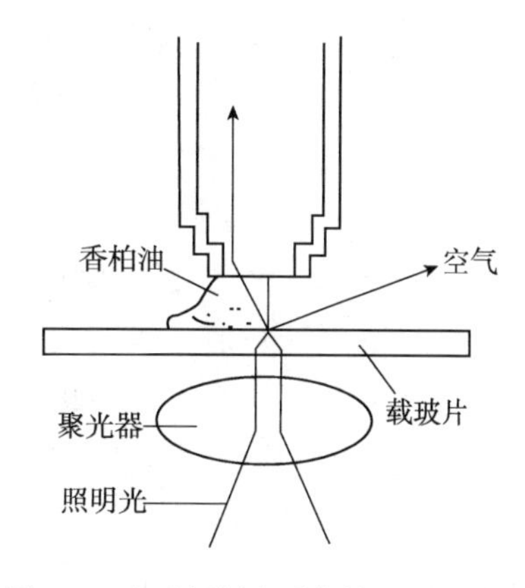

图2-3　介质折射率对物镜照明光路的影响

（2）增加显微镜分辨率　显微镜的分辨率（R）或分辨力是指显微镜能辨别两点之间最小距离的能力。从物理学角度看，光学显微镜的分辨率受光的干涉现象及所用物镜性能的限制。可表示为

$$R=\lambda/2\mathrm{NA},$$

式中，λ为光波波长；NA为数值孔径。

光学显微镜的光源不可能超出可见光波长范围（0.4～0.7μm），而数值孔径则取决于物镜的镜口角和玻片与镜头间介质的折射率，可表示为

$$\mathrm{NA}=n\cdot\sin\alpha,$$

式中，α为光线最大入射角的半数。它取决于物镜的直径和焦距，一般来说在实际应用中最大只能达到120°，而n为介质折射率。由于香柏油的折射率（1.52）比空气及水的折射率（分别为1.0和1.33）高，因此以香柏油作为镜头与玻片之间介质的油镜所能达到的数值孔径NA（一般在1.2～1.4）要高于低倍镜、高倍镜（低于1.0）。若以可见光的平均波长0.55μm来计算，数值孔径通常在0.65左右的高倍镜只能分辨出距离不小于0.4μm的物体，而油镜分辨率却可达到0.2μm左右。

三、材料、仪器

（1）菌种　金黄色葡萄球菌（*Staphylococcus aureus*）染色玻片标本、枯草芽孢杆菌（*Bacillus subtilis*）染色玻片标本。

（2）试剂　香柏油、擦镜液（乙醚：乙醇=7：3混合液）。

（3）仪器　普通光学显微镜、擦镜纸。

四、方法

1. 观察前操作步骤

（1）显微镜安置　取显微镜时一手握住镜臂，一手托住底座，使显微镜保持直立、平稳，置显微镜于平整实验台上，镜座距实验台边缘3～4cm，接通电源。

注意：显微镜移动时切忌用单手拎提。

（2）选择物镜　将低倍物镜放入光路。

（3）调整光强　打开显微镜主电源，调整照明度。通过亮度调整旋钮来改变电压大小从而调整显微镜亮度强弱。

（4）调整聚光器位置和孔径光阑　在孔径光阑环上刻有物镜倍率（10×，40×，100×），观察时将其与相对应倍率物镜放到正面。

在聚光器的数值孔径值确定后，若需改变光照强度，可通过升降聚光器或改变光源亮度来实现，原则上不应再通过孔径光阑调节。有关孔径光阑、聚光器高度及照明光源强度的使用原则不是固定不变的，只要能获得良好观察效果，也可根据不同的具体情况灵活运用。

（5）放置标本　调粗调旋钮使载物台下降，向外拉开机械式载物台样本夹，自前向后将标本切片放入平台，标本放稳后，再将标本夹轻轻放回原位；通过垂直旋转移动杆和水平旋转移动杆来上下和左右移动标本。由载物台上刻度确定所观察标本位置，读取水平刻度和垂直刻度。

标本盖玻片厚度以0.17mm最为理想；标本载玻片以长76mm，宽26mm，厚0.9～1.4mm最为理想。

（6）聚焦

1）聚焦要领：从侧面看，转动粗调旋钮，使物镜尽可能接近标本；一边看目镜，一边调粗调旋钮，使载物台下降；看到标本后，再用细调旋钮来正确聚焦。

2）调整瞳距：一边看目镜，一边移动双目镜筒，让左右视野一致。

3）调整屈光度数：以右眼看右侧目镜，旋转粗、细调旋钮对好焦距；以左眼看左侧目镜，旋转屈光度调整环，对好焦距。

4）目镜眼罩使用方法：戴眼镜时，将眼罩折叠，可防止眼镜和目镜接触造成擦痕；不戴眼镜时，将折叠眼罩向外拉长，可防止目镜和眼睛之间射入不必要光线，利于观察。

2．显微观察

在目镜保持不变情况下，使用不同放大倍数物镜所能达到的分辨率及放大率不同。一般情况下，进行显微观察时应遵守从低倍镜到高倍镜，再到油镜的观察程序，因为低倍数物镜视野相对大，易发现目标及确定检查的位置。

（1）低倍镜观察

1）放置标本：将金黄色葡萄球菌染色标本玻片置于载物台上，用标本夹夹住，通过垂直旋转移动杆和水平旋转移动杆使观察对象处在物镜正下方。

2）调焦：转换10×物镜入光路，调粗调旋钮慢慢升起载物台，载物台不能升高时，双眼从目镜里观察视野，调粗调旋钮使载物台慢慢下降使标本在视野中初步聚焦，再使用细调旋钮调节图像清晰。通过垂直旋转移动杆和水平旋转移动杆缓慢移动载玻片，认真观察标本各部位，找到合适目标。

如果按上述操作步骤仍看不到物像时，可能由以下原因造成。①转动调旋钮太快，超过焦点，应按上述步骤重新调节焦距。②物镜没有对正，应对正后再观察。③标本没有放到视野内，应移动标本片寻找观察对象。④光线太强，尤其观察较透明标本或未染色标本时，易出现这种现象，应将光线调暗一些后再观察。

（2）高倍镜观察

1）找合适视野：在低倍镜找到合适目的菌将其移到视野中央。

2）转换高倍镜：眼睛从侧面注视物镜，用手转动转换器，换高倍镜。

3）调焦：眼睛向目镜内观察，同时微微上下转动细调旋钮，直至视野内看到清晰物像为止。一般情况下，当物像在一种物镜中清晰聚焦，转动物镜转换器将其他物镜转到工作位置进行观察时，物像将保持基本的准焦状态，称为物镜同焦。利用物镜同焦，可以保证在使用高倍镜或油镜等放大倍数高、工作距离短的物镜时仅用细调旋钮即可对物像清晰聚焦，从而避免使用粗调旋钮时可能的误操作损坏镜头或载玻片。

如果按上述操作步骤仍看不到物像时，可能由以下原因造成。①观察部分没在视野内，应在低倍镜下寻找到后，移到视野中央，再换高倍镜观察。②标本片放反了，应把标本片放正。③焦距没调好，应仔细调节焦距。

（3）油镜观察

1）找合适视野：在低倍镜、高倍镜下找到合适目的菌将其移到视野中央。

2）加香柏油：把高倍镜移开，使高倍镜和油镜成“∧”，在标本片上滴一滴香柏油。

3）调焦：用手转动转换器，使油镜面浸在油滴中。如不清楚，可来回调动细调旋钮，即可看清物像。找到物像，再调节聚光器和光圈，选择最适光线。

注意：有时按上述操作还找不到目标，可能是由于油镜头下降还未到位，或因油镜上升太快，以至眼睛捕捉不到一闪而过的物像。遇此情况，应重新操作。另外特别注意不要在下降镜头时用力过猛，或调焦时误将粗调旋钮向反方向转动而损坏镜头及载玻片。

3. 显微镜用毕后处理

1）下降载物台，取下标本。

2）用擦镜纸拭去香柏油，然后用擦镜纸蘸少许擦镜液擦去镜头上残留的油迹，最后再用干净擦镜纸擦去残留的擦镜液。

注意：切忌用手或其他纸擦拭镜头，以免使镜头沾上污渍或产生划痕，影响观察。

3）用擦镜纸清洁其他物镜及目镜；用绸布清洁显微镜金属部件。

4）将各部分还原：载物台下降到最低位置；聚光器下降到最低位置；物镜镜头呈“∧”型，使物镜处于非光路位置；关好电源，将显微镜主电源开关拨到电压值为最小状态，然后断开电源。

有盖玻片的标本片，可用滤纸吸去香柏油，然后用擦镜纸蘸少许擦镜液擦残留的油迹，最后用擦镜纸擦净；无盖玻片的标本片，可用拉纸法擦油。方法是：先把一小张擦镜纸盖在油滴上，再滴上擦镜液，平拉擦镜纸，反复几次即可擦净。

显微镜使用中发生问题的原因和处理方法见表 2-1。

表 2-1 显微镜使用中发生问题的原因和处理方法

	原因	处理方法
观察视野亮度不均匀	物镜、目镜、聚光镜、出光口有污垢	充分清洁
观察像刺眼	聚光镜太低	抬高聚光镜
	聚光镜孔径光阑太小	使用对应物镜的倍率
	物镜未放入光路	物镜放入光路
观察像发白、朦胧看不清楚	物镜、目镜、聚光镜、标本有污垢	充分清洁
	油镜上未使用镜油	使用镜油
	镜油内有气泡	去掉气泡
	未使用指定镜油	使用指定镜油
半边朦胧，观察像有流动感	物镜未放入光路	物镜放入光路
	标本未正确安装在平台上	正确安装标本
两眼视野不一致	瞳距不合适	调整正确
	没有补正两眼视差	调整正确
	目镜左右不同	换为左右相同目镜
物镜从低倍换到高倍，碰标本	显微镜使用标本安装反了	将盖玻片向上，重新安装
	盖玻片太厚	换 0.17mm 厚盖玻片
电灯不亮	没装灯泡	安装灯泡
	灯丝断了	更换新灯泡
	电源线没有插	插上电源线

五、结果

分别绘出在高倍镜和油镜下观察到的金黄色葡萄球菌、枯草芽孢杆菌形态，包括在 2 种情况下视野中的变化，同时注明物镜放大倍数和总放大率。

2.2 暗视野显微镜的使用

一、目的

1. 了解暗视野显微镜的构造和原理，掌握它的使用方法。
2. 学会在显微镜下辨别细菌的运动性。

二、原理

暗视野的原理以丁达尔效应为基础，与来自缝隙的一束强光通过暗室时可以清楚地看到其中的灰尘微粒现象一样，光源的中心光束被聚光器中部遮光板挡住，不能直接投入物镜，视野变暗。但由聚光器周缘投入的光，经样品反射或折射进入物镜，反差增大，从而在暗视野中看到明亮的物像。利用暗视野显微镜可以在黑暗中看到光亮的菌体，仅看到菌体轮廓，看不清内部结构，常用来观察细菌的运动性。

三、材料、仪器

（1）菌种　枯草芽孢杆菌（*Bacillus subtilis*），营养琼脂（附录 5-6）液体培养 24h。

（2）仪器　暗视野聚光器、普通光学显微镜、载玻片、盖玻片、香柏油、擦镜液、擦镜纸、滤纸等。

四、方法

（1）装暗视野聚光器　取下原有聚光器，换上暗视野聚光器。

（2）调节光源　上升聚光器，把聚光器的光轴与物镜光轴严格调在一条直线上，使聚光器焦点对准标本，选用弱光源照明，虹彩光阑孔径调至最大，聚光器的光圈调到 1.4。

（3）放置标本

1）在载玻片（厚度为 1.0～1.2mm）中央滴一滴枯草芽孢杆菌幼龄菌液，加盖玻片。

2）加香柏油于聚光器透镜顶端平面上，将枯草芽孢杆菌水浸片放在镜台上，使载玻片的下表面与香柏油接触。

（4）低倍镜对光　调节聚光器的高度，首先在载玻片上出现中间有黑点的光圈，最后为一光亮的光点，光点愈小愈好，光点达最小时将聚光器上下移动，均能使光点增大。当聚光器被调到准确位置时，可见有一圆点的光在视野中心。

（5）油镜观察　油镜观察时如觉得对比度不够明显，稍调聚光器，并调节粗、细调旋钮使菌体清晰。

五、结果

描述在暗视野显微镜中枯草芽孢杆菌的运动情况。

2.3　相差显微镜的使用

一、目的

1. 了解相差显微镜基本原理及用途。
2. 掌握使用相差显微镜观察微生物样品基本技术。

二、原理

利用暗视野显微镜可以进行活细胞观察，但是看不清细胞内部结构。而 20 世纪 40 年代出现的相差显微技术却使人们不仅能观察活细胞形态，而且还能看到细胞内部结构及其随时间的变化过程。为此，Frits Zernike 获得了 1953 年的诺贝尔物理学奖。

光线通过比较透明的标本时，波长（颜色）和振幅（亮度）都没有明显变化。因

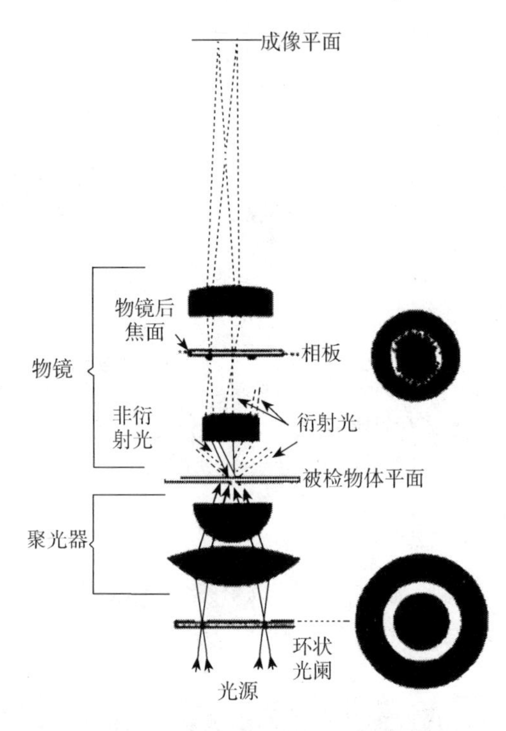

图 2-4　相差显微镜成像原理和装置

此，用普通光学显微镜观察未经染色的标本（如活细胞）时，其形态和内部结构往往难以分辨。然而，由于细胞各部分折射率和厚度不同，光线通过这种标本时，直射光和衍射光光程就会有差别。随着光程增加或减少，光波相位会发生改变（产生相位差）。光的相位差人肉眼感觉不到，但相差显微镜能通过其特殊装置——环状光阑和相板，利用光干涉现象，将光的相位差转变为人眼可以察觉的振幅差（明暗差），从而使原来透明物体表现出明显的明暗差异，对比度增强，使我们能比较清楚观察到在普通光学显微镜和暗视野显微镜下都看不到或看不清的活细胞和细胞内某些细微结构。相差显微镜成像原理和装置如图 2-4 所示。

相差显微镜与普通光学显微镜在构造上不同的是在聚光器下方插入环状光阑代替可变光阑；带有相板的相差物镜代替普通物镜；有一个合轴调节望远镜来校直光轴并使用滤色片。

（1）环状光阑　相差显微镜聚光器光阑是环状光阑，照明光线只能从环状透明区进入聚光器再斜射到标本上（斜射角度远小于暗视野聚光器），产生直射光和绕射光。大小不同的环状光阑与聚光器一起形成转盘聚光器（见图 2-5A），其转盘前端有标示孔，表示位于聚光器下面的光阑种类，不同光阑应与各自不同放大率的物镜配套使用。例如，标示孔符号为“10”时，表示应与 10× 物镜匹配；符号为“0”时，为明视野非相差的通光孔。

（2）相差物镜（镜头上标有 PC 或 PH 字样）　物镜的后焦平面装有相板，这是相差显微镜的主要装置。相板由与环状光阑相对应的环状共轭面和补偿面（共轭面内外侧部分）两部分组成，分别透过直射光和绕射光。通过涂在相板上的吸收膜和推迟相位膜，直射光和绕射光会发生光强度减弱及相位改变，再通过两者的干涉作用，将相位差变为振幅差。如果是部分吸收直射光而推迟绕射光的相位可产生暗反差（形成明亮背景和暗标本），反之，如果是部分吸收绕射光而推迟直射光的相位则产生明反差（标本是明亮的，而背景是暗的）。

（3）合轴调节望远镜　由于环状光阑光环和相差物镜中的相位环很小，在合轴调节中必须使用特别的合轴调节望远镜（见图 2-5B），保证两环的环孔相互吻合，光轴完全一致（见图 2-6）。使用时拔出目镜，将其安装在目镜镜筒两端，调节环状光阑中心与物镜光轴完全在同一直线上。某些相差物镜不装这种望远镜，而在镜筒插入孔中插入补偿透镜。

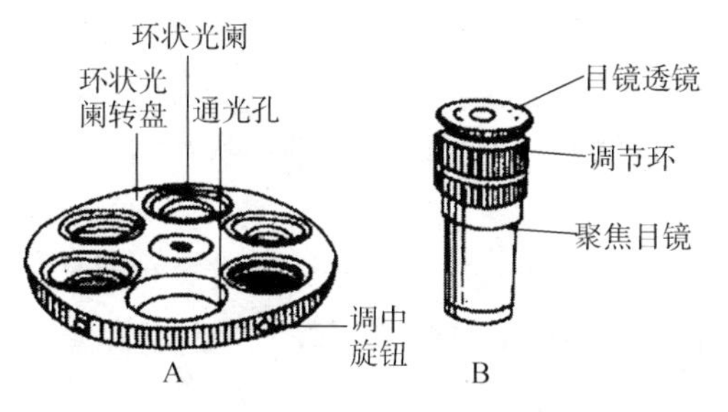

图 2-5 相差显微镜环状光阑（A）和合轴调节望远镜（B）

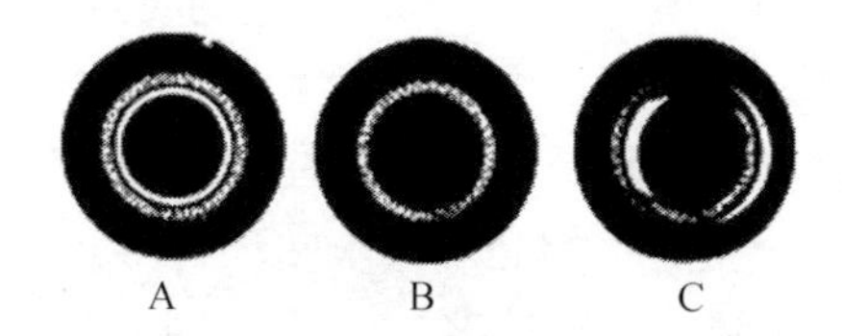

图 2-6 光环与相板的合轴过程

A. 环状光阑形成的亮环小于相板上暗环；B. 正确照明，亮环与暗环重合；C. 环状光阑中心不和轴

（4）滤光片　进行相差显微镜观察时一般都使用绿色滤光片。这是因为相差物镜多属消色差物镜，这种物镜只纠正黄、绿光的球差而未纠正红、蓝光的球差，在使用时采用绿色滤光片效果最好。另外，绿色滤光片有吸热作用（吸收红色光和蓝色光），进行活体观察时比较有利。

三、材料、仪器

（1）菌种　酿酒酵母（*Saccharomyces cerevisiae*），麦芽汁培养基（附录 5-9）斜面培养或液体培养 2d。

（2）试剂　蒸馏水、香柏油、擦镜液。

（3）仪器及其他　载玻片、接种环、试管架、酒精灯、火柴、盖玻片、显微镜、相差显微镜聚光器、相差物镜、绿色滤光片、合轴调节望远镜、滤纸、擦镜纸。

四、方法

（1）酵母水浸片制片　取洁净载玻片，在载玻片中央处加一滴蒸馏水，用接种环取少许酿酒酵母菌置水滴中轻轻涂抹，盖上盖玻片，勿产生气泡。若是液体培养物，把菌液摇匀，用滴管加一滴菌液于载玻片中央，盖上盖玻片，勿产生气泡。

（2）相差显微镜观察

1）将显微镜聚光器和接物镜换成相差聚光器和相差物镜，在光路上加绿色滤光片。

2）聚光器转盘刻度置“0”，调节光源使视野亮度均匀。

3）将酿酒酵母水浸片置于载物台，用低倍物镜（10×）在明视野配光并聚焦样品。

注意：相差显微镜镜检时，材料不宜过厚，一般不超过 20μm。载玻片厚度应在 1.0mm 左右，若过厚，环状光阑亮环变大，过薄则亮环变小；载玻片厚薄不匀，凸凹不平，或有划痕、尘埃等也都会影响图像质量。盖玻片厚度通常为 0.16～0.17mm，过薄或过厚都会使像差、色差增加，影响观察效果。

4）将聚光器转盘刻度置“10”（与所用 10× 物镜相匹配）。

注意：由明视野转为环状光阑，要把聚光器光圈开足（因进光量减少），以增加视野亮度。

5）取下目镜，换上合轴望远镜。用左拇指固定望远镜外筒，一边观察，一边用右手转动其内筒，使其升降至能看清物镜中相板环（暗环）为止。相板位置是固定的，而环状光阑可横向移动，用左右手同时操作相差聚光器调节钮，使聚光器中环状光阑的亮环和物镜中的相板环完全重合，即合轴。

在实际调节过程中，往往亮环比暗环小而位于暗环两侧，这时可降低聚光器使两环完全重合；如亮环大于暗环，可升高聚光器使两环完全重合，若聚光器升到最高位仍不能矫正，则盖玻片过厚，应换较薄盖玻片。

6）按上法依次对其他放大倍数物镜和相应环状光阑进行合轴调节。

注意：精确合轴调节是取得良好观察效果的关键。若环状光阑的光环和相差物镜中相位环不能精确吻合会造成直射光和绕射光的光路紊乱，应被吸收的光不能吸收，该推迟的相位光波不能推迟，失去相差显微镜的效果。

7）取下合轴望远镜，换回目镜，选用适当放大倍数物镜进行观察。观察酿酒酵母细胞核。

五、结果

绘出所观察酿酒酵母细胞结构，特别是核结构。

2.4 电子显微镜样品制备与观察

一、目的

掌握制备微生物及核酸电镜样品的基本方法。

二、原理

电子显微镜使用电子束作为光源，使其分辨率大大提高。根据电子束作用样品的方式不同及成像原理的差异，现代显微镜发展成许多类型，目前常用的是透射电子显微镜和扫描电子显微镜。

电子显微镜的物像形成主要基于电子的散射作用和干涉作用。当电子束中的电子与被检物的原子核和核外轨道上的电子发生碰撞后分别会发生不损失能量并只改变运动方向的“弹性散射”与损失部分能量并改变运动方向的“非弹性散射”。由于被检物不同部位结构不同，散射电子能力强的部位，透过电子数目少，激发荧光屏上的光就弱，显现为暗区；反之，散射电子能力弱的部位，透过电子数目多，激发荧光屏上的光就强，显现为亮区；由此，在像上形成了有暗有亮的区域，出现人眼可分辨的反差。这种由于电子散射作用造成的反差以强度的变化显示出来，称为“振幅反差”。人眼不可见的电子束通过电磁透镜放大了被检物的物像，最终在电子显微镜的荧光屏上呈现出来。电子束中的电子在与被检物发生非弹性碰撞时，损失部分能量的电子其运动速度减慢，它们与速度不变的电子会发生干涉，致使电子相位产生变化，引起“相位反差”，在荧光屏上也会呈现暗区。

用电子显微镜低倍观察时，振幅反差是主要的反差源，而在高倍辨别极小的细微结构时，相位反差起主导作用。

扫描电镜的成像原理是：当一束电子打到被检物的样品上时会激发出多种信号，包括二次电子、阴极荧光、透射电子、弹性散射电子和非弹性散射电子等，其中由二次电子形成的二次电子像是扫描电镜最基本的成像方式。所谓二次电子是，当入射电子碰撞被检物样品中的原子的核外电子后，核外电子获得能量脱离原子成为二次电子，入射电子打到样品上，二次电子的产出率与入射角有关，当入射角＜0 时，产出率低，当入射角＞0 时，产出率高。电子束打在表面凹凸不平的样品上，由于电子束入射角的不断改变，二次电子的产出率也相应随之变化。

在扫描电镜中，经 1～30kV 电压的加速，由电子枪发射出的电子形成高速电子流，经聚光镜和电磁透镜汇聚成直径 0.1nm 的电子束聚焦于样品表面。物镜中的一组扫描光圈，使电子束在样品表面逐点、逐行扫描，引起二次电子发射。从遍布样品表面各点发射出的二次电子，经收集、加速后打到探测器（由闪烁体、光导管、光电倍增管组成）上，形成二次电子信号电流。由于样品表面形貌不同致使信号电流的强弱发生变化，产生信号反差。视频放大器使信号反差进一步放大后调制显像管的亮度。电子束在被检物体表面进行的扫描与进入晶体管中的电子束在荧光屏上的扫面，严格同步进行，经由探测器检取得来的样品各点二次电子信号将一一对应地控制着晶体管荧光屏上相应点的亮度，于是，在晶体管荧光屏上呈现的二次电子像就是反映样品表面形貌的图像。透射电子、样品吸收电流、阴极荧光经不同的探测器检取，放大后可用于成像，特征 X 射线、俄歇电子等信号可用于样品成分分析。

扫描电镜主要用于观察被检物样品表面的立体结构，具有明显的真实感，如细菌中不同排列方式的四联球菌、八叠球菌、芽孢和真菌孢子的表面脉纹，其图像清晰、逼真。许多电子无法穿透较厚样品，用扫描电镜进行表面形貌观察研究十分方便，因此，它在生命科学的众多领域中广泛应用。

三、材料、仪器

（1）菌种　大肠杆菌（*Escherichia coli*），营养琼脂（附录5-6）斜面培养 18～24h。

（2）试剂　乙酸戊酯、浓硫酸、无水乙醇、无菌水、2% 磷钨酸钠水溶液（pH6.5～8.0）、0.3% 聚乙烯醇缩甲醛溶液（溶于三氯甲烷），细胞色素 c、乙酸铵、质粒 pBR322、乙酸铀乙醇、戊二醛、甲醛、锇酸蒸气、乙二胺四乙酸二钠、戊二醛磷酸缓冲液。

（3）仪器　普通光学显微镜、铜网、瓷漏斗、烧杯、培养皿、无菌滴管、无菌镊子、大头针、载玻片、细菌计数板、真空镀膜机、临界点干燥仪等。

四、方法

1．透射电镜的样品制备及观察

（1）金属网的处理　由于电子不能穿透玻璃，只能采用称为载网的网状材料作为载物，载网因材料及形状不同分为不同规格，其中常用的是200～400目的铜网。网在使用前要处理，除去其上的污物。本实验使用是400目的铜网，进行如下处理：用乙酸戊酯浸漂几小时（需根据铜网洁净程度判断），再用蒸馏水冲洗数次，将其浸泡在无水乙醇中进行脱水。如铜网仍不洁净，可用稀释的浓硫酸（1∶1）浸1～2min，或在1%NaOH溶液中煮沸数分钟，蒸馏水冲洗数次后，放入无水乙醇中待用。

（2）支持膜的制备　在进行样品观察时，在载网上还应覆盖一层无结构、均匀的薄膜（支持膜或载膜），否则细小的样品会从载网的孔漏出去。支持膜应对电子透明，其厚度一般低于20nm，一般为15nm左右；在电子束的轰击下，该膜还应有一定的机械强度，能保持膜的稳定，拥有良好的导热性；此外，支持膜在电镜下应无可见的结构，且不与承载的样品发生化学反应，不干扰样品的观察。支持膜可用塑料膜（如火棉胶膜、聚乙烯醇缩甲醛膜等），也可用碳膜或者金属膜。常规工作条件下，用塑料膜就可达到要求，塑料膜中火棉胶膜的制备相对容易，但强度不如聚乙烯醇缩甲醛膜。

1）火棉胶膜的制备。在一洁净容器（烧杯、培养皿或带止水夹的瓷漏斗）中放入一定量的无菌水，用无菌滴管吸2%火棉胶乙酸戊酯溶液，滴一滴于水面中央勿动，待乙酸戊酯蒸发，火棉胶由于水的张力在水面上形成一层薄膜。用镊子将其除掉，重复此操作，主要是为了清除水面上的杂质。滴一滴火棉胶于水面，其量的多少与形成膜的厚薄有关，待膜形成后，检查是否有皱褶，如有则除去，直到膜制好。所用溶液中不能有水分及杂质，否则形成膜的质量差。待膜成型后，可侧面对光检查膜是否平整及是否有杂质。

2）聚乙烯醇缩甲醛膜的制备。洁净的玻璃板插入0.3%聚乙烯醇缩甲醛溶液中静置片刻（时间视膜厚度而定），取出晾干后会在玻璃板形成一层薄膜。用锋利刀片或针头将膜刻一矩形。将玻璃板轻轻斜插盛满无菌水的容器中，借助水的表面张力作用使膜与玻片分离并漂浮在水面上。

注意：玻璃板要干净，否则膜难脱落；飘浮时动作要轻，手不能发抖，以防膜发皱；操作时注意防风避尘，环境要干燥，溶剂要纯，以防影响膜质量。

（3）转移支持膜到载网上　转移支持膜到载网上有多种方法，常用的有如下2种。

1）将网放入瓷漏斗中，漏斗上套上乳胶管，用止水夹控制水流，缓缓向漏斗内加入无菌水，其量约高1cm；用无菌镊子尖轻轻排除铜网上的气泡，并将其均匀地摆在漏斗中心区域；按上述方法在水面上制备支持膜，然后松开水夹，使膜缓缓下沉，紧紧贴在铜网上；将一清洁滤纸覆盖在漏斗上防尘，自然干燥或红外线下烤干，用大头针尖在铜网周围划一下，用无菌镊子小心将铜网膜移到载玻片上，光学显微镜下挑选完整无缺、厚薄均匀的铜网膜备用。

2）按上述方法在培养皿或烧杯里制备支持膜，成膜后将几片铜网放在膜上，在其上放一张滤纸，浸透后用镊子将滤纸翻转提出水面。将有膜的一面朝上放在干净培养皿中，40℃烘箱中干燥。

（4）制片　透射电镜样品制备方法很多，如超薄切片法、复型法、冰冻蚀刻法、滴液法等。其中滴液法主要用于观察病毒粒子、细菌的形态及生物大分子等。生物样品主要由碳、氢、氧、氮等元素组成，散射电子能力很低，在电镜下反差很小，所以在进行电镜的生物样品制备时通常还需用重金属盐染色或金属盐喷镀等方法来增加样品反差，提高观察效果。负染色法就是用电子密度高、本身不显示结构且与样品几乎不反应的物质（磷钨酸钠或磷钨酸钾）来对样品进行“染色”。本实验主要介绍采用滴液法结合负染色法观察细菌及核酸分子的形态。

1）细菌的电镜样品制备。将适量无菌水加入生长良好的细菌斜面内，制成菌悬液。用无菌滤纸过滤，并调整滤液中细胞浓度为10^8～10^9个/ml。取等量的上述菌悬液与等量的2%磷钨酸钠溶液混合，制成混合菌悬液。用无菌毛细吸管吸取混合菌悬液滴在铜网膜上。经3～5min后，用滤纸吸去余水，待样品干燥后，光学显微镜下检查，挑选膜完整、菌体分布均匀的铜网。

有时为了保持菌体原有形状，常用戊二醛、甲醛、锇酸蒸气等试剂稍固定后再进行染色。方法是将菌悬液过滤，向滤纸中加几滴固定液（如pH7.2，0.15%戊二醛磷酸缓冲液）固定，离心，收集菌体，再用无菌水制成菌悬液，调整浓度为10^8～10^9个/ml进行染色。

2）核酸分子的电镜样品的制备。核酸分子链一般较长，采用滴液法或喷雾法易使其结构受到破坏，因此目前多采用蛋白质分子膜技术来进行核酸分子样品的制备。可用展开法、扩散法、一步稀释法等将核酸吸附到蛋白质单分子膜上。本实验采用展开法。

将质粒pBR322与碱性球状蛋白质溶液（一般为细胞色素c）混合，使浓度分别达到0.5～2mg/ml和0.1mg/ml，并加入终浓度为0.5～1mol/L的乙酸铵和1mol/L乙二胺四乙酸二钠为展开液，pH为7.5。

在培养皿中注入一定下相溶液（蒸馏水或0.1～0.5mol/L乙酸铵溶液），在液面上加入少量滑石粉。将载玻片放入培养皿中，用微量注射器或移液枪吸取0.5μl展开液在载玻片上方离下相溶液表面约1cm处前后摆动，滴于载玻片表面，此时可看到滑石粉层后退，说明蛋白质单分子膜逐渐形成，整个过程需2～3min。载玻片倾斜角度决定展开液下滑至下相溶液的速度，并对单分子膜的形成质量有影响，经验证明倾斜度以15°左右为宜。在蛋白质形成单分子膜时，溶液中核酸分子也同时分布于蛋白质基膜中间，并受蛋白质肽链的包裹。理论计算及实验证明，当1mg蛋白质展开成良好的单分子膜时，其面积约为$1cm^2$，因而可根据最后形成的单分子膜面积大小估计其好坏程度。如果面积过小，说明形成膜并非单分子层，因而核酸就有局部或全部被膜包裹的危险，使整个核酸分子消失或反差变弱。

在单分子膜形成时，整个装置用玻璃罩等盖住，以防操作人员的呼吸和旁人走动等引起气流的影响以及灰尘等脏物的污染。另外，在展开液中可适量加入一些与核酸量相差不过分悬殊的德尔指示标本，如烟草花叶病毒等，以利于鉴定单分子膜的展开及后面的转移。

单分子膜形成后，用镊子取覆有支持膜的载网，使支持膜朝下，放于距单分子膜前沿 1cm 或距载玻片 0.5cm 的单分子膜表面上，用镊子捞起，单分子膜吸附于支持膜上。多余的液体可用小片滤纸吸去，也可将载网直接漂浮于无水乙醇中 10～30s。

将载有单分子膜的载网置于 10^{-5}～10^{-3}mol/L 乙酸铀乙醇溶液中染色约 30s（此步可在无水乙醇脱水时同时进行）或用旋转投影的方法将金属喷镀于核酸样品的表面。也可将二者结合起来，在染色后再进行投影，其效果有时比单使用一种方法更好一些。

（5）观察　将载有样品的铜网置于透射电镜中观察。

2．扫描电镜微生物样品的制备及观察

（1）固定及脱水　生物样品的精细结构易遭破坏，在进行制样处理和电镜观察前必须进行固定，以使其能最大限度保持其生活时的形态。采用水溶性、低表面张力的有机溶液如乙醇等对样品进行梯度脱水，是为了在对样品干燥时尽量减少由表面张力引起其自然形态的变化。

将盖玻片切割成 4～6mm^2 的小块，将待检大肠杆菌悬浮液滴加其上，或将菌苔直接涂上，也可用盖玻片小块粘贴菌落表面，自然干燥后光学显微镜镜检，以菌体较密，但又不堆在一起为宜；标记盖玻片小块有样品的一面；将上述样品置于 1%～2% 戊二醛磷酸缓冲液（pH7.2），4℃冰箱中固定过夜。次日以 0.15% 的同一缓冲液冲洗，用 40%、70%、90% 和 100% 乙醇分别脱水，每次 15min。脱水后，用乙酸戊酯置换乙醇；也可采用离心洗涤将菌体依次固定及脱水。

（2）干燥　将上述制备的样品置于临界点干燥器中，浸泡于液态二氧化碳中，加热到临界点温度（31.4℃，7.2MPa）以上，使之气化进行干燥。

（3）喷镀及观察　将样品放在真空镀膜机内，把金属喷镀到样品表面，取出样品在扫描电镜中观察。

第三章　微生物生物学形态结构观察

细菌是单细胞、原核微生物。体积小、菌体透明，活体细胞内含有大量水分，且对光线的吸收和反射与周围背景没有显著反差，因而难于在普通光学显微镜下观察它们的形态和结构。只有经过染色，借助颜色的反衬作用，才可看清楚菌体形态以及菌体的表面结构。所以，染色技术是观察微生物生物学形态结构的重要手段。细菌染色技术繁多，染色方法总结如下。

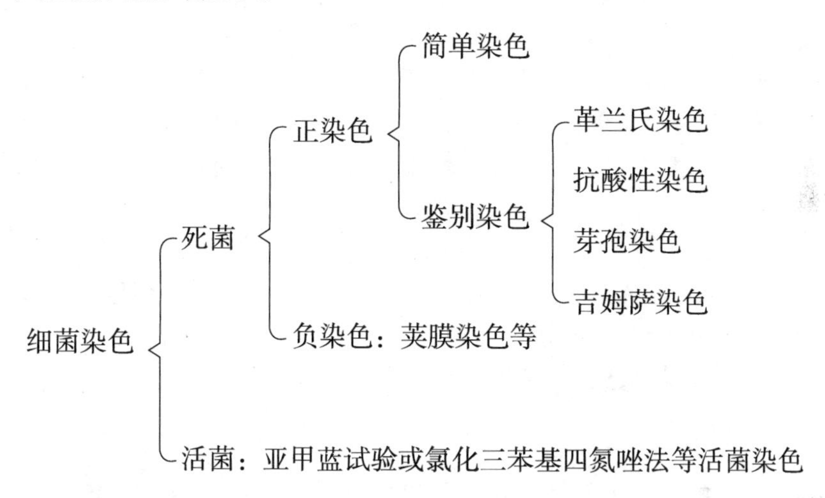

微生物染色常用染料，是一类苯环上带有发色基团和助色基团的有机化合物。发色基团赋予化合物颜色特征，助色基团赋予化合物能够成盐的性质。染料通常都是盐，可以分为酸性染料和碱性染料两大类。在微生物染色技术中，碱性染料较常用，如亚甲蓝、结晶紫、碱性品红、番红（沙黄）、孔雀绿等，酸性染料有伊红、酸性品红或刚果红等（注：仅含发色基团的苯化合物即使带有颜色也不能作为染料，因为它不能电离，不能与酸或碱形成盐，对微生物或其他材料没有结合力，很容易被洗脱或机械方法除去）。

3.1　细 菌 染 色

3.1.1　细菌简单染色

一、目的

1. 掌握微生物无菌操作、制片基本技术，掌握细菌简单染色法。
2. 了解观察细菌个体形态特征。

二、原理

细菌简单染色是指只利用一种染料对菌体进行着色。由于碱性染料电离时染料离子通常带正电荷。菌体蛋白多是碱性蛋白，在中性、碱性或弱酸性的溶液中，细菌细胞通常带有负电荷。这样带正电荷的染料离子与带负电荷的菌体细胞相结合并使其着色。染色后便于观察细菌的形态、大小和排列方式等特征。细菌简单染色常用碱性染料：结晶紫、亚甲蓝、碱性品红。

三、材料、仪器

（1）菌种　大肠杆菌（*Escherichia coli*），营养琼脂（附录 5-6）斜面培养 24h；金黄色葡萄球菌（*Staphylococcus aureus*），营养琼脂斜面培养 24h。

（2）染料　草酸铵结晶紫染液（附录 4-1.1）、齐氏石炭酸品红染液（附录 4-1.2）。

（3）仪器

1）配染液所需仪器：电子天平、称量纸、药匙、研钵、量筒、烧杯、滴瓶等。

2）观察所需仪器及其他：酒精灯、火柴、载玻片、蒸馏水、接种环、试管架、电吹风、洗瓶、滤纸、显微镜、香柏油、擦镜纸、擦镜液、清洗缸等。

四、方法

（1）涂片　在洁净无油迹的载玻片中央滴一滴蒸馏水；用接种环以无菌操作（见图 3-1）挑取少量大肠杆菌或金黄色葡萄球菌与蒸馏水充分混合；涂成直径大约 1cm 极薄的菌膜。接种环经灼烧灭菌后放原处。

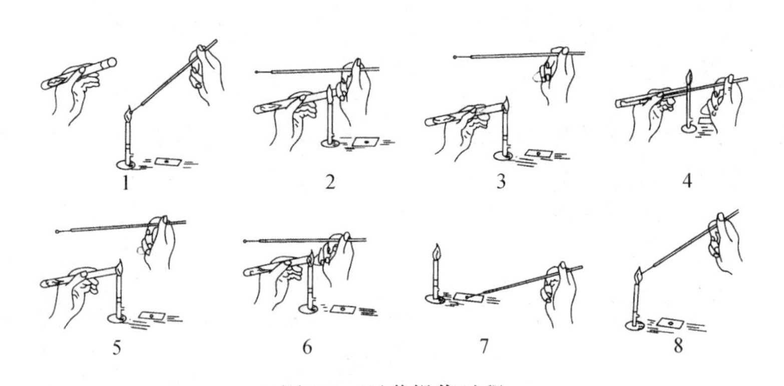

图 3-1　无菌操作过程

1. 接种环烧灼灭菌；2. 在火焰 3cm 处拔试管塞；3. 试管口烧灼灭菌；4. 挑取菌苔；5. 取出接种环；6. 塞试管塞；7. 涂片；8. 接种环烧灼灭菌

注意： 载玻片要洁净无油迹；制片时挑取菌量不宜过多，否则菌体堆积成块，显微观察不易看清楚个体。

（2）干燥　室温自然晾干或电吹风吹干。

注意： 如果用电吹风吹干，电吹风不能距菌膜很近，以防菌体严重变形或烤焦。

（3）固定　手执载玻片一端，将有菌膜的一面朝上，快速通过微火 2～3 次（此过程称热固定）。其目的是使细胞质凝固，固定细胞形态，并使之牢固附着在载玻片上，染色或水洗时不至脱落；同时改变菌体对染料通透性，利于着色，增强染色效果。

注意：载玻片通过微火后，用手背接触涂片反面，以不烫手为宜；过热会导致菌体严重变形或烤焦。

（4）染色　将载玻片置于载玻片架上，在涂片部位滴加适量草酸铵结晶紫或齐氏石炭酸品红染液，染液以盖满菌膜为度，染色 1min。

（5）水洗　倾去染液，用自来水轻轻地自载玻片一端冲洗，直到流下的水无染液颜色。

注意：水洗时，不要直接冲洗涂面；水流不宜过急、过大，以免涂片菌膜脱落。

（6）干燥　滤纸吸干。

注意：用滤纸干燥时勿擦去菌体。

（7）镜检　待涂片完全干燥后镜检，在低倍镜下找到菌体视野，转换油镜观察，并绘制大肠杆菌和金黄色葡萄球菌形态图。

注意：涂片完全干燥后镜检。

（8）清理　实验完毕后，清理油镜，显微镜复位，并在记录本上登记。将染色片放入清洗缸中浸泡、清洗。

五、结果

分别绘出油镜下实验细菌个体形态图，注明放大倍数。

3.1.2　革兰氏染色

一、目的

了解细菌革兰氏染色原理，掌握细菌革兰氏染色方法。

二、原理

革兰氏染色是 1884 年由丹麦病理学家 C. Gram 创立的。此法可将细菌区分为革兰氏阳性和革兰氏阴性两大类，是细菌学最重要和广泛应用的鉴别染色法。

细菌因细胞壁成分和结构的不同而对革兰氏染色产生反应不同。革兰氏阳性细菌细胞壁主要由肽聚糖构成网状结构，壁厚、类脂质含量低，染色过程中，用乙醇（或丙酮）脱色时细胞壁脱水，使肽聚糖层网状结构的孔径缩小，通透性降低，结果使得结晶紫 - 碘复合物保留在细胞内而不易脱色呈现紫色。相反，革兰氏阴性细菌的细胞壁中肽聚糖含量低，而脂类物质含量高，脱色处理时，脂类物质被乙醇（或丙酮）溶解，细胞壁通透性增加，使得结晶紫 - 碘复合物容易被抽提而脱色，经番红复染后呈现红色。革兰氏阳性细菌复染后呈深紫色。

三、材料、仪器

（1）菌种　大肠杆菌（*Escherichia coli*），营养琼脂（附录 5-6）斜面培养

18～24h；金黄色葡萄球菌（*Staphylococcus aureus*），营养琼脂斜面培养 18～24h。

（2）染料　草酸铵结晶紫染液（附录 4-2.1）、鲁氏碘液（附录 4-2.2）、95% 乙醇、番红染液（附录 4-2.3）。

（3）仪器及其他

1）配染液等所需仪器：电子天平、称量纸、药匙、量筒、烧杯、玻璃棒、滴瓶等。

2）观察所需仪器及其他：酒精灯、火柴、酒精棉球、载玻片、蒸馏水、接种环、试管架、电吹风、洗瓶、滤纸、显微镜、香柏油、擦镜纸、擦镜液、清洗缸等。

四、方法

（1）涂片

1）三区涂片法。在一洁净载玻片近两端各滴一小滴蒸馏水，用接种环以无菌操作挑取少量大肠杆菌于载玻片左侧水滴中，涂匀后用接种环顺势向载玻片中央拉移（**注意：**不要接触右侧水滴）。接种环经烧灼灭菌冷却后，再挑取少量金黄色葡萄球菌于载玻片右侧水滴中，涂匀后用接种环顺势拉向载玻片中央，与大肠杆菌菌液混合，涂布使两种菌互相混合。

2）混合涂片法。取一洁净载玻片，在中央滴一小滴蒸馏水。用接种环以无菌操作挑取少量大肠杆菌于水滴中，涂布均匀。接种环经烧灼灭菌冷却后，再挑取少量金黄色葡萄球菌混涂于载玻片中央大肠杆菌菌液中，制成混合薄而均匀涂片。

注意：用对数生长期的幼培养物做革兰氏染色；涂片不宜太厚，以免脱色不完全造成假阳性。

（2）干燥、固定　同细菌简单染色。

（3）染色

1）初染。加草酸铵结晶紫染液覆盖于涂片约 1min，水洗。

2）媒染。滴加鲁氏碘液冲去残水，并用碘液覆盖 1min，水洗。

3）脱色。用滤纸吸去载玻片残水，将载玻片倾斜，加 95% 乙醇脱色，直到流出的乙醇无紫色为宜，时间 25～30s，立即用水缓缓冲洗。

注意：乙醇脱色是革兰氏染色操作关键环节。脱色不足，阴性菌被误染成阳性菌（假阳性）；脱色过度，阳性菌被误染成阴性菌（假阴性）。

4）复染。用滤纸干燥后，加番红染液，覆盖 3～4min，水洗。

（4）镜检　待涂片完全干燥后，油镜下观察。

注意：显微观察时以分散开的细菌革兰氏染色反应为准，过于密集的细菌常常呈假阳性。

（5）清理　实验完毕后，清理油镜，显微镜复位。将染色片放入清洗缸中浸泡、清洗。革兰氏染色程序见图 3-2。

五、结果

记录实验细菌革兰氏染色反应结果。

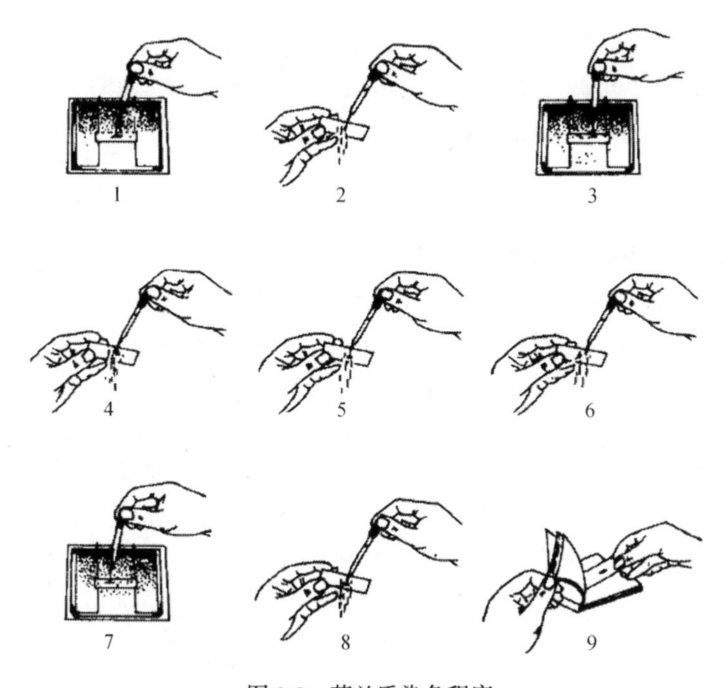

图 3-2　革兰氏染色程序

1．加草酸铵结晶紫染 1min；2．水洗；3. 媒染 1min；4. 水洗；5. 脱色；6. 水洗；7. 番红复染 3～4min；8. 水洗；9. 滤纸吸干

3.1.3　细菌芽孢染色

一、目的

学习并掌握细菌芽孢染色的原理和方法。

二、原理

芽孢染色法是利用细菌芽孢和菌体对染料亲合力不同，用不同的染料进行着色，使芽孢和菌体呈现不同颜色从而加以区别的方法。芽孢通常具有厚而致密的壁，透性低，不易着色和脱色。用着色力强的染料孔雀绿在加热条件下染色时，芽孢和菌体同时着色，进入菌体的染料可经水洗脱色，而进入芽孢的染料则难以透出，仍然保留，再经番红复染后，芽孢呈绿色，菌体呈红色。

三、材料、仪器

（1）菌种　枯草芽孢杆菌（*Bacillus subtilis*），营养琼脂（附录 5-6）斜面培养 1～2d；蕈状芽孢杆菌（*Bacillus mycoides*），营养琼脂斜面培养 1～2d。

（2）染料　5% 孔雀绿染液（附录 4-3.1）、0.5% 番红染液（附录 4-3.2）。

（3）仪器及其他

1）配染液等所需仪器：电子天平、称量纸、药匙、量筒、烧杯、玻璃棒、滴瓶、广口瓶等。

2）观察所需仪器及其他：酒精灯、火柴、载玻片、蒸馏水、接种环、试管架、小试管（75×100mm）、可调电炉、烧杯、电吹风、镊子（或试管夹）、洗瓶、滤纸、显微镜、香柏油、擦镜纸、擦镜液、清洗缸等。

四、方法

1．Schaeffer-Fulton 氏染色

（1）制片　　将培养 1～2d 枯草芽孢杆菌或蕈状芽孢杆菌进行涂片、干燥、固定。

（2）染色　　加数滴孔雀绿染液于涂片处，用镊子夹住载玻片一端，在酒精灯上微火加热至染液微冒蒸汽开始计时，保持 5min。

注意：孔雀绿染色加热过程中，勿使染料沸腾；随时添加染液，防涂片干涸。

（3）水洗　　待载玻片完全冷却后，用自来水轻轻自载玻片一端冲洗，孔雀绿不再褪色为宜。

（4）复染　　涂片干燥后用番红染液染色 3～5min，水洗。

（5）镜检　　待涂片完全干燥后，油镜下观察芽孢大小、形状、颜色及位置，菌体及孢囊颜色。

（6）清理　　实验完毕后，清理油镜，显微镜复位。将染色片放入清洗缸中浸泡、清洗。

2．改良的 Schaeffer-Fulton 氏染色

（1）制菌液　　取一小试管，加数滴水，用接种环以无菌操作挑取枯草芽孢杆菌或蕈状芽孢杆菌于试管中混匀。

（2）染色　　向试管中加与菌液等体积孔雀绿，充分振荡混合，然后将试管置于沸水浴烧杯中，加热染色 15～20min。

（3）涂片、脱色　　用接种环挑取 2～3 环菌液于载玻片上，制成涂片。干燥、固定后，水洗至无绿色为宜。

（4）复染　　涂片干燥后用番红染液染色 3～5min，水洗。

（5）镜检　　待涂片完全干燥后，油镜下观察芽孢大小、形状、颜色及位置，菌体及孢囊颜色。

（6）清理　　实验完毕后，清理油镜，显微镜复位。将染色片放入清洗缸中浸泡、清洗。

五、结果

绘染色结果图。记录芽孢大小、形状、颜色及位置，菌体及孢囊颜色。

3.1.4　细菌荚膜染色

一、目的

学习荚膜染色法原理，并掌握荚膜染色法。

二、原理

荚膜是包围在细菌细胞外一层黏液状或胶状物质，主要成分为多糖，糖蛋白或多肽。荚膜折光性低，与染料的亲和力弱，不易着色，而且溶于水，用水冲洗时易被除去。所以常用负染色法染色，使菌体和背景着色，而荚膜不着色，在菌体周围形成一透明圈。

三、材料、仪器

（1）菌种　褐球固氮菌（*Azotobacter chroococcum*），无氮琼脂培养基（附录 5-7）斜面培养约 2d；胶质芽孢杆菌（*Bacillus mucilaginosus*），无氮琼脂培养基斜面培养约 2d。

（2）染色剂　绘图墨水、6% 葡萄糖水溶液、甲醇、1% 结晶紫水溶液、0.5% 番红染液、墨素。

（3）仪器及其他

1）配染液等所需仪器：电子天平、称量纸、药匙、量筒、烧杯、玻璃棒、滴瓶等。

2）观察所需仪器及其他：酒精灯、火柴、载玻片、墨水、接种环、试管架、盖玻片、滤纸、显微镜、香柏油、擦镜纸、擦镜液、清洗缸等。

四、方法

1．湿墨水法（较简便、适用于各种有荚膜细菌）

（1）制备菌和墨水混合液　加一滴墨水于洁净载玻片上，用接种环以无菌操作挑取少量褐球固氮菌或胶质芽孢杆菌与其混合均匀。

（2）加盖玻片　将一洁净盖玻片盖在混合液上，用滤纸吸去盖玻片边缘多余菌液。

注意：加盖玻片时勿留气泡，以免影响观察。

（3）镜检　低倍镜和高倍镜观察，如用相差显微镜观察效果更好。背景灰色，菌体较暗，在菌体周围明亮的透明圈为荚膜。

2．干墨水法

（1）制混合液　加一滴 6% 葡萄糖液于洁净载玻片的一端，然后挑取少量菌体与其混合，再加一环墨水，充分混匀。

（2）涂片　另取一个边缘光滑的载玻片作为推片，将推片一端边缘置于混合液前方，然后稍向后拉，当推片与混合液接触后，轻轻左右移动，使混合液沿推片接触的后面散开，而后以大约 30° 将混合液推向载玻片另一端，使混合液铺成薄层（见图 3-3）。

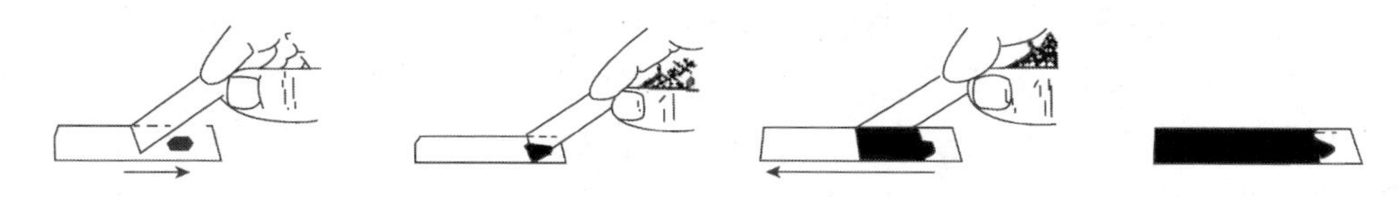

图 3-3　荚膜干墨水染色的涂片方法

（3）干燥　空气中自然晾干。

（4）固定　用甲醇浸没涂片固定1min，倾去甲醇。

（5）再干燥　在酒精灯上方用文火干燥。

（6）染色　用1%结晶紫染色1～2min。

（7）水洗　用自来水轻轻冲洗，干燥。

（8）镜检　用低倍镜和高倍镜观察。背景灰色，菌体紫色，菌体周围的清晰透明圈为荚膜。

3．负染色法

（1）涂片　常规取菌涂片。

（2）干燥　空气中自然晾干，不可加热固定（荚膜含水量高，如用热固定，荚膜变形影响观察）。

（3）染色　用0.5%番红染色3～5min。

（4）水洗　用自来水轻轻冲洗。

（5）干燥　空气中自然晾干或电吹风冷风吹干。

（6）涂墨素　滴加一滴墨素，涂一薄层，墨素风干后镜检。

（7）镜检　用低倍镜和高倍镜观察。背景灰黑色，菌体红色，荚膜为无色。

（8）清理　实验完毕后，清理镜头，显微镜复位。将染色片放入清洗缸中浸泡、清洗。

五、结果

绘图说明实验观察到的细菌和荚膜形态。

3.1.5　鞭毛染色和细菌运动性观察

一、目的

1．掌握鞭毛染色法，观察细菌鞭毛形态特征。

2．学习压滴法和悬滴法观察细菌运动性。

二、原理

鞭毛是细菌运动“器官”，非常纤细，直径一般为0.01～0.02μm，细菌的鞭毛不能在光学显微镜下直接观察，只能用电子显微镜观察。要用普通光学显微镜观察细菌鞭毛，必须用鞭毛染色法。

鞭毛染色是在染色前先用媒染剂处理，使它沉淀在鞭毛上，使鞭毛直径加粗，然后再进行染色，这种加粗的鞭毛在光学显微镜下可观察到。

在显微镜下观察细菌运动性，也可以初步判断细菌是否有鞭毛。细菌运动性的观察可用压滴法和悬滴法，观察时，要适当减弱光强度以增加反差，若光线太强，细菌和周围液体难以区分。

三、材料、仪器

（1）菌种　普通变形杆菌（*Proteus vulgaris*），活化后营养琼脂斜面（附录5-6）培养15～18h。

（2）染色剂　95%乙醇、硝酸银鞭毛染色液（附录4-5.1）、利夫森鞭毛染色液（附录4-5.2）、亚甲蓝染色液（附录4-5.3）。

（3）仪器及其他

1）配染液等所需仪器：电子天平、称量纸、量筒、玻璃棒、烧杯、滴瓶等。

2）观察所需仪器及其他：载玻片、洗衣粉、清洗液、蒸馏水、酒精灯、火柴、接种环、试管架、试管、培养箱、培养皿、无菌水、滤纸、洗瓶、显微镜、香柏油、擦镜纸、擦镜液、记号笔、镊子、盖玻片、凹载玻片、凡士林、清洗缸等。

四、方法

1. 鞭毛染色

（1）硝酸银染色

1）载玻片准备。将光滑无伤痕的载玻片在含适量洗衣粉水中煮沸约20min（洗衣粉最好在洗载玻片前用蒸馏水煮沸，用滤纸除渣粒；为避免载玻片相互重叠、彼此磨损，可将载玻片插在特制金属架上），取出后冷却，用清水充分洗净、晾干。水沥干后置95%乙醇中，用时取出在酒精灯上烧去乙醇。

注意：载玻片要求光滑、洁净，忌用带油迹的载玻片。

2）菌种准备。菌龄较长细菌鞭毛容易脱落，要求用对数生长期菌种作鞭毛染色和运动性观察，对于冰箱保存的菌种，在新制牛肉膏蛋白胨培养基斜面上连续活化2～3代，然后可选用下列方法培养作为染色用菌种。①取新配制营养琼脂斜面（表面较湿润，基部有冷凝水）接种，37℃培养15～18h，取斜面和冷凝水交接处培养物作染色观察菌种。②取新制备营养琼脂（含0.8%～1.0%琼脂）平板，用接种环将新鲜菌种点种于平板中央，37℃培养12～16h，让菌种扩散生长，取菌落边缘的菌苔（不要取菌落中央菌苔）作染色观察的菌种材料。

注意：良好斜面培养物，是鞭毛染色成功的基本条件，不宜用已形成芽孢或衰亡期培养物作为鞭毛染色的菌种，因为老龄细菌鞭毛容易脱落。

3）菌液制备。用接种环取斜面或平板实验菌种2～3环，轻轻移入盛有1～2ml无菌水试管中，不要搅动，让有运动能力的菌体自然游入水中，呈轻度混浊为宜，制成菌悬液。如果用培养物直接制片，效果往往不如先制备菌液。

注意：取菌时，尽可能不带培养基；制菌液试管事先最好放入与培养温度相同的恒温水浴中保温。

4）运动性检查。10～15min后，用悬滴法或水浸片法检查运动情况，如运动性很强，可做鞭毛染色；如不运动或运动性差，则需重复培养或另制菌悬液。

5）制片。取一滴菌液于载玻片的一端，将载玻片倾斜，使菌液缓缓流向另一端，用滤纸吸去载玻片下端多余菌液，室温（或37℃温室）自然晾干。

注意： 制片时勿用接种环涂抹，以免损伤鞭毛；制片干后应尽快染色，不宜放置时间过长。

6）染色。菌膜干燥后，滴加硝酸银染色液A液覆盖3～5min，用蒸馏水充分洗去A液。用B液冲去残水后，加B液覆盖菌膜染色30～60s，当涂面出现明显褐色时，立即用蒸馏水冲洗。若加B液后显色较慢，可用微火加热，直至出现褐色时立即水洗。自然晾干。

注意： A液染色后充分洗净，再加B液（以防残留A液与B液反应，使背景呈棕褐色，不易分辨鞭毛）。

7）镜检。待制片完全干后用油镜观察。观察时，从载玻片的一端逐渐移至另一端，有时只在制片的一定部位能观察到鞭毛。菌体呈深褐色，鞭毛显褐色，通常呈波浪形。

（2）改良的利夫森鞭毛染色

1）载玻片准备、菌种材料准备同硝酸银染色法。

2）制片。用记号笔在载玻片反面将载玻片分成3～4个等分区，在每一小区一端置一小滴菌液。将载玻片倾斜，让菌液流到小区的另一端，用滤纸吸去多余的菌液，室温（或37℃温室）自然干燥。

3）染色。加利夫森鞭毛染色液覆盖第一区涂面，隔数分钟后，加染液于第二区涂面，如此继续染第三、四区。间隔时间自行议定，其目的是为了确定最佳染色时间。在染色过程中仔细观察，当整个载玻片都出现铁锈色沉淀，染料表面现出金色膜时，立即用水轻轻冲洗。染色时间大约10min。自然晾干。

注意： 冲洗时要先倾去染液再冲洗，否则背景不清。

4）镜检。待制片完全干后用油镜观察。菌体和鞭毛均呈红色。

2．细菌运动性观察

载玻片准备、菌种材料准备同鞭毛染色法。

（1）压滴法

1）制片。在洁净载玻片上加一滴蒸馏水，用接种环挑取一环菌液与水混合，再加一环亚甲蓝染色液与其混合均匀。用镊子取一洁净盖玻片，使其一边与菌液边缘接触，然后将盖玻片慢慢放下盖在菌液上。观察专性好氧菌时，可在放盖玻片时压入小气泡，以防止细菌因缺氧而停止运动。

2）镜检。用低倍镜找到标本，再用高倍镜观察。如用油镜观察，盖玻片厚度不能超出0.17mm，略暗光线为宜。有鞭毛细菌可作直线、波浪式或翻滚运动，两个细菌之间出现明显位移并与布朗运动或随水流动相区别。

（2）悬滴法

1）涂凡士林。取洁净凹载玻片，在其四周涂少许凡士林。

2）加菌液。用接种环挑取一环菌液于载玻片中央，用记号笔在菌液周围画上记号。

注意： 菌液不能加得太多。

3）盖凹载玻片。将凹载玻片的凹槽对准盖玻片中心菌液，轻轻盖在盖玻片上 。轻轻按压使盖玻片与凹载玻片黏合在一起，把液滴封闭在小室中。翻转凹载玻片，使菌液滴悬在盖玻片下并位于凹槽中央（过程见图 3-4）。

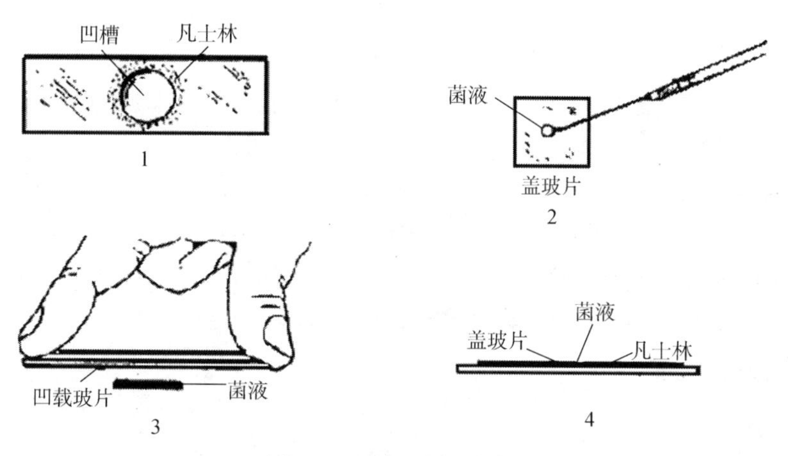

图 3-4 悬滴法制片步骤

1. 涂凡士林；2. 加菌液；3. 盖凹载玻片；4. 镜检

注意：若菌液加得过多，此时菌液就会流到凹载玻片上而影响观察。

4）镜检。低倍镜找到标本后，高倍镜观察。若用油镜观察，盖玻片厚度不能超过 0.17mm，以免压碎盖玻片，损伤镜头。观察时，要用略暗光线。

五、结果

绘制实验结果图，并用语言描述。

3.2 原核微生物形态观察

3.2.1 放线菌形态观察

一、目的

1. 学习并掌握放线菌形态观察基本方法。
2. 初步了解放线菌形态特征。

二、原理

放线菌为单细胞微生物，大多是由多分枝发达菌丝组成。菌丝据形态和功能分为：基内菌丝、气生菌丝（气生菌丝较基内菌丝颜色深、直径粗）、孢子丝。孢子丝形状因菌种不同而异，有直、波曲或螺旋形。孢子丝断裂后产生分生孢子呈圆形、椭圆形或杆形。基内菌丝和气生菌丝颜色，孢子丝及分生孢子形状、大小、颜色等常作为放线菌分类依据。

三、材料、仪器

（1）菌种　细黄链霉菌（*Streptomyces microflavus*）、青色链霉菌（*S. glaucus*）、弗氏链霉菌（*S. fradiae*），培养5～6d。

（2）培养基　高氏Ⅰ号培养基（附录5-2）。

（3）染色剂　亚甲蓝染色液（附录4-6.1）、石炭酸品红染色液（附录4-6.2）。

（4）仪器及其他

1）配染液等所需仪器：电子天平、称量纸、量筒、玻璃棒、烧杯、滴瓶。

2）观察所需仪器及其他：酒精灯、火柴、培养皿、接种环、试管架、镊子、盖玻片、培养箱、载玻片、擦镜纸、显微镜、滤纸、玻璃纸、灭菌锅、玻璃涂棒、解剖刀、蒸馏水、洗瓶、香柏油、擦镜纸、擦镜液、清洗缸。

四、方法

1．扦片法

观察放线菌自然生长状态下特征、不同生长期形态特征。

（1）倒平板　将高氏Ⅰ号培养基熔化并冷却至约50℃，按无菌操作倒入培养皿约20ml，制成平板。

（2）接种　无菌操作向菌种斜面培养物中加入无菌水，用接种环轻轻刮菌种斜面培养物使孢子分散于无菌水中，制成均匀的菌悬液，用吸管吸取菌悬液在琼脂平板上涂布接种。

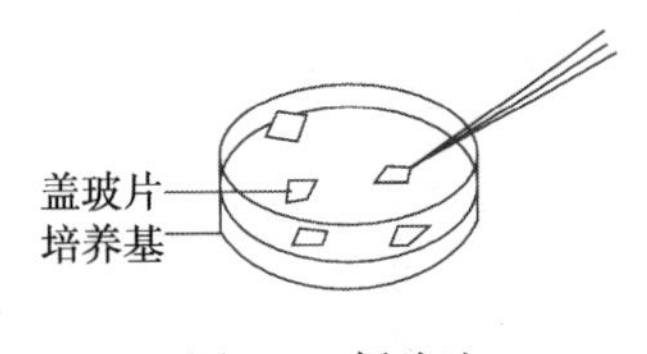

图3-5　扦片法

（3）扦片　用镊子以无菌操作将灭菌盖玻片以大约45°扦入琼脂内（扦在接种线上），扦片数量根据需要而定（见图3-5）。

（4）培养　将扦片平板倒置于温箱28℃培养，培养时间根据观察目的而定，通常5～6d。

（5）镜检　用镊子小心拔出盖玻片，擦去背面培养物，将有菌的一面朝上放在洁净载玻片上，直接镜检。必要时用亚甲蓝染色液对培养后盖玻片进行染色观察，效果会更好。注意区分气生菌丝和基内菌丝。

注意：观察时，宜用略暗光线。

2．玻璃纸法

观察放线菌自然生长状态、不同生长期形态特征。

（1）玻璃纸灭菌　将玻璃纸和滤纸剪成与盖玻片大小相同的圆形纸片，用水浸泡后把湿滤纸和玻璃纸交互重叠放在培养皿中，使滤纸和玻璃纸隔开，然后进行湿热灭菌备用。

（2）倒平板　同扦片法。

（3）铺玻璃纸　用镊子将已灭菌玻璃纸片铺在培养基琼脂表面，用无菌玻璃涂棒（或接种环）将玻璃纸压平，使其紧贴在琼脂表面，玻璃纸和琼脂之间不留气泡。每个平板可铺 5～10 块玻璃纸；也可用略小于培养皿的玻璃纸代替小纸片，观察时剪成小块。

（4）接种　用接种环挑取菌种（孢子）在玻璃纸上划线。

（5）培养　平板倒置温箱中 28～30℃培养 5～6d。

（6）镜检　在洁净载玻片上加一滴水，用镊子小心取下玻璃纸，菌面朝上放在水滴上，使玻璃纸平贴在载玻片上镜检。观察孢子丝形态、孢子排列及其形状。

注意：玻璃纸平贴在载玻片上，中间勿留气泡。

3．印片法

（1）接种培养　用高氏Ⅰ号琼脂平板，常规涂布接种，28℃培养 5～6d；也可用上述两种方法所使用的琼脂平板培养物，作为制片观察材料。

（2）印片　用接种铲或解剖刀将平板上的菌苔连同培养基切下一小块，菌面朝上放在一载玻片上。另取一洁净载玻片置火焰上微热后，盖在菌苔上，轻轻按压，使培养物（气生菌丝、孢子丝或孢子）黏附在载玻片的中央，有印迹的一面朝上，通过火焰 2～3 次固定。

注意：印片时不要用力过大压碎琼脂，也不要移动，以免改变放线菌的自然形态。

（3）染色　用石炭酸品红染色液覆盖印迹，染色 1～3min 后水洗。

（4）镜检　待制片完全干燥后油镜观察。

五、结果

绘图说明实验观察到的放线菌的主要形态特征。

3.2.2　蓝细菌培养与观察

一、目的

熟悉蓝细菌的形态，了解培养蓝细菌的方法。

二、原理

蓝细菌是光能营养菌，广泛分布于自然界，普遍生长在河流、海洋、湖泊和土壤中，并在极端环境中也能生长。部分蓝细菌具有固氮能力，一些蓝细菌还能与真菌、苔藓、蕨类和种子植物共生。

蓝细菌主要进行分裂繁殖，单细胞蓝细菌分裂后形成群体，包围在胶质层内。丝状蓝细菌细胞在鞘内排列成行，通过细胞分裂使菌丝生长，菌丝不分枝，但有时有假分枝。某些丝状蓝细菌能在丝状体中间或顶部产生异形胞，异形胞比营养细胞大，壁厚，只含叶绿素 a，是固氮场所。另一些蓝细菌营养细胞特化为静息孢子、内孢子等。

三、材料、仪器

（1）菌种　固氮鱼腥蓝细菌（*Anabaena azotica*），水生111无氮培养基（附录5-8）25℃光照培养1～2w。

（2）试剂　5%甘油。

（3）仪器及其他　酒精灯、火柴、酒精棉球、载玻片、5%甘油、接种环、试管架、镊子、解剖针、显微镜、香柏油、擦镜纸、擦镜液、清洗缸、红萍叶片等。

四、方法

1．直接制片观察

1）在洁净载玻片中央加一滴5%甘油，接种环挑取少量蓝细菌于甘油中，用解剖针将其展开。

2）用镊子取一块盖玻片，先将一边与菌液接触，慢慢将盖玻片放下使其盖在菌液上。

3）镜检。观察蓝细菌的形态。

2．用红萍观察

在载玻片中央加一滴蒸馏水，取红萍叶片一块放入水滴中，用解剖针将其撕开，加盖玻片，手指轻压使红萍叶片散开，置显微镜下可观察到红萍叶片中的满江红鱼腥蓝细菌（*Anabaena azollae*）。

五、结果

绘图说明蓝细菌的形态特征。

3.3　变形虫培养与观察

一、目的

熟悉变形虫的形态，了解培养变形虫的方法。

二、原理

变形虫是肉足纲的原生动物，它没有细胞壁，表膜柔软，形态可变化，没有固定细胞器，靠伪足运动。

三、材料、仪器

（1）材料　新鲜稻草、甲基绿溶液。

（2）仪器　剪刀、玻璃缸、玻璃、滴管、载玻片、显微镜、擦镜纸、镊子、盖玻片、吸水纸等。

四、方法

1．变形虫培养

剪断新鲜带根的稻草，浸在盛水玻璃缸中，高度是水的1/5。盖上玻璃，放在温暖明亮的地方，约1w，水的表面有一层焦黄色的浮膜，其中有变形虫，但也有其他原生动物。

2．变形虫纯培养

（1）分离变形虫　在载玻片中央加一滴有浮膜的培养液，显微观察看到变形虫后，取下载玻片加一滴冷水在培养液里，把载玻片稍微震动。变形虫在环境改变时会牢牢附在载玻片上，用镊子夹住载玻片呈45°倾斜，然后用水缓缓冲洗10min，显微镜下能看到边缘伸出伪足的变形虫紧贴在载玻片上。

（2）纯培养　在水里加1%稻草，煮沸30min，制成稻草培养液。冷却后，把附有变形虫的载玻片放在培养液里，盖上玻璃，放在温暖、明亮有光的地方培养1w后会产生大量变形虫。

另外，也可在大米培养液（冷水里加3～4粒大米，放在温暖地方，当大米变黏时，培养液里产生大量鞭毛虫时即为大米培养液）中移入变形虫，变形虫以鞭毛虫为食，迅速繁殖。1w后可产生大量变形虫。

3．变形虫观察

用镊子从培养液中取出稻草，把它的一端涂抹在载玻片上，留下少量培养液，盖上盖玻片低倍镜镜检，缩小光圈，能看到半透明半流动变形虫，高倍镜下观察，可看到缓慢运动的伪足。细胞质分两部分，周缘部分薄而透明（外质），中央部分较暗（内质）。内质里有大小不等食物泡和伸缩泡。

取下变形虫水浸片，滴一滴甲基绿溶液在盖玻片一边，用吸水纸在另一边吸水，让甲基绿溶液迅速流到盖玻片下，显微镜下清楚看到染色细胞核。

五、结果

绘出变形虫个体形态图，并注明结构名称。

3.4　真菌形态观察

3.4.1　酵母菌形态观察及死、活细胞鉴别

一、目的

1．掌握酵母菌一般形态特征及其与细菌的区别。
2．学习区分酵母菌死、活细胞的实验方法。

二、原理

酵母菌是不运动的单细胞真核微生物，细胞核与细胞质有明显分化，个体直径通常比常见细菌大几倍甚至十几倍，在高倍镜下可清楚观察到酵母菌个体形态。大多数酵母菌以出芽方式进行繁殖，有的以分裂方式繁殖。本实验通过亚甲蓝染色液水浸片和水 - 碘液水浸片来观察酵母形态和出芽繁殖。

亚甲蓝是一种无毒染料，氧化型呈蓝色，还原型无色。用亚甲蓝对酵母活细胞进行染色时，由于细胞新陈代谢作用，细胞内具有较强的还原能力，能使亚甲蓝由蓝色的氧化型变为无色还原型。因此，具有还原能力的酵母活细胞是无色的；而死细胞或代谢作用微弱的衰老细胞则呈蓝色或淡蓝色，借此对酵母菌死、活细胞进行鉴别。

三、材料、仪器

（1）菌种　酿酒酵母（*Saccharomyces cerevisiae*），麦芽汁培养基（附录 5-9）或豆芽汁葡萄糖培养基（附录 5-4）斜面培养 2d。

（2）试剂　亚甲蓝染色液（附录 4-7.1）、鲁氏碘液（附录 4-7.2）。

（3）仪器及其他

1）配染液等所需仪器：电子天平、称量纸、量筒、烧杯、玻璃棒、滴瓶。

2）观察所需仪器及其他：酒精灯、火柴、载玻片、蒸馏水、接种环、试管架、镊子、盖玻片、显微镜、香柏油、擦镜纸、擦镜液、清洗缸。

四、方法

1．亚甲蓝浸片观察

（1）水浸片制作

1）在载玻片中央加一滴亚甲蓝染色液，用接种环挑取少量酵母菌菌体与染色液混合均匀，染色 2～3min。

注意：染色液不宜过多或过少，以防盖上盖玻片，菌液会溢出或出现大量气泡而影响观察。

2）用镊子取一块盖玻片，先将一边与菌液接触，慢慢将盖玻片放下使其盖在菌液上。

注意：盖玻片不宜平着放下，以免产生气泡影响观察。

（2）镜检　观察酵母形态和出芽情况，并根据颜色来区别死、活细胞。

2．水 - 碘液浸片观察

在载玻片中央加一小滴鲁氏碘液，其上加 3 小滴水，取少许酵母菌放在水 - 碘液中混匀，盖上盖玻片后镜检。

五、结果

绘图说明实验观察到的酵母菌生物学特征。

3.4.2 酵母菌子囊孢子观察

一、目的

学习并掌握酵母菌子囊孢子观察方法。

二、原理

子囊孢子是子囊菌类真菌有性繁殖产生的有性孢子。在酵母菌中，子囊孢子形成与否及其形态是酵母菌分类鉴定的重要依据之一。酵母菌生活史中存在单倍体和双倍体阶段，一般情况下，它们都持续以出芽方式进行繁殖。但如果将双倍体细胞移到适宜产孢培养基上，其染色体就会发生减数分裂，形成 4 个子核细胞，原来双倍体细胞即为子囊，而 4 个子核最终发展成子囊孢子。将单倍体子囊逐个分离出来，经无性繁殖后即成为单倍体细胞。酵母菌形成子囊孢子需要一定条件，对不同种、属酵母要选择适合形成子囊孢子的培养基。麦氏培养基（葡萄糖 - 乙酸钠培养基）有利于酿酒酵母子囊孢子形成。

三、材料、仪器

（1）菌种　酿酒酵母（*Saccharomyces cerevisiae*）斜面培养 1w。

（2）培养基　麦芽汁琼脂斜面（附录 5-9），麦氏琼脂斜面（附录 5-10）。

（3）试剂　5% 孔雀绿染液（附录 4-8.1）、95% 乙醇、0.5% 番红水溶液（附录 4-8.2）。

（4）仪器及其他

1）配染液等所需仪器：电子天平、称量纸、药匙、量筒、烧杯、滴瓶。

2）观察所需仪器及其他：酒精灯、火柴、接种环、试管架、培养箱、载玻片、蒸馏水、电吹风、洗瓶、滤纸、显微镜、香柏油、擦镜纸、擦镜液、清洗缸。

四、方法

（1）菌种活化　将酿酒酵母转接至新鲜的麦芽汁琼脂斜面上，25～28℃恒温培养 24h 左右，然后转接 2～3 次。

注意：麦芽汁斜面培养基需是新配制、表面湿润的。

（2）产孢培养　将经活化的菌种转接到麦氏琼脂斜面上，25～28℃培养约 1w。

注意：在产孢培养基上加大接种量，可提高子囊孢子形成率。

（3）制片　用接种环取经产孢培养酵母菌，在洁净载玻片上进行常规涂片、干燥、固定。

（4）染色　滴加 5% 孔雀绿染液染色 1min。

（5）脱色　用 95% 乙醇脱色 30s，水洗。

（6）复染　涂片干燥后用 0.5% 番红水溶液复染 30s，水洗，用滤纸吸干。

（7）镜检　油镜观察，子囊孢子呈绿色，菌体和子囊呈粉红色；也可不经染色直接制水浸片观察。水浸片中酵母菌子囊为圆形大细胞，内有2～4个圆形小细胞为子囊孢子。

（8）清理　实验完毕后，清理镜头，显微镜复位。将染色片放入清洗缸中浸泡、清洗。

五．结果

绘图说明实验观察到的酿酒酵母的营养细胞、子囊和子囊孢子的形态特征。

3.5　霉菌的形态观察

一、目的

1．学习观察霉菌形态的基本方法。
2．了解4类常见霉菌的基本形态特征。

二、原理

霉菌营养体是分枝菌丝体，分基内菌丝和气生菌丝，气生菌丝生长到一定阶段分化产生繁殖菌丝，繁殖菌丝产生孢子。霉菌菌丝体（尤其是繁殖菌丝）及孢子的形态特征是识别不同种类霉菌的重要依据。霉菌菌丝和孢子宽度通常比细菌和放线菌粗得多（3～10μm），是细菌菌体宽度几倍至几十倍，在低倍显微镜下可观察到。观察霉菌形态常有3种方法。

直接制片观察法：将培养物置于乳酸石炭酸棉蓝染色液中，制成霉菌制片镜检。用此染液制成的霉菌制片的特点是：细胞不变形；染液具有防腐作用，不易干燥，能保持较长时间；能防止孢子飞散；染液的蓝色能增强反差。必要时，还可用树胶封固，制成永久标本长期保存。

载玻片培养观察法：无菌操作将培养基琼脂薄层置于载玻片上，接种后盖上盖玻片培养，霉菌在载玻片和盖玻片之间的有限空间内沿盖玻片横向生长。培养一定时间后，显微观察载玻片上的培养物。这种方法便于观察不同发育期培养物的自然生长状态。

玻璃纸培养观察法：用于观察不同生长阶段霉菌的形态，可获得良好的效果。

三、材料、仪器

（1）菌种　曲霉（*Aspergillus sp.*）、产黄青霉（*Penicillium chrysogenum*）、根霉（*Rhizopus sp.*）、毛霉（*Mucor sp.*），马铃薯葡萄糖琼脂平板培养4～5d。

（2）培养基　马铃薯葡萄糖琼脂（PDA）培养基（附录5-3）。

（3）试剂　乳酸石炭酸棉蓝染色液（附录4-9）、20%甘油。

（4）仪器及其他

1）配染液等所需仪器：电子天平、称量纸、药匙、量筒、烧杯、滴瓶。

2）观察所需仪器及其他：火柴、酒精灯、载玻片、解剖针、试管架、盖玻片、U形玻棒、滤纸、解剖刀、镊子、灭菌锅、烘箱、接种针、记号笔、显微镜、擦镜纸等。

四、方法

1. 直接制片观察

在载玻片上加一滴乳酸石炭酸棉蓝染色液，用解剖针从霉菌菌落边缘处挑取少量已产孢子霉菌菌丝，放在载玻片上染液中，用解剖针小心将菌丝分散开。盖上盖玻片，置低倍镜下观察，必要时换高倍镜观察。

注意：挑菌和制片时要细心，尽可能保持霉菌自然生长状态；加盖玻片时勿压入气泡，且不要再移动盖玻片。

2. 载玻片培养观察

（1）培养小室灭菌　在培养皿皿底铺一张略小于皿底圆滤纸片，再放一U形玻棒，其上放一洁净载玻片和2个盖玻片，盖上皿盖，包扎后于0.1MPa、121℃灭菌30min，60℃烘箱中烘干备用。

（2）琼脂块制作　已灭菌的PDA培养基熔化后取10～15ml注入一灭菌培养皿中，凝固成薄层。用解剖刀切2块0.5～1cm^{2}培养基，置于培养室中载玻片上两端（见图3-6）。

注意：培养基的量要少；琼脂块制作应注意无菌操作。

（3）接种　用接种针挑取极少量孢子接种于琼脂块边缘，用无菌镊子将盖玻片覆盖在琼脂块上。

注意：接种量要少，尽可能将分散孢子接种在琼脂块边缘上，以免培养后菌丝过于稠密影响观察。

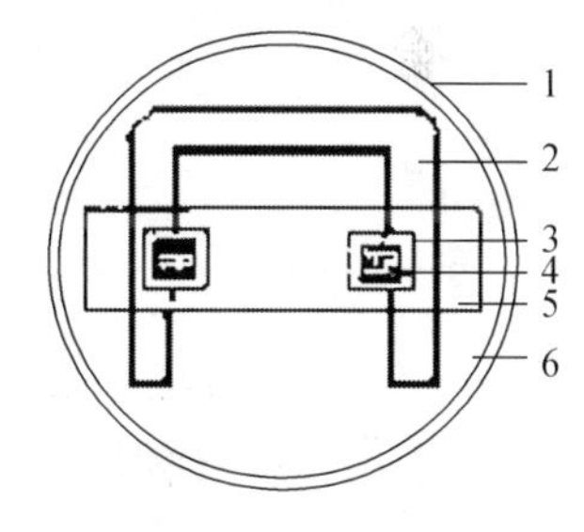

图3-6　载玻片培养法示意图（上：正面观；下：侧面观）
1. 培养皿；2. U形玻棒；3. 盖玻片；4. 培养物；5. 载玻片；6. 保湿用滤纸

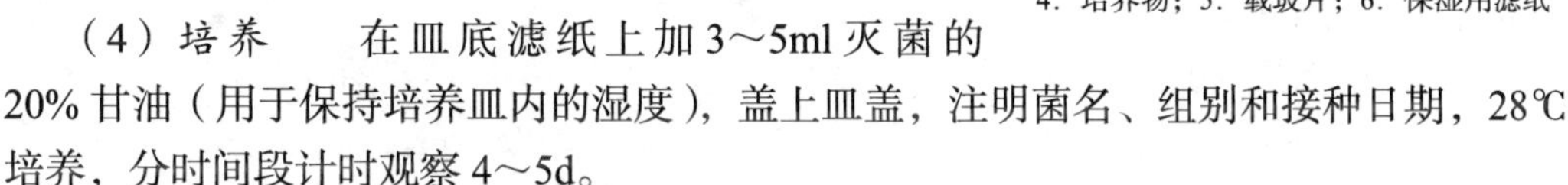

（4）培养　在皿底滤纸上加3～5ml灭菌的20%甘油（用于保持培养皿内的湿度），盖上皿盖，注明菌名、组别和接种日期，28℃培养，分时间段计时观察4～5d。

（5）镜检　根据需要可以在不同的培养时间内取出载玻片置低倍镜和高倍镜下观察各种霉菌不同时期自然生长状态。重点观察菌丝是否分隔，曲霉足细胞，根霉和毛霉孢子囊和孢囊孢子，产黄青霉和曲霉分生孢子的形成特点。

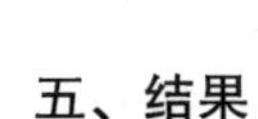

五、结果

绘图说明实验观察到的4种霉菌的形态特征。

第四章　微生物生长测定

生长繁殖是微生物重要生命活动之一。一个单细胞微生物在适宜条件下，不断吸取周围营养物质，进行新陈代谢。当同化代谢速率超过异化代谢速率时，细胞中原生质总量不断增加，个体生长。但个体生长是有限度的，当细胞内各成分和结构协调增长到某种程度时母细胞开始分裂，不久形成两个细胞，个体数目增多，这种现象称为繁殖。个体生长导致个体繁殖，引起群体生长。对微生物而言，“生长”一般指其群体生长，即在单位体积群体中细胞浓度或菌体密度、质量、体积增加。

生长测定方法有直接和间接方法，直接法如测细胞群体体积、称干重等，间接法如比浊法或各种生理指标法等。

4.1　微生物大小测定

一、目的

1. 学习并掌握测定微生物大小的方法。
2. 强化对微生物细胞大小的感性认识。

二、原理

微生物细胞大小是微生物基本形态特征，也是分类鉴定依据之一。微生物大小测定，需要在显微镜下，借助于特殊测量工具——测微尺，它包括目镜测微尺和镜台测微尺。

镜台测微尺是中央部分刻有精确等分线的载玻片，一般是将 1mm 等分为 100 格，每格长 0.01mm（10μm）。镜台测微尺并不直接用来测量细胞大小，而是用来校正目镜测微尺每格的相对长度。

目镜测微尺是一块可放入目镜内的圆形小玻片，其中央有精确的等分刻度，分为 50 小格和 100 小格两种。测量时，将其放在目镜隔板上，用以测量经显微镜放大后的细胞物像。由于不同显微镜或不同目镜和物镜组合放大倍数不同，目镜测微尺每小格所代表实际的测量长度不一样。因此，用目镜测微尺测量微生物大小时，先用镜台测微尺进行校正，求出该显微镜在一定放大倍数的目镜和物镜下，目镜测微尺每小格所代表相对长度，然后根据微生物细胞相当于目镜测微尺的格数，计算出细胞实际大小。

球菌用直径来表示大小；杆菌用宽和长来表示大小；螺旋菌以螺旋的直径和圈数来表示大小。

三、材料、仪器

（1）菌种　　大肠杆菌（*Escherichia coli*），营养琼脂斜面（附录 5-6）培养 24h；

酿酒酵母（*Saccharomyces cerevisiae*），豆芽汁斜面（附录 5-4）培养 36h。

（2）染液　　草酸铵结晶紫染液（附录 4-1.1）。

（3）仪器及其他　　显微镜、目镜测微尺、镜台测微尺、酒精灯、火柴、载玻片、蒸馏水、接种环、试管架、电吹风、洗瓶、滤纸、香柏油、擦镜纸、擦镜液、清洗缸等。

四、方法

（1）装目镜测微尺　　取出目镜，把目镜上透镜旋下，将目镜测微尺刻度朝下放在目镜镜筒内隔板上，旋上目镜透镜，将目镜插入镜筒内。

（2）校正目镜测微尺

1）装镜台测微尺。镜台测微尺刻度朝上放在显微镜载物台上。

2）校正。先用低倍镜观察，将镜台测微尺有刻度部分移到视野中央，调节焦距，看到清晰镜台测微尺刻度后，转动目镜使目镜测微尺刻度与镜台测微尺刻度平行。利用标本夹移动镜台测微尺，使两尺在某一区域内两线完全重合，分别数出两重合线之间镜台测微尺和目镜测微尺所占格数。用同样方法换成高倍镜和油镜进行校正，测出在高倍镜和油镜下，两重合线分别所占格数（见图 4-1）。

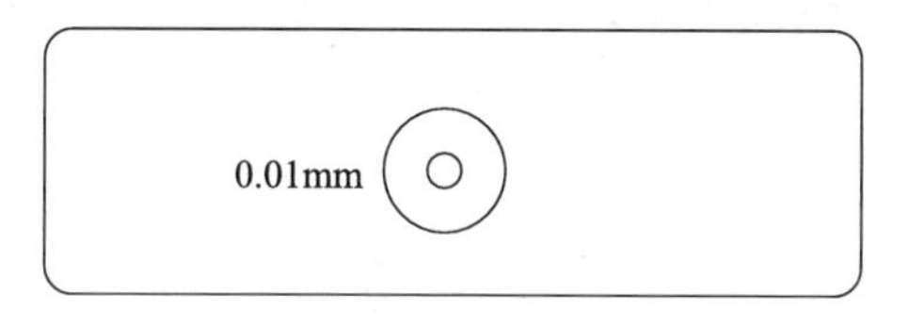

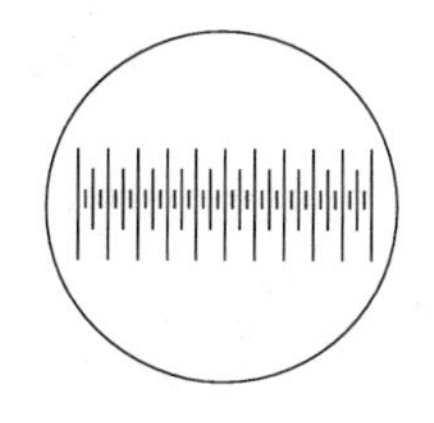

A．镜台测微尺及其中央部分

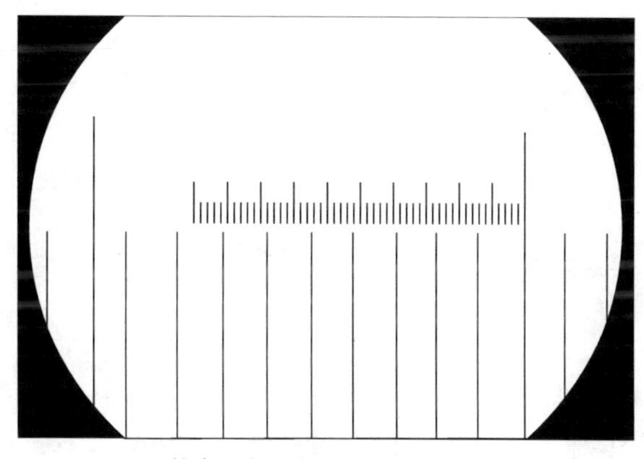

B．镜台测微尺校正目镜测微尺的情况

图 4-1　测微尺结构及其校正

注意：观察镜台测微尺刻度时光线不宜太强；换高倍镜和油镜校正时，应十分小心，防物镜压坏镜台测微尺和损坏镜头。

3）计算。已知镜台测微尺每格长 10μm，据公式即可计算出在不同放大倍数下，目镜测微尺每格所代表长度。

目镜测微尺每格长度（μm）＝两重合线间镜台测微尺格数×10/两重合线间目镜测微尺格数。

（3）菌体大小测定　目镜测微尺校正完毕，取下镜台测微尺，放上实验细菌染色涂片。先用低倍镜和高倍镜找到标本，换油镜测定实验细菌大小。测定时，通过转动目镜测微尺和移动标本夹，测出细菌直径或宽和长所占目镜测微尺的格数。将所测得格数乘以目镜测微尺（用油镜时）每格长度，即为该菌大小。

通常测定对数生长期菌体来代表该菌大小，可选择有代表性的10～20个细胞进行测定，求出平均值。细菌大小需要用油镜测定，减少误差。

（4）测定完毕　取出目镜测微尺后，将目镜放回镜筒，目镜测微尺和镜台测微尺分别用擦镜纸擦拭干净，放回盒内保存。

五、结果

1. 目镜测微尺校正结果填入表4-1。

表4-1　目镜测微尺校正结果

物镜	物镜倍数	目镜测微尺格数	镜台测微尺格数	目镜测微尺每格代表长度/μm
低倍镜				
高倍镜				
油镜				

目镜放大倍数__。

2. 计算出实验中的细菌大小。

4.2　显微镜直接计数

一、目的

1. 学习血细胞计数器计数的原理。
2. 掌握利用血细胞计数器进行微生物计数的方法。

二、原理

显微镜直接计数是将少量待测样品悬浮液置于一种具有确定面积和容积的载玻片（计菌器）上，在显微镜下直接对细胞数量进行计数的一种方法。目前国内外常用计菌器有：血细胞计数器、彼得若夫-霍瑟（Petroff-Hausser）计菌器以及霍克斯利（Hawksley）计菌器等，它们都可用于酵母、细菌、霉菌孢子等悬液计数，基本原理相同。后两种计菌器由于很薄，可用油镜对细菌等较小细胞进行观察和计数，而血细胞计数器较厚，不能用油镜进行观察和计数。

显微镜直接计数优点是直观、快速、操作简单；缺点是所测得的结果通常是死菌体和活菌体的总和。目前已有一些方法可以克服这一缺点，如结合活菌染色，微室培养（短时间）以及加细胞分裂抑制剂等方法来达到只计数活菌体的目的。本实验以血细胞计数器为例进行显微镜直接计数。另外两种计菌器的使用方法可参看各厂商说明书。

用血细胞计数器在显微镜下直接计数是一种常用的微生物计数方法。该计数板是一块特制的载玻片（其结构见图 4-2），其上由 4 条槽构成 3 个平台；中间较宽的平台又被一短横槽隔成两半，每边平台上各刻有一个方格网，每个方格网共分为 9 个大方格，中间大方格即为计数室。计数室刻度一般有两种规格，一种是 1 个大方格分成 25 个中方格，每个中方格又分成 16 个小方格；另一种是 1 个大方格分成 16 个中方格，每个中方格又分成 25 个小方格（见图 4-3），但无论是哪一种规格计数板，每 1 个大方格中的小方格都是 400 个。每 1 个大方格边长为 1mm，则每一个大方格的面积为 $1mm^2$，盖上盖玻片后，盖玻片与载玻片之间高度为 0.1mm，所以计数室的容积为 $0.1mm^3$（万分之一毫升）。

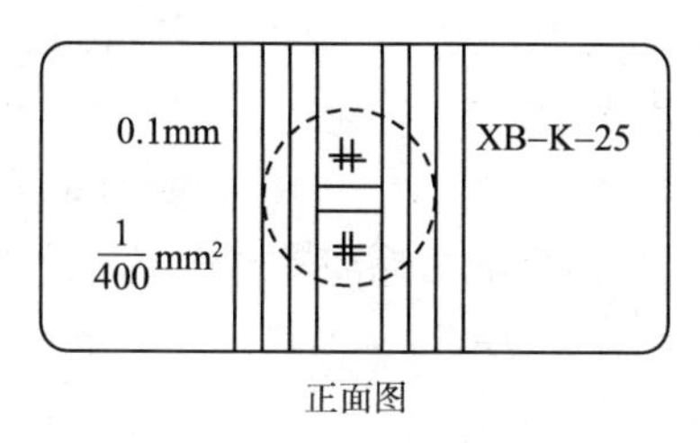

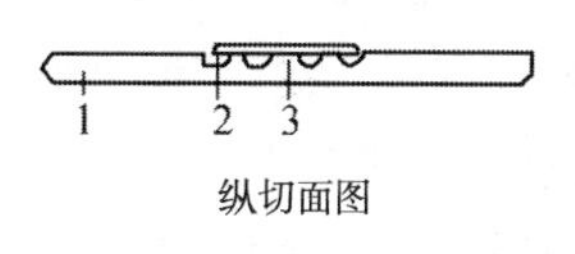

图 4-2　血细胞计数器构造

1．血细胞计数器；2．盖玻片；3．计数室

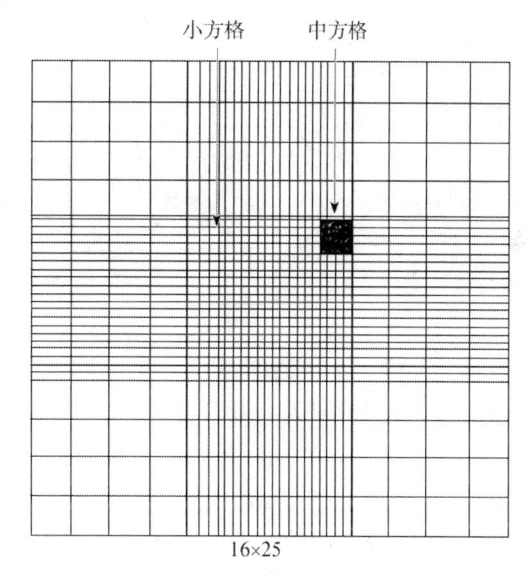

图 4-3　血细胞计数器构造

计数时，通常数 5 个中方格的总菌数，然后求得每个中方格平均值，再乘以 25 或 16，就得出 1 个大方格中的总菌数，然后再换算成 1ml 菌液中总菌数。

设 5 个中方格中的总菌数为 A，菌液稀释倍数为 B，如果是 25 个中方格的计数板则：

$$1ml\ 菌液中的总菌数=(A/5)\times25\times10^4\times B=50\,000A\times B\ (个)。$$

同理，16 个中方格的计数板则：

$$1ml\ 菌液中的总菌数=(A/5)\times16\times10^4\times B=32\,000A\times B\ (个)。$$

三、材料、仪器

（1）菌种　　酿酒酵母（*Saccharomyces cerevisiae*），豆芽汁培养基（附录 5-4）培

养24h或市售干酵母粉。

（2）仪器及其他　酒精灯、火柴、接种环、试管架、无菌生理盐水、血细胞计数器、显微镜、蒸馏水、盖玻片、毛细滴管、滤纸、计数器等。

四、方法

（1）菌悬液制备　用无菌生理盐水将酿酒酵母制成适当浓度的菌悬液，或用温开水将市售干酵母粉制成一定浓度的菌悬液。

（2）镜检计数室　加样前，先对计数板计数室进行镜检。若有污物，用药棉蘸取95%乙醇擦洗计数室，清洗干净后才能进行计数。

（3）加样　将清洁干燥的血细胞计数器盖上盖玻片，再用无菌毛细滴管将摇匀的酿酒酵母菌悬液由盖玻片边缘滴一小滴，让菌液沿缝隙靠毛细渗透作用自动进入计数室，一般计数室均能充满菌液。如果加菌液过多，在边缘槽沟中有菌液时，立即用滤纸将其吸出，否则会影响计数结果。

注意：取样时先要摇匀菌液；加样时计数室内不可有气泡产生。

（4）显微镜计数　加样后静置5min，然后将血细胞计数器置于载物台上，先用低倍镜找到计数室所在位置，然后换成高倍镜进行计数。

注意：通过调节电压强弱和聚光器高低，调节显微镜光线的强弱，以看清菌体、方格线条为宜。

在计数前若发现菌液太浓或太稀，需重新调节稀释度后再计数。一般样品稀释度要求每小格内有5～10个菌体为宜。每个计数室选5个中格（选左上、左下、右上、右下和中央的1个中格）中的菌体进行计数。由于菌体在计数室中处于不同空间位置，需在不同焦距下才能看到，因而观察时必须不断调节细调旋钮，方能数到全部菌体，防止遗漏。如菌体位于格线上一般只数上方、右边线上或下方、左边线上。如遇酵母出芽，芽体大小达到母细胞一半，作为2个菌体计数。计数一个样品要从两个计数室中计得的平均值来计算样品含菌量。

（5）清洗血细胞计数器　血细胞计数器使用完毕后，用水冲洗干净，切勿用硬物洗刷，洗完后自然晾干或用吹风机吹干。镜检，观察每小格内是否有残留菌体或其他沉淀物。若不干净，则需重复清洗干净为止。

（6）计算　计算出每毫升菌液所含细胞数。

五、结果

将结果记录于表4-2。A表示5个中方格中的总菌数；B表示菌液稀释倍数。

表4-2　显微镜直接计数结果

	各中格中菌数					A	B	二室平均值	菌数/ml
	1	2	3	4	5				
第一室									
第二室									

4.3　平板菌落计数

一、目的

1. 学习平板菌落计数的基本原理和方法。
2. 掌握平板菌落计数的基本技术。

二、原理

平板菌落计数是将待测样品适当稀释后，使微生物充分分散在溶液中并成单个细胞，取一定量稀释液接种于平板，经过培养，单细胞生长繁殖形成肉眼可见的菌落，一个单菌落对应原样品中的一个单细胞。统计菌落数，根据样品稀释倍数和接种量即可换算出样品含菌数。但是，由于待测样品往往不易完全分散成单个细胞，形成的单菌落也可能来自样品中两个或更多个细胞，因此平板菌落计数的结果往往偏低。为了清楚地阐述平板菌落计数的结果，现在已倾向使用菌落形成单位（colony forming unit，cfu）而不以绝对菌落数来表示样品中活菌含量。

平板菌落计数操作繁琐，需要培养一段时间才能得到结果，而且测定结果易受多种因素影响，但是可以获得活菌的信息，被广泛用于生物制品检验、食品、饮料和水等含菌指数或污染程度的检测。

三、材料、仪器

（1）菌种　　大肠杆菌（*Escherichia coli*）。

（2）培养基　　牛肉膏蛋白胨培养基（附录 5-1）。

（3）仪器及其他　　酒精灯、火柴、无菌水、接种环、记号笔、试管、试管架、吸管、培养皿、玻璃涂棒、恒温培养箱等。

四、方法

（1）编号　　取无菌培养皿 9 套，分别用记号笔标明 10^{-4}、10^{-5}、10^{-6} 各 3 套。另取 6 支盛有 9ml 无菌水试管，排于试管架上依次标明 10^{-1}、10^{-2}、10^{-3}、10^{-4}、10^{-5}、10^{-6}。

（2）稀释　　用 1ml 无菌吸管吸取 1ml 已充分混匀的大肠杆菌菌悬液（待测样品）至 10^{-1} 试管，即为 10 倍稀释。

将上述 10 倍稀释试管置试管振荡器上振荡，使菌液充分混匀。另取一支 1ml 吸管插入 10^{-1} 试管反复吹吸菌悬液 3 次，将菌体分散，混匀。吸取 10^{-1} 菌液 1ml 加入 10^{-2} 试管中，即为 100 倍稀释。其余依次类推直到 10^{-6}。整个过程如图 4-4 所示。

注意：吹吸菌液时不要太猛太快，吸时吸管伸入管底，吹时不能离开液面，以免吸管中棉花浸湿或使试管内液体外溢；放菌液时吸管尖不要碰到液面，即每一支吸管只能接触一个稀释度的菌悬液，否则稀释不精确，误差较大。

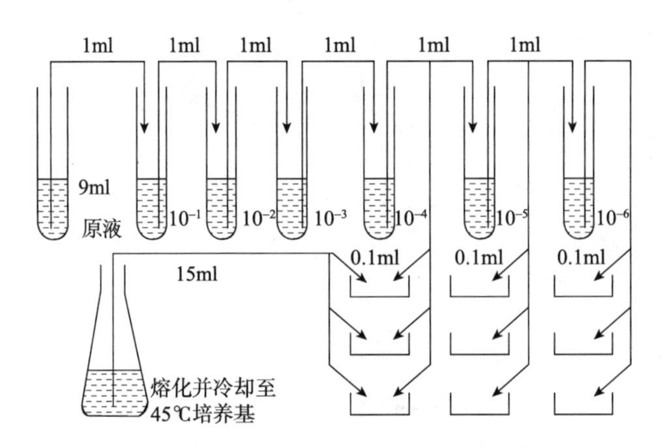

图 4-4　平板菌落计数操作步骤

（3）取样　用 1ml 无菌吸管吸取 10^{-6} 稀释菌悬液 0.3～0.6ml 放入 10^{-6} 的 3 个无菌培养皿，每个培养皿放 0.1～0.2ml，同法吸取 10^{-5}、10^{-4} 稀释度菌悬液 0.3～0.6ml 放入 10^{-5}、10^{-4} 6 个无菌培养皿，每个培养皿放 0.1～0.2ml（吸取菌液由低浓度向高浓度时，吸管可不必更换）；也可用 3 支 1ml 无菌吸管分别吸取 10^{-4}、10^{-5} 和 10^{-6} 稀释度菌悬液 0.3～0.6ml，对号放入 3 个无菌培养皿，每个培养皿放 0.1～0.2ml。

注意：不要用 1ml 吸管每次只吸 0.2ml 稀释菌液放入培养皿中，这样容易加大同一稀释度几个重复平板间的操作误差。

（4）倒平板（混合平板培养）　尽快向上述盛有不同稀释度菌液的 9 个培养皿中倒入熔化后冷却至 45℃左右的牛肉膏蛋白胨培养基 15～20ml，置水平位置迅速旋动培养皿，使培养基与菌液混合均匀。

注意：菌液加入培养皿，应尽快倒入熔化并已冷却至 45℃左右的培养基（因细菌易吸附到玻璃器皿表面），立即摇匀，否则细菌不易分散或长成菌落连在一起，影响计数。

待培养基凝固，37℃恒温培养。

（5）计数　培养 2d 后，取出培养平板，计算出同一稀释度 3 个平板上的菌落平均数，并按公式进行计算。

每毫升菌落形成单位（cfu）＝同一稀释度三次重复平均菌落数 × 稀释倍数 ×10。

一般选择每个平板上长有 30～300 个菌落的稀释度计算每毫升含菌量较为合适。同一稀释度 3 个重复对照菌落数不应相差很大，否则表明实验不精确。实际工作中同一稀释度重复对照平板不少于 3 个，这样便于数据统计，减少误差。由 10^{-4}、10^{-5}、10^{-6} 3 个稀释度计算出的每毫升菌液中菌落形成单位数也不应相差太大。若两个稀释度菌落在 30～300 间时按两者菌落总数比值决定：若比值小于 2，取平均值；若比值大于 2，取较少的菌落总数。所有稀释度的菌落数均大于 300 时，则以稀释度最高的平板菌落数计算。所有稀释度菌落数均小于 30 时，则以稀释度最低的平板菌落数计算。

注意：平板菌落计数，所选择倒平板的稀释度很重要的。一般以 3 个连续稀释度中第二个稀释度倒平板培养后所出现平均菌落数在 50 个左右为好，否则要适当增加或减少稀释度。

平板菌落计数还可以用涂布平板的方式进行，其操作如下。先将牛肉膏蛋白胨培养基熔化后倒平板，凝固后编号，并于37℃左右温箱中烘烤30min，或在超净工作台上适当吹干；然后用吸管吸取稀释好的菌液对号接种于不同稀释度已编号平板，用无菌玻璃涂棒将菌液在平板上涂布均匀，平放实验台20～30min，使菌液渗入培养基表层内；37℃恒温培养24～48h。

注意： 涂布平板用的菌悬液量一般以0.1ml较为适宜，如果过少，菌液不易涂布开；过多则涂布完后或在培养时菌液仍会在平板表面流动，不易形成单菌落。

五、结果

将培养后菌落计数结果填入表4-3。

表4-3　平板菌落计数结果

稀释度	10^{-4}				10^{-5}				10^{-6}			
	1	2	3	平均值	1	2	3	平均值	1	2	3	平均值
cfu/平板												
每毫升中cfu												

4.4　光电比浊计数

一、目的

1. 了解光电比浊计数法的原理。
2. 掌握光电比浊计数法的操作方法。

二、原理

在科学研究和生产过程中，为了及时了解培养过程中微生物生长情况，需要定时测定培养液中微生物数量，以便适时地控制培养条件，获得最佳培养物。比浊法是常用测定方法。

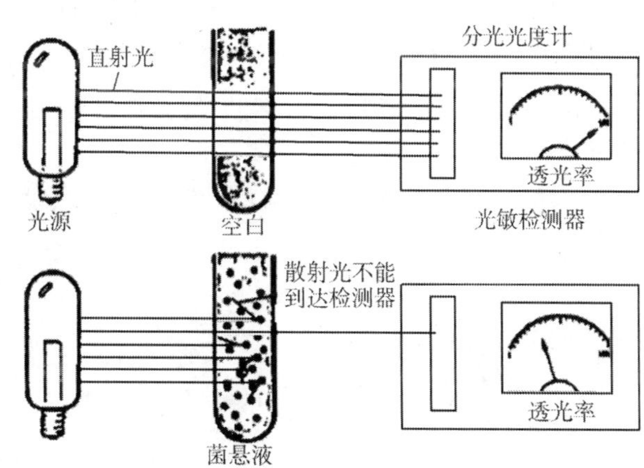

图4-5　比浊法测定细胞浓度的原理

当光线通过微生物菌悬液时，由于菌体的散射及吸收作用使光线透过量降低，在一定范围内，微生物细胞浓度与透光度成反比，与光密度成正比，而光密度或透光度可以由光电池精确测出（原理如图4-5）。因此，可用一系列已知菌数的菌悬液测定光密度，做出光密度-菌数标准曲线。然后，测定样品液光密度，从标准曲线中查出对应的菌数。制作标准曲线时，菌体计数可采用血细胞计数器计数、平板菌落计数或细胞干重测定等方法。本实验采用血细胞计数器计数。

光电比浊计数优点是简便、迅速，可以连续测定，适合于自动控制。但是，由于光密度或透光度除了受菌体浓度影响之外，还受细胞大小、形态、培养液成分以及所采用光波长等因素影响。因此，对于不同微生物的菌悬液进行光电比浊计数应采用相同菌株和培养条件制作标准曲线。光波长通常选择在400～700nm之间，具体某种微生物采用多大波长来测定，还需要经过最大吸收波长以及稳定性试验来确定。对于颜色太深的样品或在样品中还含有其他干扰物质的悬液不适合用此法进行测定。

三、材料、仪器

（1）菌种　酿酒酵母（*Saccharomyces cerevisiae*），豆芽汁培养基（附录5-4）培养24h。

（2）仪器及其他　试管、试管架、记号笔、无菌生理盐水、吸管、血细胞计数器、滤纸、显微镜、722型分光光度计等。

四、方法

（1）标准曲线制作

1）编号。取无菌试管7支，分别用记号笔将试管编号为1、2、3、4、5、6、7。

2）调整菌液浓度。用血细胞计数器计数培养24h的酿酒酵母菌悬液，并用无菌生理盐水分别稀释调整为每毫升1×10^6、2×10^6、4×10^6、6×10^6、8×10^6、10×10^6、12×10^6菌数细胞悬液。再分别装入已编号的1至7号无菌试管中。

3）测光密度（OD）值。将1至7号不同浓度的菌悬液摇均匀后于560nm、1cm比色皿中测定OD值，以无菌生理盐水作空白对照。

注意：每管菌悬液在测定OD值时必须先摇匀后再倒入比色皿中测定。

4）以OD值为纵坐标，以每毫升细胞数为横坐标，绘制标准曲线。

（2）样品测定　以无菌生理盐水作对照，将待测样品用无菌生理盐水适当稀释摇均匀后，于560nm、1cm比色皿测定光密度。

注意：测定样品时各种操作条件必须与制作标准曲线时相同，否则，测试值所换算菌数不准确。

根据测定光密度值，从标准曲线查得每毫升含菌数。

五、结果

计算每毫升样品的菌数。

第五章　微生物生理生化反应

5.1　细菌的生理生化试验

5.1.1　大分子物质水解试验

一、目的

1．通过试验不同微生物对各种有机大分子水解能力，了解不同微生物有着不同酶系。

2．掌握产酶微生物大分子物质水解试验原理和方法。

二、基本原理

微生物在生长繁殖过程中需要从外界吸收营养物质。外界环境中小分子有机物可被微生物直接吸收，微生物对大分子淀粉、蛋白质和脂肪等有机物不能直接利用，必须靠其产生的胞外酶（从细胞中释放出来以催化细胞外反应的酶）将大分子物质分解转化为小分子物质才能被微生物吸收利用。例如，淀粉酶水解淀粉为小分子糊精、双糖和单糖；脂肪酶水解脂肪为甘油和脂肪酸；蛋白酶水解蛋白质为氨基酸等。这些过程均可通过观察细菌菌落周围物质变化来证实：淀粉遇碘液会产生蓝色，但细菌水解淀粉区域，用碘测定不再产生蓝色，表明细菌产生淀粉酶；脂肪水解后产生脂肪酸可改变培养基 pH，使 pH 降低，加入培养基的中性红指示剂会使培养基从淡红色变为深红色，说明胞外存在脂肪酶。

微生物可以利用蛋白质和氨基酸作为氮源，但当缺乏糖类物质时，也可用它们作为碳源和能源。明胶是由胶原蛋白经水解产生的蛋白质，在 25℃以下可维持凝胶状态，以固体形式存在，在 25℃以上明胶就会液化。有些微生物可产生一种称为明胶酶的胞外酶，水解这种蛋白质，而使明胶液化，甚至在 4℃仍能保持液化状态。

另外，有些微生物能水解牛奶中酪蛋白，酪蛋白水解可用石蕊牛奶培养基来检测。石蕊培养基由脱脂牛奶和石蕊组成，是浑浊蓝色。酪蛋白水解成氨基酸和肽后，培养基就会变得透明。石蕊牛奶培养基也常被用来检测乳糖发酵，因为在酸存在下，石蕊会转变为粉红色，而过量酸会引起牛奶固化（凝乳形成）。氨基酸分解会引起碱性反应，使石蕊变为紫色。此外某些细菌能还原石蕊，使试管底部变为白色。

尿素是由大多数哺乳动物消化蛋白质后被分泌在尿中的废物。尿素酶能分解尿素释放出氨，这是一个分辨细菌很有用的实验依据。尽管许多微生物都可以产生尿素酶，但它们利用尿素的速度通常比变形杆菌属（*Proteus*）细菌要慢，因此尿素酶试验被用来从其他非发酵乳糖肠道微生物中快速区分变形杆菌属的成员。尿素琼脂培养基含有蛋白胨、葡萄糖、尿素和酚红。酚红在 pH6.8 时为黄色，而在培养过程中，产生尿素酶的细菌将分解尿素产生氨，使培养基pH升高，pH升高至8.4时，指示剂就转变为深粉红色。

三、材料、仪器

（1）菌种　枯草芽孢杆菌（*Bacillus subtilis*）、大肠杆菌（*Escherichia coli*）、金黄色葡萄球菌（*Staphylococcus aureus*）、铜绿假单胞菌（*Pseudomonas aeruginosa*）、普通变形杆菌（*Proteus vulgaris*），营养琼脂（附录5-6）斜面培养24h。

（2）培养基　淀粉培养基（附录5-11）、油脂培养基（附录5-12）、明胶培养基（附录5-13）试管、石蕊牛奶培养基（附录5-14）试管、尿素琼脂培养基（附录5-15）试管。

（3）试剂　鲁氏碘液（附录4-2.2）、冰。

（4）仪器及其他　超净工作台、培养皿、记号笔、恒温培养箱、酒精灯、火柴、接种环、接种针、试管、试管架等。

四、方法

1．淀粉水解试验

1）将固体淀粉培养基熔化后冷却至50℃左右，无菌操作制成平板。

2）用记号笔将平板划成4部分。

3）将枯草芽孢杆菌、大肠杆菌、金黄色葡萄球菌、铜绿假单胞菌分别在不同部分划线接种，在平板反面写上菌名。

4）将平板于37℃恒温培养24h。

5）观察各种细菌的生长情况，将平板打开盖子，滴入少量鲁氏碘液，轻轻旋转平板，使碘液均匀铺满整个平板。

注意：如菌苔周围出现无色透明圈，说明淀粉已被水解，为阳性。通过透明圈大小可初步判断该菌水解淀粉能力的强弱，即胞外淀粉酶活力高低。

2．油脂水解试验

1）将熔化的固体油脂培养基冷却至50℃左右，充分摇荡，使油脂均匀分布，倒入平板。

2）用记号笔将平板底部划成4部分，分别标上菌名。

3）将枯草芽孢杆菌、大肠杆菌、金黄色葡萄球菌、铜绿假单胞菌分别划十字接种于平板相对应部分的中心。

4）将平板倒置，37℃恒温培养24h。

5）取出平板，观察菌苔颜色，如出现红色斑点，说明脂肪水解，为阳性反应。

3．明胶水解试验

1）取3支明胶培养基试管，用记号笔标明各管欲接种的菌名。

2）用接种针分别穿刺接种枯草芽孢杆菌、大肠杆菌、金黄色葡萄球菌。

3）将接种试管置20℃恒温培养2～5d。

4）观察明胶液化情况及液化后形状（见图5-1）。

注意： 如细菌在20℃时不能生长，则必须在所需最适温度下培养，观察结果时需将试管从恒温环境中取出，置于冰浴中，才能观察液化程度。

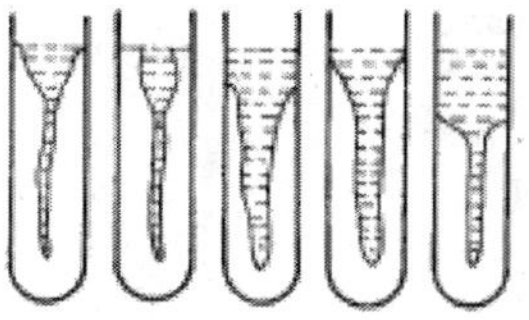

图5-1　明胶穿刺液化状态

4．石蕊牛奶试验

1）取2支石蕊牛奶培养基试管，用记号笔标明各管欲接种的菌名。

2）接种普通变形杆菌和金黄色葡萄球菌。

3）将接种试管置35℃恒温培养1～2d。

4）观察培养基颜色变化。石蕊在酸性条件下为粉红色，碱性条件下为紫色，而被还原时为无色。

5．尿素酶试验

1）取2支尿素培养基斜面试管，用记号笔标明各管欲接种的菌名。

2）接种普通变形杆菌和金黄色葡萄球菌。

3）将接种试管置35℃恒温培养1～2d。

4）观察培养基颜色变化。尿素酶存在时为红色，无尿素酶时为黄色。

五、结果

将结果填入表5-1。

表5-1　大分子物质水解试验结果

菌名	淀粉水解试验	脂肪水解试验	明胶液化试验	石蕊牛奶试验	尿素酶试验
枯草芽孢杆菌					
大肠杆菌					
金黄色葡萄球菌					
铜绿假单胞菌					
普通变形杆菌					

注："+"表示阳性，"−"表示阴性。

5.1.2　糖发酵试验

一、目的

1．了解糖发酵原理及其在肠道细菌鉴定中的重要作用。

2．掌握糖发酵鉴别不同微生物方法。

二、原理

糖发酵是鉴定微生物的常用生化反应之一，对肠道细菌鉴定尤为重要。绝大多数

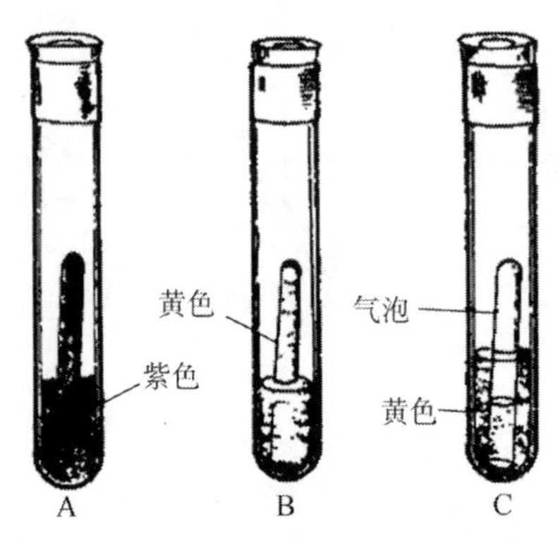

图 5-2 糖发酵试验
A. 培养前的情况；B. 培养后产酸不产气；C. 培养后产酸产气

细菌能利用糖类作为碳源和能源，但它们分解糖类物质的能力有很大差异。有些细菌能分解某种糖产生有机酸（如乳酸、乙酸、丙酸等）和气体（如 H_2、CH_4、CO_2 等）；有些细菌只产酸不产气。例如，大肠杆菌能分解乳糖和葡萄糖产酸产气；伤寒杆菌分解葡萄糖产酸不产气，不能分解乳糖；普通变形杆菌分解葡萄糖产酸产气，不能分解乳糖。

由此可根据分解利用糖的能力差异作为鉴定菌种依据。在培养基中加入酸碱指示剂溴甲酚紫，发酵产酸，培养基颜色由紫（pH5.2）变为黄色（pH 6.8）。有无气体产生，可从培养液中杜氏发酵管上端有无气泡来判断（如图 5-2）。

三、材料、仪器

（1）菌种　大肠杆菌（*Escherichia coli*）、普通变形杆菌（*Proteus vulgaris*），斜面培养 36～48h。

（2）培养基　葡萄糖发酵培养基（附录 5-16）、5% 乳糖发酵培养基（附录 5-17）试管各 3 支（内有杜氏发酵管）。

（3）仪器及其他　记号笔、酒精灯、火柴、接种环、试管架、恒温培养箱等。

四、方法

1）用记号笔标明发酵培养基和菌种名称。

2）取葡萄糖发酵培养基试管 3 支，分别接入大肠杆菌和普通变形杆菌，第三支不接种，作为对照。另取乳糖发酵培养基试管 3 支，同样分别接入大肠杆菌和普通变形杆菌，第三支不接种，作为对照。

注意：将接种后试管轻缓摇动，使其均匀，防止倒置的小管进入气泡。

3）将接种和对照 6 支试管均置 37℃恒温培养 1～2d。

4）观察各试管颜色变化及杜氏发酵管中有无气泡，记录。

五、结果

将结果填入表 5-2。

表 5-2　糖发酵试验结果

糖类发酵	大肠杆菌	普通变形杆菌	对照
葡萄糖发酵			
乳糖发酵			

注：“+/+”表示产酸产气，“+/ −”表示产酸不产气，“−”表示不产酸不产气。

5.1.3　IMViC 与硫化氢试验

一、目的

1．了解细菌鉴定常用生理生化试验原理和方法。
2．比较不同细菌 IMViC 试验结果。

二、原理

IMViC 是吲哚试验（indol test）、甲基红试验（methyl red test）、伏 - 波试验（Voges-Proskauer test）和柠檬酸盐试验（citrate test）4 个试验缩写，主要是用来快速鉴别大肠杆菌和产气肠杆菌（*Enterobacter aerogenes*），多用于水的细菌学检查。

有些细菌能产生色氨酸酶，分解蛋白胨中色氨酸产生吲哚和丙酮酸。吲哚与对二甲基氨基苯甲醛结合，形成红色玫瑰吲哚。吲哚试验可以作为一个生化检测指标，大肠杆菌吲哚反应阳性，产气肠杆菌为阴性。

色氨酸水解反应：

$$\text{色氨酸 (}-CH_2CHNH_2COOH\text{)} + H_2O \longrightarrow \text{吲哚} + H_2O + CH_3COCOOH。$$

色氨酸　　　　吲哚

吲哚与对二甲基氨基苯甲醛反应：

$$2\,\text{吲哚} + \text{对二甲基氨基苯甲醛 (}N(CH_3)_2\text{, }CH{=}O\text{)} \longrightarrow \text{玫瑰吲哚} + H_2O。$$

吲哚　　对二甲基氨基苯甲醛　　玫瑰吲哚

甲基红试验是用来检测细菌是否分解葡萄糖产生有机酸（如甲酸、乙酸、乳酸等）的试验。当细菌代谢糖产生有机酸时，培养基呈酸性，使加入培养基的甲基红指示剂由橘黄色（pH6.3）变为红色（pH4.2），即甲基红反应阳性。大肠杆菌和产气肠杆菌在培养早期均产生有机酸，前者在培养后期仍能维持酸性（pH4.0），而产气肠杆菌则转化有机酸为非酸性末端产物（如乙醇、丙酮酸等），使 pH 升至 6.0 左右。因此大肠杆菌甲基红反应为阳性，产气肠杆菌甲基红反应为阴性。

伏 - 波试验是用来测定某些细菌是否能利用葡萄糖产生非酸性或中性末端产物（丙酮酸）的试验。丙酮酸进行缩合、脱羧生成乙酰甲基甲醇，此化合物在碱性条件下能被空气中氧气氧化成二乙酰。二乙酰与蛋白胨中精氨酸的胍基作用，生成红色化合物，即伏-波反应阳性，反之为阴性。有时为了使反应更为明显，可加入少量含胍基化合物（肌酸等）。其反应过程如下：

$$\text{葡萄糖} \longrightarrow \underset{\text{丙酮酸}}{2\,CH_3\text{—}CO\text{—}COOH} \xrightarrow{-CO_2} \underset{\text{乙酰乳酸}}{CH_3\text{—}CO\text{—}COHCOOH\text{—}COOH} \xrightarrow{-CO_2} \underset{\text{乙酰甲基甲醇}}{CH_3\text{—}CO\text{—}CHOH\text{—}COOH} \xrightarrow{+2H} \underset{\text{2,3-丁二醇}}{CH_3\text{—}CHOH\text{—}CHOH\text{—}COOH}$$

$$\underset{\text{乙酰甲基甲醇}}{CH_3\text{—}CO\text{—}CHOH\text{—}COOH} \xrightarrow{+OH^-,\ -2H} \underset{\text{二乙酰}}{CH_3\text{—}CO\text{—}CO\text{—}CH_3}$$

$$\underset{\text{二乙酰}}{CH_3\text{—}CO\text{—}CO\text{—}CH_3} + \underset{\text{胍基}}{NH{=}C(HN_2)_2} \longrightarrow \underset{\text{红色化合物}}{NH{=}C\begin{cases} NC{=}C\text{—}CH_3 \\ NC{=}C\text{—}CH_3 \end{cases}} + 2H_2O。$$

产气肠杆菌伏-波反应为阳性，大肠杆菌伏-波反应为阴性。

柠檬酸盐试验是用来检测细菌能否利用柠檬酸盐的试验。有些细菌能够利用柠檬酸钠作为碳源（产气肠杆菌）；而另一些细菌则不能利用柠檬酸盐（大肠杆菌）。细菌分解柠檬酸盐及培养基中的磷酸铵，产生碱性化合物，使培养基 pH 升高，当加入 1% 溴麝香草酚蓝指示剂时，培养基就会由绿色变为蓝色。溴麝香草酚蓝指示范围为：pH＜6.0 呈黄色，pH 在 6.0～7.0 呈绿色，pH＞7.6 呈蓝色。

硫化氢试验用于检测细菌能否产生硫化氢，是检测肠道细菌常用的生化试验。有些细菌能分解含硫有机物（胱氨酸、半胱氨酸、甲硫氨酸等）产生硫化氢，硫化氢遇培养基中铅盐或铁盐等形成黑色硫化铅或硫化铁沉淀物。以半胱氨酸为例，其化学反应过程如下：

$$CH_2SHCHNH_2COOH + H_2O \longrightarrow CH_3COCOOH + H_2S\uparrow + NH_3\uparrow,$$

$$H_2S + Pb(CH_3COO)_2 \longrightarrow PbS + 2CH_3COOH。$$

大肠杆菌硫化氢反应为阴性，产气肠杆菌硫化氢反应为阳性。

三、材料、仪器

（1）菌种　大肠杆菌（*Escherichia coli*）、产气肠杆菌（*Enterobacter aerogenes*），营养琼脂（附录 5-6）斜面培养 36～48h。

（2）培养基　蛋白胨水培养基（附录 5-18）、葡萄糖蛋白胨水培养基（附录

5-19）、柠檬酸盐斜面培养基（附录 5-20）、醋酸铅培养基（附录 5-21）。

（3）溶液或试剂　乙醚、吲哚试剂（附录 3-6）、甲基红指示剂（附录 3-7）、40%KOH、5%α-萘酚（附录 3-8）、1%溴麝香草酚蓝指示剂（附录 3-9）等。

（4）仪器及其他　酒精灯、火柴、接种针、试管架、恒温培养箱等。

四、方法

（1）接种与培养

1）用接种针将大肠杆菌、产气肠杆菌分别穿刺接入 2 支醋酸铅培养基（硫化氢试验），37℃恒温培养 2d。

2）将上述菌分别接种于 2 支蛋白胨水培养基（吲哚试验），2 支葡萄糖蛋白胨水培养基（甲基红试验和伏 - 波试验），2 支柠檬酸盐斜面培养基（柠檬酸盐试验），37℃恒温培养 2d。

（2）结果观察

1）硫化氢试验培养 2d 观察黑色硫化铅的产生。

2）吲哚试验于培养 2d 后在蛋白胨水培养基中加 3～4 滴乙醚，摇动数次，静置 1～3min，待乙醚上升并形成稳定层后，沿试管壁缓慢加入 2 滴吲哚试剂，在乙醚和培养物之间产生红色环为阳性反应。

注意：配制蛋白胨水培养基，最好用含色氨酸含量高的蛋白胨，如用胰蛋白酶水解酪蛋白得到的蛋白胨水解液色氨酸含量较高。

3）甲基红试验培养 2d 后，在 1 支葡萄糖蛋白胨水培养物内加入甲基红试剂 2 滴，培养基变为红色者为阳性，变黄色者为阴性。

注意：甲基红试剂不要加得太多，以免出现假阳性反应。

4）伏 - 波试验培养 2d 后，在另 1 支葡萄糖蛋白胨水培养物内加入 5～10 滴 40% KOH，然后加入等量 5% α- 萘酚溶液，用力振荡，37℃恒温箱保温 15～30min，以加快反应速度。若培养物呈红色，为伏 - 波反应阳性。

5）柠檬酸盐试验培养 2d 后，观察柠檬酸盐斜面培养基上有无细菌生长和是否变色。蓝色为阳性，绿色为阴性。

注意：在配制柠檬酸盐斜面培养基时，其 pH 不要偏高，以浅绿色为宜。

五、结果

将试验结果填入表 5-3。

表 5-3　IMViC 与硫化氢试验结果

	IMViC 试验				硫化氢试验
	吲哚试验	甲基红试验	伏 - 波试验	柠檬酸盐试验	
大肠杆菌					
产气肠杆菌					
对照					

注：“+”表示阳性反应，“－”表示阴性反应。

5.1.4 细胞色素氧化酶测定

一、目的

1. 了解细胞色素氧化酶测定试验的用途与原理。
2. 学习测定细胞色素氧化酶测定的操作技术。

二、原理

在不以氧为直接受氢体生物氧化体系，生物氧化需要在多种酶联合作用下进行。组成这类生物氧化体系的酶，主要是细胞色素氧化酶（呼吸酶）。氧化酶在有氧分子和细胞色素 c 存在时，可氧化二甲基对苯二胺和 *α*- 萘酚一起参与反应，形成吲哚酚蓝。其反应式如下：

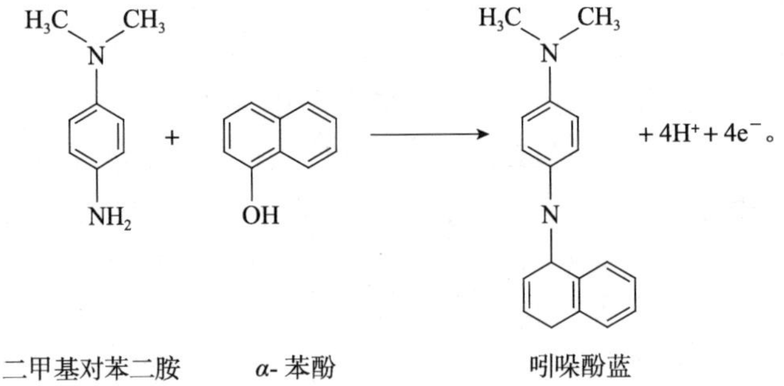

二甲基对苯二胺 + *α*- 苯酚 ⟶ 吲哚酚蓝 $+ 4H^+ + 4e^-$。

氧化酶的测定常用来区分假单胞菌属及其相近属的细菌。假单胞菌属的菌种大多是氧化酶阳性。

三、材料、仪器

（1）菌种　大肠杆菌（*Escherichia coli*）、枯草芽孢杆菌（*Bacillus subtilis*）。

（2）试剂　1% 盐酸二甲基对苯撑二胺水溶液（棕色瓶中冰箱贮存）、1%*α*- 萘酚乙醇（95%）溶液（附录 3-10）。

（3）仪器　分光光度计、天平、冷冻离心机、恒温水浴箱。

四、方法

取待测菌 37℃培养 20h 斜面培养物一支，将 1% 盐酸二甲基对苯撑二胺水溶液（棕色瓶中冰箱贮存）、1%*α*- 萘酚乙醇（95%）溶液各 2～3 滴顺斜面从上端滴下，并将斜面略加倾斜，使试剂混合液流经斜面上培养物。如是平板培养物，则可用试剂混合液滴在菌落上。在 2min 内呈蓝色为阳性，2min 后出现微弱或可疑反应者均为阴性。

注意：盐酸二甲基对苯撑二胺溶液容易氧化，溶液应装在棕色瓶中，并在冰箱中保存。如溶液变为红褐色，不宜使用。

5.1.5 过氧化氢酶测定

一、目的

1. 了解过氧化氢酶测定试验的用途与原理。
2. 学习测定过氧化氢酶测定的操作技术。

二、原理

在以需氧脱氢酶催化的氧化体系中，氧原子接受电子后，即与溶液中氢离子结合，生成过氧化氢，有的菌具有过氧化氢酶，可将其分解成水和氧，有的菌不具此酶。故过氧化氢酶试验是鉴别菌种的依据之一。

三、材料、仪器

（1）菌种　大肠杆菌（*Escherichia coli*）、乳酸杆菌（*Lactobacillus sp.*），肉汤培养基（附录 5-1）斜面培养 18～24h。

（2）试剂　3%～5% 过氧化氢。

（3）仪器及其他　酒精棉球、酒精灯、小试管、接种环等。

四、方法

从待测菌斜面挑取一环菌种于洁净小试管，加 3%～5% 过氧化氢 2ml，观察结果。若有气泡（氧气）出现，则为过氧化氢酶反应阳性，无气泡者为阴性。

注意：因为过氧化氢酶是一种以正铁血红素作为辅基的酶，所以测试菌所生长的培养基不可含有血红素或红细胞，在这种培养基上生长的菌易产生假阳性。

5.1.6 酪蛋白分解试验

一、目的

1. 了解酪蛋白分解试验的用途与原理。
2. 学习酪蛋白分解试验的操作技术。

二、原理

某些菌具有酪蛋白分解酶，可在酪蛋白平板上分解酪蛋白使菌落周围形成透明圈。

三、材料、仪器

（1）菌种　蜡样芽孢杆菌（*Bacillus cereus*）、球形芽孢杆菌（*Bacillus sphaericus*）。

（2）培养基　酪蛋白琼脂培养基（附录 5-22）。

（3）仪器及其他　酒精棉球、酒精灯、接种环、恒温箱等。

四、方法

以划线接种法将实验菌种接种于酪蛋白琼脂培养基，37℃恒温培养 1～2d 后，观察结果。平板菌落周围有透明圈，则酪蛋白分解试验为阳性，反之为阴性。

5.1.7 精氨酸双水解酶测定

一、目的

1. 了解精氨酸双水解酶测定试验的用途与原理。
2. 学习精氨酸双水解酶测定的操作技术。

二、原理

精氨酸经精氨酸脱酰酶作用，降解为瓜氨酸和氨，瓜氨酸再经瓜氨酸酰脲酶作用，降解为鸟氨酸、二氧化碳和氨。假单胞菌属内的一些种，可在厌氧条件下，通过这一降解过程形成高能键。因此，该项测定是假单胞菌属鉴定重要指标之一。

三、材料、仪器

（1）菌种　铜绿假单胞菌（*Pseudomonas aeruginosa*）、丁香假单胞菌（*Pseudomonas syringae*）。

（2）培养基　*L*-精氨酸盐培养基（附录 5-23）。

（3）仪器及其他　酒精棉球、酒精灯、接种针、恒温培养箱等。

四、方法

用待测菌幼龄菌种穿刺接种 *L*-精氨酸盐培养基，灭菌凡士林封管，与不含精氨酸对照管一起 37℃培养 3d、7d、14d 后观察。培养基转为红色者为阳性，反之阴性。

5.1.8 *β*-半乳糖苷酶测定

一、目的

1. 了解 *β*-半乳糖苷酶测定试验的用途与原理。
2. 学习 *β*-半乳糖苷酶测定的操作技术。

二、原理

在邻硝基酚 *β-D*-半乳糖苷（O-nitrophenyl-*β*-galactoside，ONPG）培养基中含有邻硝基酚 *β-D*-半乳糖苷和 pH 7.5 0.01mol/L 磷酸缓冲液。当试验菌产生 *β-D*-半乳糖苷酶时，邻硝基酚 *β-D*-半乳糖苷被水解，释放邻硝基酚，此物为酸碱指示剂，指示范围是 pH 6.8（无色）～8.6（黄色），故能使 pH 7.5 培养液成为黄色，否则不变色。

三、材料、仪器

（1）菌种　大肠杆菌（*Escherichia coli*）、爱德华氏菌（*Edwardsiella sp.*）。
（2）培养基　ONPG 培养基（附录 5-24）。
（3）仪器及其他　酒精棉球、酒精灯、接种环、恒温箱等。

四、方法

取 ONPG 培养基试管 3 支，其上做好培养基名称和“大肠杆菌”“爱德华氏菌”“空白对照”等标记，然后将相应试验菌接入 ONPG 培养基，连同对照，37℃恒温培养 1～3h 和 24h，观察结果。试管中培养基颜色变黄色，则为阳性，否则为阴性。

5.1.9　卵磷脂酶测定

一、目的

1．了解卵磷脂酶测定试验的用途与原理。
2．学习卵磷脂酶测定的操作技术。

二、原理

卵磷脂由磷酸和胆碱结合而成，被卵磷脂酶分解后，遇酸或碱均可成盐，在菌落周围形成乳白色混浊环，是鉴别有关菌种的依据之一。

三、材料、仪器

（1）菌种　蜡样芽孢杆菌（*Bacillus cereus*）、巨大芽孢杆菌（*Bacillus megaterium*）肉汤培养物。
（2）培养基　10% 卵黄琼脂培养基（附录 5-25）。
（3）仪器及其他　酒精棉球、酒精灯、无菌生理盐水、吸管、玻璃涂棒、恒温培养箱等。

四、方法

取试验菌肉汤培养物 1ml，用 9ml 无菌生理盐水稀释，再分别吸取 0.1ml 稀释液，注入卵黄琼脂平板，用玻璃涂棒涂布均匀，37℃恒温培养 12～20h 观察结果。菌落周围形成乳白色混浊环，则为阳性，否则为阴性。

5.1.10　马尿酸钠水解试验

一、目的

1．了解马尿酸钠水解试验的用途与原理。
2．学习马尿酸钠水解试验的操作技术。

二、原理

马尿酸钠经马尿酸酶水解生成安息香酸钠，在近中性环境中，遇三氯化铁溶液析出褐色碱式盐的沉淀物。

三、材料、仪器

（1）菌种　空肠弯曲菌（*Campylobacter jejuni*）、肠道弯曲菌（*C. intestinalis*）。

（2）培养基　马尿酸钠培养基（附录5-26）。

（3）试剂　12%三氯化铁盐酸溶液（附录3-11）。

（4）仪器及其他　酒精棉球、酒精灯、接种环、恒温培养箱、试管、吸管等。

四、方法

取马尿酸钠培养基试管，于管液面处划一横线标记液面高度，然后将试验菌接入其内，空肠弯曲菌于42℃、肠道弯曲菌于25℃恒温培养48h，观察结果。

先观察液面是否降低，若已降低，需用蒸馏水补足原量，进行离心，沉淀菌体。吸取上清液0.8ml加入空试管，加入0.2ml三氯化铁盐酸溶液，立即混匀。10～15min后出现红褐色沉淀，马尿酸钠水解试验阳性，否则为阴性。

5.1.11　丙二酸盐利用试验

一、目的

1. 了解丙二酸盐利用试验的用途与原理。
2. 学习丙二酸盐利用试验的操作技术。

二、原理

由于微生物酶系统不同，有的细菌能利用丙二酸盐做碳源，有的不能。当丙二酸盐被利用，分解产生碱性物质，使培养基呈碱性，培养基中酸碱指示剂溴麝香草酚蓝由绿色变为蓝色。此反应用来鉴别有关微生物。

三、材料、仪器

（1）菌种　大肠杆菌（*Escherichia coli*）、沙门氏菌（*Salmonella sp.*）。

（2）培养基　丙二酸盐培养基（附录5-27）。

（3）仪器及其他　酒精棉球、酒精灯、接种环、恒温箱等。

四、方法

取丙二酸盐培养基试管3支，其上做好培养基名称和菌种及“空白试管”等标记，然后将菌种接入对应试管中，37℃恒温培养48h，观察结果。培养基由绿色变为蓝色，丙二酸盐利用试验阳性，否则为阴性。

5.1.12　氨基酸脱羧酶测定

一、目的

1. 了解氨基酸脱羧酶测定试验的用途与原理。
2. 学习氨基酸脱羧酶测定的操作技术。

二、原理

在偏酸性条件下，有些细菌，如肠道杆菌和假单胞菌含有氨基酸脱羧酶，使氨基酸羧基脱出，生成胺类和二氧化碳。培养基中含胺类时呈碱性，指示剂变色。

三、材料、仪器

（1）菌种　大肠杆菌（*Escherichia coli*）、志贺氏菌（*Shigella sp.*）。
（2）培养基　氨基酸脱羧酶培养基（附录 5-28）、对照培养基。
（3）仪器及其他　酒精棉球、酒精灯、接种环、恒温箱等。

四、方法

取氨基酸脱羧酶培养基试管 2 支，将试验菌接入其内；另取未加氨基酸的对照培养基试管 2 支，将试验菌接入其内，37℃恒温培养 18～24h 观察结果。培养基呈紫色，为阳性反应，呈黄色为阴性。对照管应呈黄色。

5.1.13　苯丙氨酸脱氨酶试验

一、目的

1. 了解苯丙氨酸脱氨酶试验的用途与原理。
2. 学习苯丙氨酸脱氨酶试验的操作技术。

二、原理

某些细菌具有苯丙氨酸脱氨酶，能将苯丙氨酸氧化脱氨形成苯丙酮酸，苯丙酮酸遇到三氯化铁呈蓝绿色。本试验用于大肠杆菌和某些芽孢杆菌的鉴定。

三、材料、仪器

（1）菌种　大肠杆菌（*Escherichia coli*）、变形杆菌（*Proteus sp.*）。
（2）培养基　苯丙氨酸脱氨酶培养基（同氨基酸脱羧酶培养基，附录 5-28）。
（3）试剂　10% 三氯化铁溶液（附录 3-11）。
（4）仪器及其他　酒精棉球、酒精灯、接种环、恒温箱等。

四、方法

将试验菌种接种到苯丙氨酸脱氨酶培养基斜面（接种量大），37℃恒温培养18～24h。向菌种斜面滴加2～3滴三氯化铁溶液，自培养物上流下，呈蓝色为阳性，否则为阴性。

5.1.14 含碳化合物利用试验

一、目的

学会测定某菌能否利用某一含碳化合物的试验方法。

二、原理

细菌能否利用某些含碳化合物作为唯一碳源，反映该菌是否含有代谢这种含碳化合物有关的酶，因而可作为鉴定依据。做这项测定基础培养基配方很多，因菌的种类而异。该试验可用来测定多种底物，如单糖、双糖、糖醇、脂肪酸、各种有机酸、氨基酸、胺类及碳氢化合物等。培养基中糖的含量一般为1%，醇类、酚类等底物在培养基中含量一般为0.1%～0.2%，氨基酸含量一般为0.5%。因碳氢化合物不溶于水，可在液体中振荡培养或加入45℃左右培养基，用力振荡后立即倒平板。

三、材料、仪器

（1）菌种　大肠杆菌（*Escherichia coli*）、枯草芽孢杆菌（*Bacillus subtilis*）。

（2）培养基　细菌基础培养基（附录5-29）。试验时，向基础培养基中加糖类1%或醇类、酚类0.1%～0.2%，氨基酸0.5%。

（3）仪器及其他　酒精棉球、酒精灯、接种环、恒温箱等。

四、方法

首先将试验菌种制成悬液，以避免带入少量碳源物质而干扰实验结果。平板接种用接种环点种，液体培养用接种针接种。每种测定菌都必须接种未加碳水化合物的空白基础培养基作对照。适温培养2d、5d、7d后观察。

凡测定菌在有碳水化合物的培养基生长情况明显超过在空白基础培养基生长量为阳性，否则为阴性。如两种培养基生长情况差别不明显，可在同一培养基上连续移种3次，如差别仍不明显，则为阴性。

5.1.15 生长谱法测定微生物营养要求

一、目的

学习用生长谱法测定微生物营养要求的基本原理和方法。

二、原理

为了使微生物生长、繁殖、必须供给所需要的碳源、氮源、无机盐、微量元素、生长因子等，如果缺少其中一种，微生物便不能生长。根据这一特性，可将微生物接种在只缺少某种营养物的琼脂培养基中，倒成平板，再将所缺的这种营养物（例如各种碳源）点植于平板上，经适温培养，该营养物便逐渐扩散于植点周围。该微生物若需要此种营养物，便在这种营养物扩散处生长繁殖，微生物繁殖之处便出现圆形菌落圈，即生长图形，故称此法为生长谱法。这种方法可以定性、定量地测定微生物对各种营养物质的需要。在微生物育种和营养缺陷型的鉴定中也常用此法。

三、材料、仪器

（1）菌种　大肠杆菌（*Escherichia coli*），斜面培养 24h。

（2）培养基　合成培养基（附录 5-44）。

（3）仪器及其他　无菌生理盐水、无菌牙签、吸管、培养皿、木糖、葡萄糖、半乳糖、麦芽糖、蔗糖、乳糖等。

四、方法

1）将培养 24 小时的大肠杆菌斜面用无菌生理盐水洗下，制成菌悬液。

2）将合成培养基约 20ml，熔化后冷却到 50℃左右加入 1ml 大肠杆菌悬液，摇匀，立即倾注于直径为 12cm 的无菌培养皿中，待充分凝固后，在平板背面用记号笔划分为 6 个区，并标明要点植的各种糖类。

3）用 6 根无菌牙签，分别挑取 6 种糖对号点植，糖粒大小如小米粒。

4）倒置于 37℃温室培养 18～24h，观察各种糖周围有无菌落圈。

五、结果

绘图表示大肠杆菌在平板上的生长状况，根据结果说明大肠杆菌能利用的碳源是什么？

六、问题

简述生长谱法测定微生物营养需求的原理，及操作过程中注意事项。

5.2　放线菌的生理生化试验

一、目的

学习放线菌几种生理生化特性测定的方法和原理。

二、原理

放线菌生理生化测定一般包括：明胶液化能力测定、牛奶凝固与胨化测定、淀粉水解测定、纤维素水解试验、硫化氢试验和碳源利用试验。原理参考前述有关试验。

三、材料、仪器

（1）菌种　自然界中分离纯化的菌株。

（2）培养基　柱形明胶培养基、石蕊牛奶培养基、不含碳合成基础培养基、含有柠檬酸铁的硫化氢试验培养基。

（3）仪器及其他　滤纸、酒精棉球、酒精灯、接种环、恒温培养箱等。

四、方法

1．明胶液化能力测定

将试验菌接种于柱形明胶培养基表面，22℃培养，分别在5d、10d、20d及30d，各观察一次液化程度。观察前将培养基冷冻20～30min。若为固态，说明试验阴性，否则为阳性。

2．牛奶凝固与胨化测定

将试验菌接种于石蕊牛奶培养基，分别在3d、6d、10d、20d及30d各观察一次。一般是先凝固后胨化，凝固开始于接种后3～6d，此时要特别注意。继续培养，则牛奶凝块被分解，那是菌种产生的蛋白酶，使蛋白质水解成可溶状态，称胨化现象。

3．淀粉水解试验

参前（详见5.1.1大分子物质水解试验）。

4．纤维素水解试验

将不含碳合成基础培养基分装试管后，把长为6cm，宽为1cm的新华一号滤纸加入试管作唯一碳源，一半浸在液体内，一半在液面外，然后将试验菌株接种在液面外一段滤纸条上，28℃培养30d后观察。若能将纸条分解成一团松散纤维，或使之折断，或破碎成粉质状者为阳性，反之为阴性。

5．硫化氢试验

将试验菌种接种到含有柠檬酸铁的硫化氢产生试验培养基斜面上，28℃培养10d左右，观察结果。若培养基中出现黑褐色沉淀为阳性，反之为阴性。

5.3　酵母的生理生化试验

5.3.1　糖类发酵试验

一、目的

1．了解糖类发酵试验的原理及应用。
2．学习糖类发酵试验的操作技术。

二、原理

一般来说，酵母发酵糖类时会产生二氧化碳，可根据发酵过程产气多少或产不产气来判断酵母对某种糖的发酵能力，一般酵母发酵各种糖类特性较稳定，有利于鉴定菌种。该试验常使用的糖类有葡萄糖、蔗糖、半乳糖、麦芽糖、乳糖、蜜二糖、棉子糖、纤维二糖、松三糖、可溶性淀粉等。

三、材料、仪器

（1）菌种 酿酒酵母（*Saccharomyces cerevisiae*）、热带假丝酵母（*Candida tropicalis*）。

（2）培养基 12.5%豆芽汁培养基（附录5-30）、0.6%酵母浸汁培养基（附录5-31）。

（3）仪器及其他 杜氏发酵管或艾氏发酵管、移液管、无菌水、电炉、吸管、接种针、酒精棉球、酒精灯、恒温培养箱等。

四、方法

1）将12.5%豆芽汁无糖基础液分装于含杜氏发酵管的试管中灭菌。如用艾氏发酵管，应将基础液和艾氏管分别灭菌后，再用无菌移液管分装。

2）测试糖类用无菌水配制成10%溶液，煮沸15min，待冷后，用无菌吸管吸取一定量的糖液分装于含杜氏发酵管（或艾氏发酵管）的无糖基础液中，使糖浓度达到2%。

3）将新鲜菌种接种发酵管中，25～28℃培养，每天观察结果。若小管顶部有CO_2，说明该菌能发酵某种糖。用杜氏发酵管时，气体在小管顶部；用艾氏发酵管时，气体集中于封闭一端顶部。

注意：试验选用菌种若是那些有较多菌丝的酵母或类酵母，就应该用艾氏发酵管，而且在观察时，将菌丝塞入艾氏发酵管封闭一端，以免二氧化碳逸出开口端液面。

一般糖类发酵在2～3d内即可观察到结果，凡不发酵或弱发酵者可延长观察至10d，对半乳糖发酵时，观察的最终时间可延长到2w或1个月。

5.3.2 碳源同化试验

一、目的

1. 了解碳源同化试验的原理及应用。
2. 学习碳源同化试验的操作技术。

二、原理

凡某一酵母能发酵某种糖，就能在同化这种糖类时产生二氧化碳，可根据发酵过程产气多少或产不产气来判断酵母对某种糖的发酵能力，一般酵母发酵各种糖类特性较稳定，有利于鉴定菌种。该试验常使用的糖类有葡萄糖、蔗糖、半乳糖、麦芽糖、乳糖、蜜二糖、棉子糖、纤维二糖、松三糖、可溶性淀粉等。

三、材料、仪器

（1）菌种　酿酒酵母（*Saccharomyces cerevisiae*）、热带假丝酵母（*Candida tropicalis*）。

（2）培养基　同化碳源基础培养基（附录 5-32）。

（3）仪器及其他　生理盐水、接种环、不锈钢铲、记号笔、酒精灯、吸管、恒温培养箱等。

四、方法

碳源同化测定一般采用生长谱法（详见 5.1.15　生长谱法测定微生物的营养要求）。

若能在某一小区内形成生长圈，说明该菌能利用这种碳源。若结果不明显，再补加些碳源物质，继续于 28℃培养观察。

对于生长缓慢酵母或测定半乳糖同化，可采用液体法，即在含有 0.5% 的某种碳源培养基中，28℃培养 1～2w，观察生长情况，注意液体是否变浑浊，是否有环或岛的形成等。进行乙醇同化试验时，也可以用液体法先将无碳基础培养液灭菌，临用时加 3% 乙醇，接种供试菌种 28℃培养 2～3w 观察结果。

5.3.3　氮源同化试验

一、目的

1．了解氮源同化试验的原理及应用。
2．学习氮源同化试验的操作技术。

二、原理

酵母氮源多为蛋白质的低级分解物与铵盐，较易同化的含氮物质为尿素、铵盐及酰胺，其原因是一般酵母含有的蛋白酶不体外分泌。氮源同化试验目前以硝酸盐为主。

三、材料、仪器

（1）菌种　酿酒酵母（*Saccharomyces cerevisiae*）、热带假丝酵母（*Candida tropicalis*）。

（2）培养基　同化氮源基础培养基（附录 5-33）。

（3）仪器及其他　供试氮源、酒精棉球、酒精灯、接种环、恒温培养箱等。

四、方法

将同化氮源基础培养基熔化，取试管 4 支，加入培养基 5ml，然后向其中 2 支试管中加供试氮源，灭菌制成斜面。将 4 支斜面都接入供试菌（2 支没加氮源物质的斜面试管作对照），28℃培养 1w。

培养过程中，每天观察酵母生长情况，如空白试管没长菌，而加氮源物质试管长菌，说明该菌能同化此种物质；如在加氮源物质斜面不生长，则表明该酵母不能利用这种物质。

5.3.4 产酯试验

一、目的

1. 了解产酯试验的原理及应用。
2. 学习产酯试验的操作技术。

二、原理

某些酵母在液体培养基中可以形成酯类物质，具有芳香味，嗅觉可判断，是鉴定某些酵母的指标。

三、材料、仪器

（1）菌种　酿酒酵母（*Saccharomyces cerevisiae*）、发酵毕赤酵母（*Pichia fermentans*）。

（2）培养基　产酯培养基（附录 5-34）。

（3）仪器及其他　酒精棉球、酒精灯、接种环、恒温培养箱等。

四、方法

取装有 20ml 产酯培养基锥形瓶，接入菌种，25～28℃培养 3～5d。如有芳香味，则为阳性；反之为阴性。

5.3.5 分解脂肪试验

一、目的

1. 了解分解脂肪试验的原理及应用。
2. 学习分解脂肪试验的操作技术。

二、原理

某些酵母可以产生脂肪酶，分解脂肪形成脂肪酸，与培养基中钙盐形成脂肪酸钙沉淀。

三、材料、仪器

（1）菌种　酿酒酵母（*Saccharomyces cerevisiae*）、解脂假丝酵母（*Candida lipolytica*）。

（2）培养基　果罗德科瓦培养基（附录 5-35）。

（3）仪器及其他　酒精棉球、酒精灯、牛脂或猪油、接种环、恒温培养箱等。

四、方法

将牛脂或猪油熔化后，取0.5ml注入热培养皿（培养皿于水浴保温）成一均匀薄层，冰箱冷却2h，取果罗德科瓦培养基15～20ml，熔化后冷却到45℃，倒在油层上，凝固后划线接种，28℃培养数天观察。

若在划线处出现不透明脂肪酸钙沉淀，则为阳性，反之为阴性。

5.3.6 产酸测定

一、目的

1. 了解产酸测定试验的原理及应用。
2. 学习产酸测定试验的操作技术。

二、原理

一般酵母均能产生一定量酸，但酸量并不大，且多数酵母还能消化自身产生的酸。但有些酵母能产生大量酸，如酒香酵母。

三、材料、仪器

（1）菌种　酿酒酵母（*Saccharomyces cerevisiae*）、酒香酵母（*Brettanomyces sp.*）。

（2）培养基　酵母生酸培养基（附录5-36）。

（3）仪器及其他　酒精棉球、酒精灯、接种环、恒温培养箱等。

四、方法

将酵母划线接种于酵母生酸培养基平板，28℃培养10d观察结果。产酸酵母的菌落周围碳酸钙溶解，四周形成透明圈。

5.3.7 石蕊牛奶试验

一、目的

1. 了解酵母石蕊牛奶试验的原理及应用。
2. 学习酵母石蕊牛奶试验的操作技术。

二、原理

某些酵母能产生凝乳酶，可使牛奶中酪蛋白凝结成块，称凝固作用；有的酵母能产生蛋白酶，可水解牛奶中酪蛋白，使培养基透明或半透明，称胨化作用。

三、材料、仪器

（1）菌种　酿酒酵母（*Saccharomyces cerevisiae*）、热带假丝酵母（*Candida tropicalis*）。

（2）培养基　石蕊牛奶培养基（附录 5-37）。
（3）仪器及其他　酒精棉球、酒精灯、接种环、恒温培养箱等。

四、方法

将酵母接种于石蕊牛奶培养基，25～28℃培养 2～4w 观察结果。根据实验原理观察牛奶颜色变化及是否凝固或胨化。

5.3.8　明胶液化试验

一、目的

1. 了解酵母明胶液化试验的原理及应用。
2. 学习酵母明胶液化试验的操作技术。

二、原理

某些酵母可以产生水解明胶的蛋白酶，使明胶水解，凝固性降低。

三、材料、仪器

（1）菌种　酿酒酵母（*Saccharomyces cerevisiae*）、热带假丝酵母（*Candida tropicalis*）。
（2）培养基　明胶培养基（附录 5-38）。
（3）仪器及其他　酒精棉球、酒精灯、接种环、恒温培养箱等。

四、方法

将供试酵母接种明胶培养基，25℃培养 1～3w，观察结果。如培养基被液化，以毫米为单位测量液化层深度；如不分解，则为阴性。

5.3.9　尿素分解试验

一、目的

1. 了解尿素分解试验的原理及应用。
2. 学习尿素分解试验的操作技术。

二、原理

某些酵母可以产生脲酶，可分解尿素形成大量氨，氨使培养基 pH 升高，使酚红指示剂变红。

三、材料、仪器

（1）菌种　酿酒酵母（*Saccharomyces cerevisiae*）、热带假丝酵母（*Candida tropicalis*）。

（2）培养基　尿素斜面培养基（附录 5-39）。
（3）仪器及其他　酒精棉球、酒精灯、接种环、恒温培养箱等。

四、方法

将供试酵母接种于尿素培养基，28℃培养，每天观察生长情况。培养 4～5d 后，斜面呈淡红色，则为阳性，反之为阴性。

5.3.10　酵母菌凝集性测定

一、目的

1．了解酵母菌凝集性测定的原理及应用。
2．学习酵母菌凝集性测定的操作技术。

二、原理

啤酒酵母及葡萄酵母的凝集性在生产上具有特殊重要性，也是区别菌株的一项重要内容。由于凝集性不同，酵母沉降速度就不一样，发酵度也有差异，如酵母菌种发生变异或污染野生酵母时，则其凝集性改变，给生产带来困难。

三、材料、仪器

（1）菌种　酿酒酵母（*Saccharomyces cerevisiae*）、糖化酵母（*S. diastaticus*）。
（2）培养基　麦芽汁培养基（附录 5-9）。
（3）试剂　pH 4.5 乙酸缓冲液（附录 3-12）、无菌水。
（4）仪器及其他　酒精棉球、酒精灯、发酵罐、恒温培养箱、离心机、电子天平、水浴锅、计时器等。

四、方法

将试验酵母接种麦芽汁发酵罐，25℃培养 7d，取培养液 3500r/min 离心 15min，收集酵母菌体，用无菌水清洗 2～3 次。准确称量酵母泥 1g，放入刻度离心管，加入 10ml 乙酸缓冲液，摇匀，使其成悬浮状态。20℃水浴中静置 20min，再将此悬液连续摇动 5min，使酵母重新悬浮，再静置。在 20min 内每分钟记录一次沉淀酵母体积。

一般将 10min 时酵母沉淀体积称为本斯值，通过此值可估计酵母的凝集性，沉淀体积为 1ml 以上为强凝集性，而 0.5ml 以下为弱凝集性。本试验前后要求悬浮液 pH 不变。

5.4　霉菌产酸试验

一、目的

以根霉为例，学习霉菌产酸能力测定方法。

二、原理

某些根霉除具有淀粉酶外，还具有产酸能力，产酸量多少一般可用 0.1mol/L NaOH 滴定测定。

三、材料、仪器

（1）菌种　　黑根霉（*Rhizopus nigricans*）、米根霉（*R. oryzae*）。

（2）培养基　　延胡索酸发酵培养基（附录 5-40）、乳酸发酵培养基（附录 5-41）。

（3）仪器及其他　　接种钩、0.1mol/L NaOH、碱式滴定管、酚酞、移液管等。

四、方法

将根霉接入含 30ml 发酵培养基 250ml 锥形瓶，30℃恒温 2w。取过滤培养液 10ml，酚酞作指示剂，0.1mol/L NaOH 滴定，取 2～3 次滴定平均值，用下列公式计算有机酸含量。

以乳酸计：乳酸（g/100ml）＝平均值 /10×100×0.009。

以延胡索酸计：延胡索酸（g/100ml）＝平均值 /10×100×0.0058。

五、结果

计算有机酸含量。

第六章　微生物分子生物学鉴定

微生物分类方法本身决定着微生物分类发展水平，也决定着分类系统建成。DNA碱基组成和同源性测定、细胞化学成分和生理特性快速分析等技术的发展，以及计算机的应用，使我们不仅有可能从遗传本质上探索微生物之间的亲缘关系，而且可能实现微生物快速分类鉴定。

对于一个未知菌株的鉴定首先是看其基本性状，如菌落形态、菌体大小、革兰氏染色阳性或阴性等。然后参照《常见细菌系统鉴定手册》做一些生理生化试验。其次进行脂肪酸、细胞壁及DNA的GC含量分析等方法。最快捷的办法就是克隆rRNA基因，测序确定其大体分类地位。

6.1　热变性法测定GC含量

一、目的

1. 掌握紫外分光光度计使用方法。
2. 了解热变性法测定GC含量的原理和过程。

二、原理

在一定离子强度和pH条件下，DNA会因氯化钠柠檬酸盐（SSC）溶液不断加热发生变性。随着碱基对间氢键的断裂及双链的解螺旋，DNA溶液在260nm紫外吸收不断增加，当氢键全部断裂，双链完全变成单链吸收增加停止。T_m是指在DNA热变性过程中，紫外吸收增加中点值对应温度。DNA化学组成中，G+C碱基对之间形成3个氢键，A+T碱基对之间只有2个氢键。因此G+C碱基对含量越高，T_m也就越高，T_m直接反映该样品G+C碱基对含量。热变性法就是通过测定DNA的T_m来计算其GC含量。

三、材料、仪器

（1）菌种　　普通变形杆菌（*Proteus vulgaris*）、大肠杆菌（*Escherichia coli*）K-12菌株。

（2）试剂　　LB培养基、5mol/L NaCl、十六烷基三甲基溴化铵（CTAB）/NaCl缓冲液、异丙醇、TE缓冲液（附录3-13）、10% SDS（附录3-14）、20×SSC溶液（附录3-15）、20mg/ml蛋白酶K溶液、苯酚、氯仿、异戊醇、乙醇、10mg/ml RNase溶液。

（3）仪器及其他　　Lambda Bio20型紫外分光光度计、紫外吸收自动测定仪等。

四、方法

1）DNA 提取。接种普通变形杆菌菌落于 5ml LB 中，30℃培养过夜，取 1ml 种子培养液接入 100ml 2% LB 中，37℃、220r/min 培养 16h，5000r/min 离心 10min，弃去上清。加 10ml TE 缓冲液洗涤，离心，用 TE 缓冲液混匀菌体，－20℃保存备用。取 3.6ml 菌悬液，加入 184μl 10% SDS，混匀后加入 18.5μl 20mg/ml 蛋白酶 K 溶液，混匀，37℃温育 1h。加 740μl 5mol/L NaCl，再加入 512μl CTAB/NaCl 缓冲液，混匀，65℃温育 10min。加等体积的氯仿：异戊醇（1：1），混匀，10 000r/min 离心 5min，保留上清。在上清中加入等体积的苯酚：氯仿：异戊醇（25：24：1），混匀，10 000r/min 离心 5min，保留上清。在上清中加入 0.6 倍的异丙醇，混匀，10 000r/min 离心 5min，收集 DNA 沉淀，用 70% 乙醇洗涤 DNA 沉淀，用 1ml TE 缓冲液溶解 DNA，加入终浓度 20μg/ml RNase 溶液，4℃保存。大肠杆菌 K-12 DNA 提取同理。

提取的普通变形杆菌和大肠杆菌 K-12 DNA，用 0.1×SSC 溶液溶解并稀释，使测定用 DNA 最终浓度为 $A_{260nm}=0.15\sim0.30$，纯度为 $A_{260nm}:A_{280nm}:A_{230nm}\geqslant1:0.515:0.450$。

2）将待测菌株普通变形杆菌 DNA 和参比菌株大肠杆菌 K-12 DNA 分别装入 2 只石英比色杯中，塞好带有晶体管点温计热敏电阻探头塞子，另一比色杯装入 0.1×SSC 作空白对照。

3）比色杯放入分光光度计带有加热装置的比色架内，波长 260nm。

4）迅速将比色杯内的温度上升到 50℃左右，取出比色杯检查有无气泡，如有气泡用手指轻弹除去。

5）按每分钟升温 1℃的速度设置升温程序，具体设置方法按仪器使用说明进行。

6）测定终点判断 50℃开始继续加热，记录变性曲线，随温度增加 A_{260nm} 不再增加时即为测定终点。

7）GC 含量计算。在 0.1×SSC 溶液中，（G+C）mol% 计算公式如下。

$$(G+C)\ mol\%=51.2+2.08\times(T_{m_X}-T_{m_R})。$$

其中 T_{m_X} 为待测菌 T_m，T_{m_R} 为大肠杆菌 K-12 T_m。

五、结果

计算普通变形杆菌 DNA 的 GC 含量。

6.2　原核微生物 16S rRNA 基因的分离及序列分析

一、目的

1. 掌握 PCR 扩增基因的基本方法。
2. 了解 16S rRNA 用于细菌鉴定的基本程序。

二、原理

在 rRNA 分子中，既有高度保守序列区域，又有中度保守和高度变化的序列区域，因而适于进化距离不同的各类原核生物亲缘关系的研究。特别是相对分子质量大小适中的 16S rRNA（约含 1600 个核苷酸），一方面含有几个有助于获得正确序列排布的高度保守序列区域便于分析，另一方面在分子的其他区域具有大量的序列变化，即蕴藏着比较各类生物亲缘关系的足够信息。16S rRNA 是原核生物系统发育的时钟，但在实际操作中，一般不直接测定其序列，主要是由于它较难提取，且易降解。通常以细菌染色质 DNA 为模板，用特定引物对 16S rRNA 基因片段进行 PCR 扩增，然后采用双脱氧法对扩增产物进行测序。将所测序列与 GenBank 中储存的相关序列进行比较，计算被分析细菌与已知种类遗传距离，以确定其系统发育分类地位和分类水平，一般认为 16S rRNA 序列分析有助于细菌属以上水平分类。

三、材料、仪器

（1）菌种　豌豆根瘤菌（*Hizobium leguminosarum*）。

（2）材料

1）扩增引物：正向引物：5′-TGGCTCAGAACGAACGCTGGCGGC-3′。

　　　　　　　反向引物：3′-CCCACTGCTGCCTCCCGTAGGAGT-5′。

2）PCR 扩增试剂盒：TaqDNA 聚合酶、四种碱基、10×反应缓冲液、无离子水等。

3）PCR 产物纯化试剂盒：凝胶过滤柱、DNA 沉淀试剂等。

4）测序引物：Fd_1、F_1、F_3、F_4、Rd_1、R_1 等测序引物，可依据测序反应具体情况选取不同种类。每种引物序列见试剂说明书。

5）BigDye DNA 测序试剂盒：TaqDNA 聚合酶、四种碱基（其中双脱氧核苷酸具有荧光标记）、反应缓冲液、无离子水等。

6）DNA 提取试剂：异硫氰酸胍（GUTC）缓冲液、TY 培养基（附录 5-43）、TE 缓冲液（附录 3-13）、硅藻土吸附缓冲液、70% 乙醇。

（3）仪器及其他　eppendorf 管、涡旋振荡器、PCR 扩增仪、荧光测序仪、离心机、电泳仪等。

四、方法

（1）模板 DNA 提取　将豌豆根瘤菌菌株分别接种到 3ml 的 TY 培养基中，28℃、150r/min 振荡培养 5d，取 1.5ml 菌液于 eppendorf 管中，13 000r/min 离心 4min，倾去上清，用 TE 缓冲液洗涤菌体 2 次，加入 500μl GUTC 缓冲液。将硅藻土吸附缓冲液充分摇匀，每管加入 20～30μl 该吸附液，振荡摇匀后室温放置 15min，13 000r/min 离心 30s，弃去上清，再加入 200μl GUTC 缓冲液，混合均匀后室温放置 10min，同上法离心处理。用洗涤缓冲液洗涤上述硅藻土沉淀 3 次，每次 300μl，然后用 200μl 70% 乙醇洗涤硅藻土沉淀 1 次，13 000r/min 离心 2min，弃去乙醇溶液，真空抽干。

最后根据每管加入硅藻土的量，向每管加入20～30μl超纯水，在涡旋振荡器上充分混匀，55℃保温10min，13 000r/min离心5min，小心将上清液移至另一只已编号的eppendorf管，该溶液即为DNA样品。

（2）模板处理　将40μg/μl模板DNA在100℃条件下加热10min，使其变性。

（3）PCR反应　在灭菌eppendorf管中，依次加入下列成分（见表6-1）（来源于PCR扩增试剂盒）。

表6-1　PCR反应体系

反应物	体积	终用量
10× 反应缓冲液	5μl	1× 反应缓冲液
4种dNTP	4μl	每种dNTP 2×10^{-10}mol
正向引物	1μl	每个反应5×10^{-11}mol
反向引物	1μl	每个反应5×10^{-11}mol
变性DNA模板	1μl	每个反应40ng
TaqDNA聚合酶	1μl	每个反应3U
灭菌去离子水	37μl	

在低温（水浴）条件下，将表格中所有成分在eppendorf管中混匀，加入50μl灭菌液体石蜡以防止水分蒸发，然后在PCR扩增仪中按下述循环条件进行PCR反应：94℃变性45s，55℃复性45s，72℃延伸60s，35个循环结束后，将反应管在72℃保温5min。

（4）PCR反应产物检测　将反应产物进行琼脂凝胶电泳，EB染色后在紫外光下观察电泳条带，以λDNA的酶解产物为对照，检测PCR反应产物大小，16S rRNA基因扩增产物片段大小约1.5kb。

（5）PCR产物纯化　利用PCR产物纯化试剂盒纯化PCR产物用于测序。

（6）测序反应　在灭菌eppendorf管中，依次加入下列成分（见表6-2）（来源于BigDye DNA测序试剂盒）。

表6-2　测序反应体系

反应物	体积
TaqDNA聚合酶反应缓冲液（不含$MgCl_2$）	1μl
Big Dye测序混合物	4μl
0.3mol/L测序引物	1μl
纯化的PCR产物	1μl
变性DNA模板	4～8μl
灭菌去离子水	5～9μl
反应总体积	20μl

注：测序引物有Fd_1、F_1、F_3、F_4、Rd_1、R_1，具体到每个反应，使用哪些引物由每个反应可读出的序列长度而定。

在低温（水浴）条件下，将表格中成分在eppendorf管中混匀，然后在快速测定仪上按下列循环进行测序反应（见表6-3）。

表6-3 测序反应条件

步骤	温度	时间
DNA变性	96℃	30s
DNA复性	50℃	15s
DNA延伸	60℃	4s
	总循环数：25	

（7）测序反应产物纯化　使用纯化试剂盒对测序反应产物进行纯化。

（8）DNA序列测定　荧光测序仪测DNA序列。

（9）系统发育树构建　用ClustalX软件对豌豆根瘤菌及从GenBank中获得的其他已知根瘤菌16S rRNA序列进行比对，并用PHYLIP软件保存，利用DNADIST软件计算各菌株之间遗传距离，将其转化为相似性矩阵，最后通过构树程序得到系统树。

五、结果

1. 排列豌豆根瘤菌16S rRNA的核苷酸序列。
2. 分析豌豆根瘤菌与其他根瘤菌亲缘关系。

6.3 真核微生物18S rRNA基因的分离及序列分析

一、目的

1. 学习丝状真菌DNA提取方法。
2. 了解真核微生物18S rRNA基因的分离及序列分析过程。

二、原理

与原核微生物16S rRNA基因序列分析相对应，在真核微生物分类研究中，可根据真核微生物18S rRNA基因序列同源性确定其亲缘关系。提取真核微生物染色质DNA作为模板，用特定引物对18S rRNA基因片段进行PCR扩增，然后采用双脱氧法对扩增产物进行测序。

三、材料、仪器

（1）菌种　稻瘟霉（*Piricularia oryzae*）。

（2）材料

1）测序引物：正向引物：5′-CCAACCTGGTTGATCCTGCCAGTA-3′。

　　　　　　　反向引物：3′-CCTTGTTACGACTTCACCTTC CTCT-5′。

2）其他：PDA液体培养基、DNA提取试剂、PCR扩增试剂盒、PCR产物纯化试剂盒。

（3）仪器及其他　PCR扩增仪、DNA测序仪、离心机、电泳仪等。

四、方法

（1）模板DNA制备

1）菌体制备。将生长6d斜面菌种用无菌水洗下，并稀释至孢子浓度10^7个/ml。250ml锥形瓶装50ml PDA液体培养基，灭菌后接入上述孢子悬液1ml，28℃振荡培养48h，4000r/min离心收集菌体，并用无菌水清洗两次备用。将菌体置于冻干机进行冷冻干燥，将干燥的菌丝在液氮中研磨。

2）取一支1.5ml微量离心管，加入冻干磨碎菌丝20～60mg或液氮中研磨磨碎的新鲜菌丝0.1～0.3g。

3）加入400μl溶菌缓冲液，混匀直到出现匀浆。如液体太黏稠，可加入缓冲液700μl。

4）65℃温育1～2h。

5）加入等体积氯仿：苯酚（1：1），混匀。

6）12 000r/min离心15min，达到上层水相变清。

7）取出300～500μl上层水相，反复进行酚氯仿抽提，直到有机相和水相之间没有蛋白膜出现。

8）取出上层水相，加入10μl 3mol/L NaAc、0.54倍体积异丙醇，轻轻倒转混匀，可见DNA沉淀。

9）同6），离心，弃去上清，用75%乙醇清洗沉淀2次。

10）室温干燥20min，挥发去乙醇。

11）用100～500μl TE或双蒸水溶解沉淀。

12）利用紫外分光光度计在260nm处测定DNA的吸光度，然后换算成浓度（1吸光度相当于50μl/ml DNA）。

（2）模板DNA处理　同实验6.2。

（3）PCR反应　在灭菌eppendorf管中所加成分的种类与实验6.2相同，只是引物核苷酸序列不同。PCR反应条件如表6-4。

表6-4　PCR反应条件

步骤	温度	时间
DNA变性	95℃	30s
DNA复性	55℃	30s
DNA延伸	72℃	60s

30个循环后，eppendorf管在72℃保温10min。

其余步骤除测序引物不同外，同实验6.2步骤（4）～（9）。

五、结果

1. 排列稻瘟霉 18S rRNA 核苷酸序列。
2. 分析稻瘟霉与其他真菌亲缘关系。

6.4 DNA 杂合法在分类中的应用

一、目的

学习并掌握 DNA 同源性分析的液相复性速率法。

二、原理

生物体都是以 DNA 碱基序列来贮存遗传信息，不同微生物碱基顺序不同。生物种的差别越大，其 DNA 碱基序列差别越大，反之亦然。因此，通过不同细菌 DNA 碱基序列同源性分析，可以对细菌种、属间的亲缘关系做出鉴定。虽然目前已能够对长达几千个碱基的 DNA 片段进行序列分析，但对大量 DNA 样品进行全序列分析，仍然难以实现。然而，DNA 杂交可以得出 DNA 之间核苷酸序列的互补程度，从而推断不同细菌基因之间同源性。对于细菌而言，一般种内菌株之间 DNA 同源性≥70%，种间菌株之间 DNA 同源性≤50%，对于介于 50%～70% 的 DNA 同源性，需要结合其他分类方法来对菌株之间的亲缘关系做出判断。

变性单链 DNA 在一定条件下，可以靠碱基配对自动恢复成双链，这是 DNA 杂交的原理。DNA 分子杂交按反应环境可分为液相和固相杂交。经典方法是固相滤膜法，它需要放射性同位素。目前最常用的是复性速率法，它不需要放射性同位素，操作简便，并有较好重复性。液相复性速率法原理是：变性 DNA 在溶液中复性（杂交）时，同源 DNA 复性速率比异源 DNA 要快。同源性愈高，复性速率愈快，复性过程也伴随着 260nm 紫外吸收减少。由此通过分光光度计直接测定变性 DNA 在一定条件下的复性速率，能进而计算 DNA 之间同源性。

三、材料、仪器

（1）菌种　苜蓿根瘤菌（*Rhizobium meliloti*）USDA1002、山羊豆根瘤菌（*Rhizobium galegae*）HAMBI540。

（2）试剂　2×SSC 溶液。

（3）仪器及其他　PCR 扩增仪、DNA 测序仪、离心机、电泳仪等。

四、方法

（1）DNA 样品前处理　采用超声波剪切从苜蓿的根瘤菌和山羊豆根瘤菌中提取 DNA 样品，使其相对分子质量为（2～4）×10^5。并用 2×SSC 溶液稀释使其浓度为 A_{260nm}=1.2～1.5。

（2）DNA 变性 将盛有 DNA 样品的试管在沸水浴中加热 10min，使其变性。

（3）杂交 迅速将变性 DNA 降到最适复性温度（Tor）[Tor＝0.51×（G＋C）mol%＋47.0]，在 Tor 值时开始记录消光值。测定时间为 40min，此为 DNA 复性线性区。这样得到一条随时间延长而吸光度逐渐减小的直线。对于苜蓿根瘤菌和山羊豆根瘤菌 DNA 同源性分析，需要分别测定苜蓿根瘤菌和山羊豆根瘤菌变性 DNA 样品的同源复性速率（V_a、V_b）和两样品的混合复性速率（V_m）。

（4）杂交率计算

1）计算复性速率：零时吸光度（A_o）减去 30min 时吸光度（A_t），再除以总时间（t=30min），得出直线斜率即为 DNA 复性速率（V）。

$$V=(A_o-A_t)/t=\Delta A/t。$$

2）计算杂交率：将苜蓿根瘤菌和山羊豆根瘤菌同源复性速率（V_a、V_b）和两样品混合复性速率（V_m）代入下述公式即可得出两菌株 DNA 杂交百分数（通常用 $D\%$ 表示）。

$$D\%=100\times4\left[V_m-(V_a+V_b)\right]/2(V_a\times V_b)^{1/2}。$$

五、结果

计算苜蓿根瘤菌和山羊豆根瘤菌之间 DNA 同源性。

6.5 细胞壁成分分析在分类中的应用

一、目的

掌握细胞壁糖类化合物组成分析方法。

二、原理

利用化学或物理技术分析整个细菌的细胞或细胞各部分化学组成已经给细菌分类和鉴定带来极有价值的信息，并由此产生化学分类法。纯细胞壁在碱性条件下被水解，然后采用薄层层析对该水解液进行细胞壁糖类化合物组成分析，比较各菌株之间层析图谱异同，可以获得它们之间亲缘关系的信息。

化学分类法内容非常丰富，分析技术涉及光谱、色谱、生物化学及分子遗传学分析技术；内容涉及细胞各类组分，从完整细胞到生物大分子及细胞元素。

三、材料、仪器

（1）菌种 大肠杆菌（*Escherichia coli*）、枯草杆菌（*Bacillus subtilis*）。

（2）培养基 LB 培养基（附录 5-42）。

（3）试剂 TE 缓冲液、5%KOH、微晶纤维素、1% 鼠李糖、核糖、木糖、阿拉伯糖、甘露糖、葡萄糖和半乳糖混合液、乙酸乙酯：吡啶：冰乙酸：水＝8：5：1：1.5（体积比）、苯胺邻苯二甲酸、0.5mol/L HCl 等。

（4）仪器及其他 摇床、离心机、特制玻璃板等。

四、方法

（1）*液体摇瓶培养*　采用LB液体培养基，在28℃、220r/min条件下，对大肠杆菌进行摇床培养18～24h。

（2）*菌体收集*　3000r/min离心培养液，沉淀菌体用TE缓冲液清洗2～3次以除去细胞壁外多糖。

（3）*细胞破碎*　取湿菌体200mg，加5% KOH 1ml，100℃水浴处理50～60min，使菌悬液由黄褐色变成清亮为宜。

（4）*粗细胞壁制备*　3000r/min离心20min，弃去沉淀，收集上清，10 000r/min离心20min，弃去上清，收集沉淀，45℃烘箱干燥，得粗细胞壁。

（5）*制板*　洗净玻璃板，按微晶纤维素：水＝1∶5.5比例充分混匀，每板涂约10ml成薄层，风干过夜，备用。

（6）*细胞壁水解*　向制备的粗细胞壁中加入0.5mol/L HCl，封口，120℃水解15min，作为糖分析水解液。

（7）*点样*　取1μl糖分析水解液用于点样，标准品是同时含有1%鼠李糖、核糖、木糖、阿拉伯糖、甘露糖、葡萄糖和半乳糖的混合液。

（8）*展层*　用于细胞壁糖组分分析的展层剂为乙酸乙酯：吡啶：冰乙酸：水＝8∶5∶1∶1.5。

（9）*显色*　糖分析用苯胺邻苯二甲酸显色，120℃加热3～4min。标准层析图谱依比移值（Rf值）由小到大依次为半乳糖、葡萄糖、甘露糖、阿拉伯糖、木糖、鼠李糖，其中木糖与阿拉伯糖呈粉红色，其余糖呈褐黄色。

五、结果

画出大肠杆菌和枯草杆菌细胞壁糖类化合物组成分析的层析图谱。

6.6　红外吸收光谱在微生物分类中的应用

在微生物分类研究中，一方面是以表型特征、生理生化特征为依据的传统聚类方法（如数值分类），需要对鉴定菌株采用尽可能多的培养基和培养条件进行比较研究，工作量大、难以重复，无法获取样品的化学信息。另一方面，是以生物大分子为分析对象的聚类方法，需要对样品进行分离提取，提取技术或多或少会改变样品，这种改变的不确定性会导致以相似性为聚类依据的结果有偏差。因此，在不破坏样品前提下，分析菌株化学成分和结构差异，是比较客观的分类鉴定方法。傅里叶变换红外光谱（FTIR）是满足这一需要的有力手段，它不但专属性强、重现性好、效率高、速度快（100个样品可以在8h内完成）、重复性好（大都能与脂肪酸分析、核糖核酸指纹分析和16S rRNA序列分析结果一致），而且制样简单、操作方便，广泛应用在多学科领域，也用于细菌和真菌种及菌株水平的聚类研究。尽管FTIR分析法具有许多优点，但由于缺乏共同傅里叶变换红外光谱数据库，只能对菌株进行聚类研究。最终确定其分类地位，仍然需要用多项分类方法，即结合其形态特征、细胞化学组分等表型特征和16S rRNA 序列、(G+C) mol% 等基因型分析结果来分析。

一、目的

1. 学习于 FTIR 分析的制样方法。
2. 了解 IFS28/B FTIR 光谱仪的操作原理和过程。

二、原理

传统对微生物进行聚类研究，需要采用各种措施尽可能多的使被分析菌株表达其特征，据表达特征进行比较研究，FTIR 要求所有被分析菌株必须在标准、统一条件下培养。新鲜培养物制成悬浮液后直接用于光谱分析。

三、材料、仪器

（1）菌种　15 株未知同一类群菌株，如未鉴定的根瘤菌。
（2）培养基　TY 培养基（附录 5-43）。
（3）仪器及其他　IFS28/B FTIR 光谱仪、制样装置、pH8.0 Tris-HCl 缓冲液。

四、方法

（1）菌体培养　将活化的 15 株菌株转接于 1ml TY 培养液，28℃、220r/min 培养 2d。

（2）菌悬液制备　12 000r/min 离心液体培养物，用 pH 8.0 Tris-HCl 缓冲液清洗菌体 2～3 次，加入 80～100μl 无菌蒸馏水。

（3）制样　将 35μl 菌悬液移到亚硒酸锌光学板，将其固定在能载 15 个板的圆盘上，在 4～6.7kPa 真空状态下将悬浮液抽干，每个盘抽干时间约 20min。

（4）IFS28/B FTIR 光谱仪参数设置　光谱为 4000～500nm^{-1}，分辨率为 6nm^{-1}。吸收值在 0.345～1.25 之间为可选对象。

（5）光谱测定　测定参数确定后，按照仪器使用说明对待测样品进行光谱分析。

（6）图谱解析和比较　利用 OPUS2.0 软件计算不同菌株间的二元光谱距离，比较其光谱值。波谱范围在 1200～900nm^{-1}、3000～2798nm^{-1}、901～698nm^{-1} 的光谱值具有较好分辨作用，可用于聚类分析。

五、结果

提交根瘤菌光谱图，并做出分类结论。

6.7 利用微生物快速测定仪对微生物进行分类（利用 Biolog 系统进行微生物分类鉴定）

细菌分类鉴定的传统方法，主要是通过菌株个体和群体形态观察、染色反应、生物生化特性、血清学反应等实验考察。其实验结果用《伯杰氏鉴定细菌学手册》检索，以确定待测菌分类地位，这种传统方法费时费力。20 世纪 90 年代美国 Biolog 公司研制开发出 Biolog 系统，用于微生物（细菌、放线菌、霉菌、酵母菌）快速鉴定。结合 16S rRNA 序列分析和（G+C）mol%，可短时间内得到未知菌分类鉴定结果。

一、目的

1. 学习利用计算机微生物分类鉴定系统进行分类鉴定的基本原理和操作方法。
2. 学习并掌握读数仪读取微孔培养板结果。
3. 学习使用 Biolog 系统，掌握数据库使用方法。

二、原理

Biolog 分类鉴定系统由微孔板、菌体稀释液和计算机记录分析系统组成，其中微孔板有 96 孔，横排为：1, 2, 3, 4, 5, 6, 7, 8, 9, 10, 11, 12；纵排为：A, B, C, D, E, F, G，H。96 孔中都含有四氮唑类氧化还原染色剂，其中 A1 孔内是水，作为对照。其余 95 孔是 95 种碳源物质。对不同种类微生物采用不同碳源组成的微孔板。待测微生物利用碳源进行代谢时会将四氮唑类氧化还原染色剂从无色还原成紫色，从而在微孔板上形成该微生物特征性反应模式或“指纹”，通过读数仪来读取颜色变化，并将该反应模式或“指纹”与数据库进行比对，瞬间得到鉴定结果。对于真核微生物酵母菌和霉菌，还需要通过读数仪读取碳源物质被同化后的变化（即浊度变化），进行最终分类鉴定。

三、材料、仪器

（1）菌种　革兰氏阳性细菌、革兰氏阴性细菌、酵母菌、霉菌各 1 株。

（2）培养基　Biolog 专用培养基：BUG 琼脂培养基、BUG+B 培养基、BUA+B 培养基、BUG+M 培养基、BUY 培养基，可由 Biolog 公司购买；2% 麦芽汁琼脂培养基（附录 5-9）。

（3）试剂　Biolog 专用菌悬液稀释液、脱血纤维羊血、麦芽糖、麦芽汁提取物、琼脂粉、蒸馏水巯基乙酸钠、0.1mol/L 水杨酸钠等。

（4）仪器及其他　Biolog 微生物分类鉴定系统及数据库、浊度仪、读数仪、恒温培养箱、光学显微镜、pH 计、八道移液器、试管、GP 板、GN 板、YT 板、FF 板等。

四、方法

（1）斜面培养物准备　使用 Biolog 推荐培养基和培养条件，对待测微生物进行斜面培养。

1）培养基：好氧细菌使用BUG+B培养基；厌氧细菌使用BUA+B培养基；酵母菌使用BUY培养基；丝状真菌使用2%麦芽汁琼脂培养基。

2）培养温度：选择不同微生物生长最适培养温度。

3）培养时间：细菌24h，酵母72h，丝状真菌10d。

（2）制备菌悬液　将对数生长期斜面培养物转入Biolog专用菌悬液稀释液，对于革兰氏阳性球菌和杆菌，在菌悬液中加入3滴巯基乙酸钠和1ml 0.1mol/L水杨酸钠，使菌悬液浓度与标准悬液浓度具有同样浊度。

（3）微孔板接种　据微生物种类选择微孔板，革兰氏染色阳性细菌采用GP板，革兰氏染色阴性细菌采用GN板，酵母菌采用YT板，霉菌采用FF板。用八道移液器将菌悬液接种于微孔板96孔，接种量分别是：细菌150μl、酵母菌100μl、霉菌100μl。

注意：接种过程不能超过20min。

（4）微生物培养　按照Biolog系统推荐的培养条件进行培养，据经验确定培养时间。

（5）读取结果　阅读读数仪使用说明，按照操作说明读取实验结果。如果认为自动读取的结果与实际明显不符，可以人工调整阈值以得到认为是正确的结果。GN、GP数据库是动态数据库，微生物总是最先利用最适碳源并产生颜色变化，颜色变化也最明显；而对于不适碳源菌体利用较慢，颜色变化也较慢。这种数据库充分考虑了细菌利用不同碳源产生颜色变化速度不同的特点，在数据处理软件中采用统计学方法使结果尽量准确。酵母菌和霉菌的数据库是终点数据库，软件可以同时检测颜色和浊度变化。

注意：对霉菌阈值调整会导致颜色和浊度阴阳性都发生变化，实验时应注意。

（6）结果解释　软件按照与数据库匹配程度对96孔板显示的结果列出鉴定结果，并在ID框中进行显示，若实验结果与数据库已鉴定菌种都不能很好匹配，则在ID框中显示“No ID”。

五、结果

评估鉴定结果准确性，若鉴定结果不理想，分析其可能原因。

第七章　微生物菌种保藏方法

微生物个体微小，代谢活跃，生长繁殖快，易发生变异，易被其他杂菌污染，甚至导致细胞死亡。因此，菌种保藏非常重要。微生物菌种保藏的任务是将自然界分离到的野生型菌株或经选育的纯种采用适当方法保藏，使菌种生物学特征保持不变。

7.1　常用简便保藏法

微生物菌种保藏方法因菌种不同而异，方法较多，下面介绍几种常用方法。

一、目的

了解菌种保藏基本原理，掌握几种不同保藏方法。

二、原理

微生物菌种保藏基本原理是通过改变外界条件，使微生物新陈代谢处于最低或几乎停止状态。保藏条件及方法通常基于温度、水分、通气、营养成分和渗透压等方面考虑。

三、材料、仪器

（1）菌种　　待保藏各种菌种。

（2）培养基　　牛肉膏蛋白胨培养基（附录5-1）、高氏Ⅰ号培养基（附录5-2）、马铃薯葡萄糖培养基（附录5-3）、麦芽汁培养基（附录5-9）。

（3）试剂　　液体石蜡、10%盐酸、蒸馏水、无菌水、五氧化二磷等。

（4）仪器及其他　　记号笔、标签、酒精灯、火柴、接种环、试管架、培养箱、牛皮纸、线绳、冰箱、锥形瓶、吸管、高压蒸汽灭菌锅、河沙、烘箱、瘦黄土或红土筛子（40目、100目）、接种针、真空泵、干燥器、无水氯化钙、小锥形瓶、麦麸、麦粒、优质琼脂、安瓿管、无菌滴管、滤纸、棉塞等。

四、方法

1．细菌保藏

（1）斜面保藏法

1）贴标签。取无菌牛肉膏蛋白胨斜面试管数支（试管斜面支数根据需要而定），在距离试管口5～7cm处贴上标签。在标签纸上写明细菌菌名、培养基名称和接种日期。

2）斜面接种。待保藏细菌菌种接种于试管斜面。

3）培养。在菌种最适生长温度下恒温培养一定时间（时间因菌种而定）。

4）保藏。上述试管斜面培养好后，包扎试管口，放入4℃冰箱保藏。

注意：为防棉塞受潮长杂菌，管口棉花应用牛皮纸包扎，或换上无菌胶塞。

此法操作简单，使用方便，不需特殊设备，能随时检查所保藏的菌株是否死亡、变异与污染等，这种方法可保藏2～3个月。缺点是保藏时间短，需定期传代，易被污染，菌种主要特性容易改变。

（2）液体石蜡法

1）液体石蜡灭菌。将优质液体石蜡分装于锥形瓶（250ml）中，装入量为锥形瓶体积1/3，塞上棉塞并用牛皮纸包扎，0.1MPa、121℃灭菌30min，105～110℃干燥1h，使水汽蒸发后备用。

2）接种培养。将需要保藏菌种用最适斜面培养基培养，直到菌体生长成熟。

3）加液体石蜡。用无菌吸管吸取无菌液体石蜡，加入上述菌种斜面试管中，液体石蜡以高出斜面顶端1cm为宜（见图7-1），使菌种与空气隔绝。

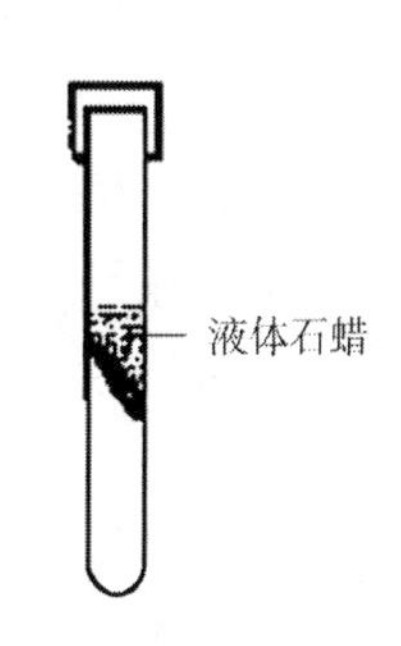

图7-1　液体石蜡覆盖保藏

4）保藏。棉塞外包牛皮纸，将试管直立4℃低温保藏。

5）恢复培养。用接种环从液体石蜡保藏的试管中挑取少量菌种，靠在试管壁上，尽量使石蜡液体滴净，再接种于新鲜培养基培养。由于菌体表面粘有液体石蜡，生长较慢且有黏性，因此，一般须转接2次才能使菌种生物学性状得到恢复。

注意：从液体石蜡液面下移种培养物后以及接种环在火焰上烧灼时，培养物容易与残留液体石蜡一起飞溅，应注意安全。

此法可抑制细菌代谢，推迟细胞老化，避免水分蒸发，延长保藏时间。一般无芽孢细菌也可保藏1～2年，甚至用一般方法很难保藏的脑膜炎球菌，在37℃温箱，亦可保藏3个月之久。细菌中大多数属可用此法保藏。但有些属用此法效果不好，如固氮菌属、乳酸杆菌属、葡萄球菌属等。

此法优点是制作简单，不需特殊设备，且不需经常移种。缺点是保藏时必须直立放置，所占空间较大，不便携带。

（3）砂土管法

1）河沙处理。取河沙若干加入10%盐酸，加热煮沸30min除去有机质。倒去盐酸溶液，用自来水冲洗至中性，最后用蒸馏水冲洗，烘干后用40目筛子过筛，弃去粗颗粒备用。

2）土壤处理。取非耕作层（不含腐殖质）瘦黄土或红土，加自来水浸泡清洗至中性。烘干后碾碎，用100目筛子过筛，备用。

3）沙土混合。处理好的河沙与土壤按3∶1比例掺和（或根据需要而用其他比例，甚至可全部用沙或土）均匀后，装入10mm×100mm小试管或安瓿管中，每管分装1g左右或装入量高1cm，塞上棉塞，0.1MPa、121℃灭菌40min，取出烘干。

4）无菌检查。每10支砂土管随机抽1支，将沙土倒入肉汤培养基中，30℃恒温培养40h，若发现有微生物生长，则所有砂土管需重新灭菌，再做无菌检验，证明无菌方可使用。

5）菌悬液制备。取生长健壮的新鲜斜面菌种（18mm×180mm 试管斜面菌种），加入 2～3ml 无菌水，用接种环轻轻将菌苔洗下，制成菌悬液。

6）分装样品。每支砂土管注明标记后用 1ml 无菌吸管将菌悬液滴入沙管中，每管 10～15 滴或 0.5ml（刚刚使沙土润湿为宜），用接种针拌匀。

7）干燥。将装有菌悬液砂土管放入真空干燥器内，用真空泵抽干水分（沙土呈分散状即可），或将砂土管放入干燥器（干燥器内放五氧化二磷）。

8）封口。从已制好沙管中取出一管，取少量沙粒接种于斜面培养基上，观察生长情况和菌落数多少，如生长正常可用火焰封口或用液体石蜡密封，也可用橡皮塞或棉塞塞住试管口。

9）保藏。4℃冰箱或室温保藏，每隔一定时间进行检测。

10）恢复培养。使用时挑取少量混有菌种的沙土，接种于斜面培养基或液体培养基培养即可，原砂土管仍可继续保藏。

此法多用于产芽孢细菌、产生孢子的霉菌和放线菌。在抗生素工业生产中应用广泛，效果较好，可保藏几年时间，但对营养细胞效果不佳。

2．放线菌保藏

（1）斜面法　用高氏 I 号培养基，其方法与细菌斜面保藏法相同，每 3 个月移植一次。

（2）砂土管法　方法与细菌砂土管保藏法相同，但适于产孢子丰富的放线菌。

（3）麦粒保藏法

1）将优质麦粒浸泡 18～24h 后分装小锥形瓶（装量≤1/3 体积），包扎后 0.1MPa、121℃灭菌 40min。

2）待温度降到 30℃左右时移接放线菌孢子，适温培养后减压干燥，密封，放在干燥器中低温保藏。

（4）琼脂水法

1）在蒸馏水中加入 0.125% 优质琼脂，0.1MPa、121℃灭菌 30min。

2）将待保藏放线菌移接在高氏 I 号斜面培养基，培养 2w 后取 5～6ml 灭菌琼脂水加入斜面，制成孢子悬液。

3）无菌移入带塞小瓶中，密封，低温下可保藏 3 年左右。

3．酵母菌保藏

（1）斜面保藏法　采用麦芽汁琼脂斜面，其方法与细菌斜面保藏法相同。保藏在 4～6℃，每 4～6 个月移植一次，对裂殖酵母、阿舒假囊酵母等需 1～2 个月移植一次。

（2）液体石蜡法　基本操作方法与细菌保藏中液体石蜡法相同。采用麦芽汁琼脂于 25℃培养酵母 2d，注入石蜡后置 4～5℃保藏，每 2 年移植一次。

（3）蒸馏水法

1）将酵母菌接种到麦芽汁琼脂斜面培养基上，25℃培养 2w。

2）用无菌吸管取无菌水 5ml 加入斜面，再用吸管轻轻拨动吹吸斜面上菌体，使菌体呈均匀分散悬液。

3）无菌条件下移入灭菌小锥形瓶，塞上灭菌橡皮塞，石蜡密封，置冰箱或室温可保藏 2 年左右。

4．霉菌保藏

（1）斜面法　将待保藏霉菌移接到马铃薯葡萄糖斜面培养基上，28℃培养到产生健壮孢子或菌体后冰箱或室温中干燥保藏，每 4～6 个月移植一次。

（2）土壤法

1）取肥沃土壤，过筛，装入安瓿管中，每管分装 1g 左右或装入量高 1cm，塞上棉塞，0.1MPa、121℃灭菌 40min，取出烘干。

2）将待保藏霉菌培养到产生健壮孢子时制成浓悬液。

3）用无菌吸管吸取 0.5～1.0ml 孢子悬液接种于土壤，以润湿土壤为宜，搅匀。

4）干燥（自然或减压干燥），密封，低温保藏。

（3）麦麸干燥法

1）取新鲜含淀粉少的麦麸加 80% 水搅拌均匀，用纸筒装入 12mm×100mm 小试管，其量高 2cm 左右，包扎，0.1MPa、121℃灭菌 30min。

2）待温度降到室温，接霉菌孢子，摇匀，并使管内麦麸疏松倾斜，28℃培养成熟后，继续培养 2～3d。

3）取出麦麸管，放入装有干燥剂五氧化二磷或无水氯化钙大试管里，管口塞上橡皮塞，用石蜡密封，低温或室温可保藏 2～3 年。

（4）滤纸片法

1）将直径 1cm 左右滤纸片，平放在 30ml 锥形瓶底部，摆满瓶底后塞上瓶塞，包扎（勿使滤纸片重叠），0.1MPa、121℃灭菌 20min。

2）将待保藏霉菌移接到马铃薯葡萄糖斜面培养基上，28℃培养成熟后，用浓度为 7 波美度的麦芽汁 2～3ml 注入斜面，制成浓孢子悬液。

3）用 0.1ml 吸管或毛细管将孢子悬液滴在每个滤纸片上，每片 1～2 滴，塞上棉塞真空干燥。

4）干燥后换上无菌橡皮塞，石蜡密封，冰箱保藏。

5）恢复培养。用无菌镊子取 2～3 片滤纸放入 10ml 液体培养基，或琼脂斜面中部，28℃培养 2～5d。

5．噬菌体保藏

低温试管保藏法。将高价噬菌体悬液分装入无菌试管，加橡皮塞石蜡密封，置 4～5℃保藏。

7.2　冷冻干燥保藏法

一、目的

掌握冷冻干燥保藏菌种方法。

二、原理

冷冻干燥保藏法是将微生物菌种存放在低温环境下的保藏方法。包括低温法（−70～−80℃）和液氮法（−196℃）。水是细胞主要组成成分，约占活细胞总量90%，在0℃或0℃以下时会结冰。样品降温速度过慢，胞外溶液中水分大量结冰，溶液浓度提高，胞内水分便大量向外渗透，导致细胞剧烈收缩，造成细胞损伤，此为溶液损伤；另外，若冷却速度过快，胞内水分来不及渗出细胞膜，胞内溶液因过冷而结冰，细胞体积膨大，最后导致细胞破裂，此为胞内冰损伤。因此，控制降温速率是冷冻微生物细胞十分重要的步骤，可以加保护剂（分散剂）克服细胞冷冻损伤。

冷冻保藏微生物样品时，加入适当保护剂可以使细胞经低温冷冻时减少冰晶形成，常用保护剂有：甘油、谷氨酸钠、糖类、可溶性淀粉、聚乙烯吡咯烷酮（PVP）、血清、脱脂奶和海藻糖等。甘油适宜低温保藏，脱脂奶和海藻糖是较好保护剂，尤其是在冷冻真空干燥中普遍使用。

三、材料、仪器

（1）菌种　待保藏各种菌种。

（2）试剂　2%盐酸、蒸馏水、牛奶、无水乙醇、3%氯化钴、无菌水、75%乙醇、液体石蜡等。

（3）仪器及其他　安瓿管、烘箱、记号笔、标签、高压蒸汽灭菌锅、烧杯、微波炉、脱脂棉、离心机、吸管、毛细滴管、干冰、冰箱、低温冰箱、冷冻真空装置、喷灯、高频电火花器等。

四、方法

（1）准备安瓿管　安瓿管先用2%盐酸浸泡8～10h，再用自来水冲洗多次，最后用蒸馏水洗1～2次，烘干。将标有菌种名和接种日期的标签放入安瓿管内，有字一面应向管壁。管口塞上棉花，0.1MPa、121℃灭菌30min。

（2）菌种培养　将要保藏菌种接入斜面培养，产芽孢细菌培养至芽孢从菌体脱落，产孢子的放线菌、霉菌至孢子丰满。

（3）制备脱脂牛奶　将牛奶煮沸，用3000r/min离心15min脱脂。如一次不行，再离心一次，直到脂肪除尽为止。牛奶脱脂后，0.056MPa、112℃灭菌30min，无菌试验。

（4）菌悬液制备　吸取3～4ml脱脂牛奶于培养成熟的斜面菌种试管，用接种环将菌苔或孢子洗下，制成菌悬液，细胞数控制在10^9～10^{10}个/ml，真菌菌悬液则需置4℃平衡20～30min。

（5）分装样品　用无菌毛细滴管吸取菌悬液加入安瓿管，勿沾染管壁，每管装约0.2ml。最后在几支冻干管中分别装入0.2ml、0.4ml蒸馏水作对照。

（6）预冻　安瓿管中菌悬液冻成冰，使水分在冻结状态下升华。预冻温度低、速度快，可以放入低温冰箱（−45～−35℃）进行，也可在无水乙醇或固态CO_2中（−80～−70℃）进行。预冻温度若高于−25℃，则菌悬液结冰不坚实，真空干燥易失败。不同微生物其最佳降温率有所差异，一般由室温快速降温至4℃，4℃至−40℃每分钟降低1℃，−40℃至−60℃以下每分钟降低5℃。

注意：真空干燥过程中，安瓿管中菌悬液保持冻结状态，防止真空干燥时菌悬液沸腾，产生气泡而外溢。

（7）冷冻干燥　将安瓿管外部棉塞剪去，把内部棉塞推到管口下面1cm左右，用橡皮管将安瓿管与分支管上侧管连接起来。分支管另一端与真空泵连接（见图7-2），所有连接处均用液体石蜡密封。然后将安瓿管放入饱和冰盐水中（−20℃），待安瓿管底部悬液冻结时，立即开动真空泵抽气，到样品外观已基本干燥，将分支升高，安瓿管离开冰浴置室温，再继续抽气干燥1h左右。

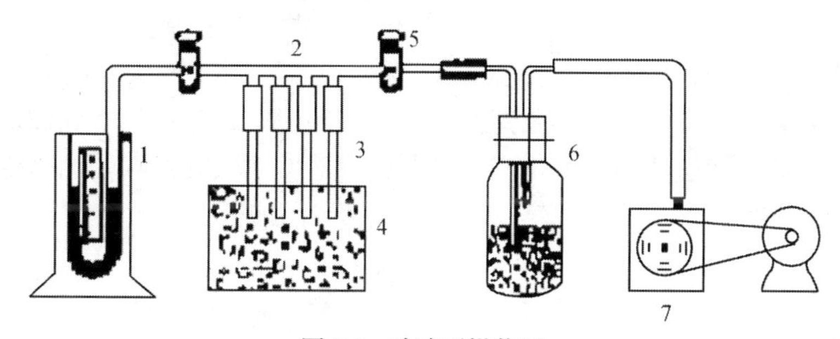

图7-2　冷冻干燥装置

1. 真空压力表；2. 分支管；3. 安瓿管；4. 冰浴；5. 阀门；6. 干燥剂；7. 真空泵

（8）测定水分　干燥样品用失重法测定残留水分，检查干燥程度，一般要求样品含水量为1%～3%，若高于3%则需继续进行真空干燥。样品干燥程度判断方法：①外观：样品表面出现裂痕，与冻干管内壁有脱落现象，对照管完全干燥；②指示剂：用3%氯化钴水溶液分装冻干管，当溶液颜色由红变浅蓝后，再抽同样长时间便可。

（9）熔封　样品干燥后再继续抽气几分钟，当真空度达0.1～0.2mm汞柱时，用喷灯细火焰在安瓿管细颈处封口。

注意：熔封安瓿管时注意火焰大小适中，封口处灼烧要均匀，若火焰过大，封口处易弯斜，冷却后易出现裂缝而造成漏气。

用高频电火花检测安瓿管内真空程度。真空度愈高，管内呈现蓝色愈深。检查时高频电火花要射在安瓿管上部，不要射向样品。

（10）存活性检测　每个菌株取1支安瓿管及时进行存活检测。打开安瓿管，加入0.2ml无菌水，用毛细滴管吹打几次，沉淀物溶解后（丝状真菌、酵母菌则需要置室温平衡30～60min），转入适宜培养基培养，根据生长状况确定其存活性，或用平板菌落计数法或染色法确定存活率。如需要可测定其特性。

（11）保藏　冰箱保藏。

（12）恢复培养　恢复培养时，先用75%乙醇将安瓿管外壁消毒，火焰上烧热安瓿管上部，将无菌水滴在烧热处，使管壁出现裂缝，冷却后，将裂口端敲破。用接种针挑取干燥样品少许，在斜面接种；也可将无菌液体培养基加入安瓿管中，使样品溶解，然后用无菌吸管取出菌液至合适培养基进行培养。

该方法是菌种保藏主要方法，综合了各种有利于菌种保藏的因素（低温、干燥、缺氧），对大多数微生物较为适合、效果较好，保藏时间依不同菌种而定。

7.3 液氮超低温保藏法

一、目的

了解液氮超低温冷冻保藏法原理，学习液氮超低温冷冻保藏法基本操作。

二、原理

液氮超低温保藏法是将保藏菌种分散在保护剂中，或把琼脂平板上生长好的培养物条块原封不动置于保护剂中，经预冻后在液氮超低温（−196℃）保藏。

此法适用于各种菌种保藏，特别适合不能用冷冻真空干燥等方法保藏的菌种，如在培养基上只形成菌丝体而不产生孢子真菌，用液氮超低温保藏就能取得理想效果。它的特点是在较长保藏期内菌种变异较小，但投资费用较大。

三、材料、仪器

（1）菌种　待保藏菌种。

（2）培养基　待保藏菌种适宜培养基。

（3）保护剂　10%～20% 甘油。

（4）仪器及其他　安瓿管、烘箱、高压蒸汽灭菌锅、酒精灯、火柴、接种环、试管架、记号笔、吸管、冰箱、超低温冰箱、控速冷冻机、液氮罐、棉手套、镊子、水浴锅、显微镜等。

四、方法

（1）安瓿管准备　用于液氮保藏安瓿管要求既能经 121℃高温灭菌又能在−196℃低温长期存放。现普遍使用聚丙烯塑料制成的安瓿管，容量为 2ml。玻璃安瓿管用时先用自来水洗净，蒸馏水冲洗 2～3 次，烘干，0.1MPa、121℃灭菌 30min。

（2）保护剂准备　10%～20% 甘油，0.1MPa、121℃灭菌 30min。灭菌后随机抽样进行无菌检查。

（3）菌悬液制备　取新鲜培养健壮的斜面菌种加入 2～3ml 保护剂，用接种环将菌苔洗下振荡、制成菌悬液。

（4）分装样品　用记号笔在安瓿管上标号，用无菌吸管吸取菌悬液，加入安瓿管，每只管加 0.5ml 菌悬液。拧紧螺旋帽。

注意：如果安瓿管垫圈或螺旋帽封闭不严，液氮罐中液氮进入管内，取出安瓿管时，会发生爆炸，因此密封安瓿管十分重要，需特别细致。

（5）预冻　将分装好安瓿管置4℃冰箱放30min，转入冰箱冷冻部分放置20～30min，再置－30℃低温冰箱或冷柜20min，快速转入－80℃超低温冰箱。

（6）保藏　经－70℃ 1h冻结，将安瓿管快速转入液氮罐，并记录菌种在液氮罐中存放的位置与安瓿管数。

注意：处理液氮时应仔细操作，因液氮与皮肤接触极易被“冷烧”，损伤皮肤，氮气本身无色无臭，在较小房间里操作注意窒息，液氮容器放置在通风良好地方。

（7）解冻　使用样品时，戴上棉手套，从液氮罐中取出安瓿管，用镊子夹住安瓿管上端迅速放入37℃水浴锅中摇动1～2min，样品很快融化。然后用无菌吸管取出菌悬液加入适宜培养基中保温培养。

（8）活性测定　可采用以下方法进行存活检测。

1）染色法。取解冻融化菌悬液通过染色，用显微镜观察细胞存活和死亡比例，计算出存活率。

2）活菌计数法。分别将预冻前和解冻融化的菌悬液按10倍稀释法涂布平板培养后，据二者每毫升活菌数计算出存活率。

存活率%＝（保藏后每毫升活菌数/保藏前每毫升活菌数）×100%。

附注：

（1）冷冻真空干燥中常用保护剂

1）脱脂奶10%～20%。

2）脱脂奶粉10g，谷氨酸钠1g，加蒸馏水至100ml。

3）脱脂奶粉3g，蔗糖12g，谷氨酸钠1g，加蒸馏水至100ml。

4）新鲜培养液50ml，24%蔗糖50ml。

5）马血清（不稀释）过滤除菌。

6）葡萄糖30g，溶于400ml马血清中，过滤除菌。

7）马血清100ml加内旋环乙醇5g。

8）谷氨酸钠3g，核糖醇1.5g，加0.1mol/L磷酸缓冲液（pH 7.0）至100ml。

9）谷氨酸钠3g，核糖醇1.5g，胱氨酸0.1g，加入0.1mol/L磷酸缓冲液（pH 7.0）至100ml。

10）谷氨酸钠3g，乳糖5g，PVP6g，加0.1mol/L磷酸缓冲液（pH 7.0）至100ml。

视情况可任选用以上保护剂，其中脱脂奶对于细菌、酵母菌和丝状真菌都适用，因其来源广泛，制作方便，最为常用。

（2）低温保护剂使用浓度

1）甘油使用浓度为10%～20%。

2）DMSO使用浓度为5%或10%。

3）甲醇5%，过滤除菌备用。

4）PVP使用浓度为5%。

5）羟乙基淀粉（HES）使用浓度为5%。

6）葡萄糖使用浓度为5%。

第八章　病　　毒

8.1　噬菌斑培养与观察

一、目的

掌握细菌噬菌斑的培养及观察方法。

二、原理

噬菌体是原核生物的病毒，其专一性很强。利用噬菌体裂解宿主细胞的特点，可在含菌的培养基上通过观察出现透明空斑（噬菌斑）证明噬菌体存在。

三、材料、仪器

（1）*菌种*　苏云金芽孢杆菌、感染噬菌体的苏云金芽孢杆菌。

（2）*培养基*　牛肉膏蛋白胨培养液、1% 琼脂牛肉膏培养基、牛肉膏蛋白胨琼脂斜面（附录 5-1）。

（3）*仪器及其他*　酒精灯、火柴、试管架、吸管、接种环、记号笔、培养皿等。

四、方法

（1）*接种*　取牛肉膏蛋白胨培养液和牛肉膏蛋白胨琼脂斜面各一支，接种苏云金芽孢杆菌，28～30℃培养 8h。

（2）*制备噬菌体悬浮液*　将含噬菌体的苏云金芽孢杆菌接入上述接种苏云金芽孢杆菌的培养液中，28～30℃振荡培养。由于苏云金芽孢杆菌被噬菌体裂解，菌液浑浊度逐渐下降，噬菌体数目不断增加，以此作噬菌体悬浮液。

（3）*制备细菌悬浮液*　取牛肉膏蛋白胨琼脂斜面培养 8h 的苏云金芽孢杆菌，加 5～10ml 无菌水，制成细菌悬浮液。

（4）*双层培养*　将 1% 琼脂牛肉膏培养基熔化并于 45℃水浴保温，将 0.5ml 细菌悬浮液和 0.2ml 噬菌体悬浮液与保温培养基快速混合均匀，然后迅速倒入含牛肉膏蛋白胨培养基的平板中作为上层，双层平板制备后于 28～30℃培养 24h，观察有无噬菌斑出现并注意其形态。

五、结果

绘图表示平板上出现的噬菌斑。

8.2 噬菌体分离与纯化

一、目的

1．学习从自然环境中分离、纯化噬菌体的基本原理和方法。

2．观察噬菌斑。

二、原理

噬菌体是专性寄生物，一般伴随着宿主细菌分布而分布，自然界中凡有细菌分布的地方，均可发现其特异的噬菌体存在。例如，粪便与阴沟污水中含有大量大肠杆菌，能很容易地分离到大肠杆菌噬菌体；奶牛场有较多乳酸杆菌，也可以分离到乳酸杆菌噬菌体。近年来研究表明，自由噬菌体颗粒可以独立存活（当然不能生长），对自然条件有一定耐受能力，受到自然条件变化呈动态分布，不一定总是和其宿主细菌同时存在，但没有宿主细菌的地方，其特异噬菌体的数量比较少。

噬菌体对寄主具有高度专一性，可利用寄主作为敏感菌株培养分离它们，根据噬菌体裂解其寄主，在含有敏感菌株琼脂平板上形成肉眼可见噬菌斑（见图 8-1），并且在高稀释液中一个噬菌体产生一个噬菌斑，从而对噬菌体进行分离、纯化和效价测定。

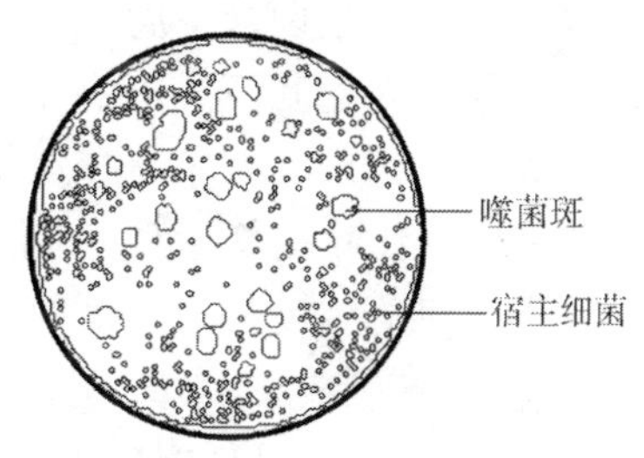

图 8-1 琼脂平板上噬菌斑

本实验是从阴沟污水中分离大肠杆菌噬菌体，刚分离出的噬菌体通常不纯，如表现在噬菌斑形态、大小不一致等方面，还可以再做进一步纯化。

三、材料、仪器

（1）菌种　大肠杆菌（*Escherichia coli*），斜面培养 18～24h。

（2）培养基　3 倍浓缩的普通牛肉膏蛋白胨液体培养基、试管液体培养基、上层琼脂培养基试管（含琼脂 0.7%）、底层琼脂平板（含琼脂 2%）。

（3）仪器及其他　酒精灯、火柴、吸管、无菌水、阴沟污水、离心机、滤器（孔径 0.20μm）、真空泵、培养箱、玻璃涂棒、记号笔、试管、培养皿、恒温水浴箱、接种针等。

四、方法

（1）噬菌体分离

1）制备菌悬液。37℃培养 18h 的大肠杆菌斜面培养物，加入 4ml 无菌水洗下菌苔，制成菌悬液。

2）增殖培养。向装有100ml 3倍浓缩的牛肉膏蛋白胨液体培养基的三角烧瓶中，加入污水样品200ml与大肠杆菌悬液2ml，37℃振荡培养12～24h。

3）制备裂解液。将以上混合培养液2500r/min离心15min，将离心上清液用无菌滤器过滤除菌，所得滤液经37℃培养过夜，以做无菌检查。

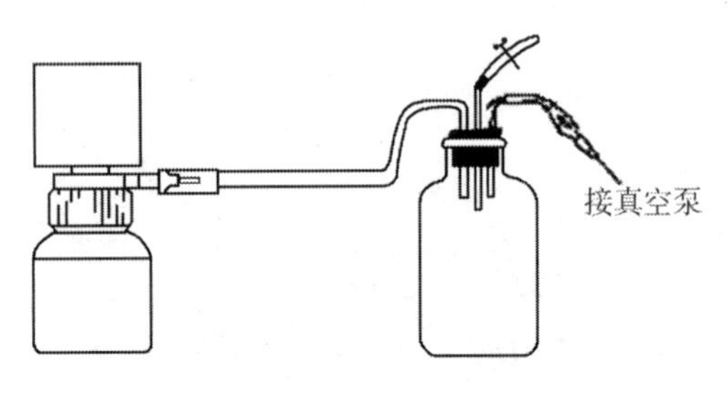

图8-2 真空抽滤装置

无菌滤器以无菌操作安装于灭菌抽滤瓶上，常规操作连接真空抽滤装置（见图8-2）。倒入滤器，开动真空泵，过滤除菌。

注意：液体抽滤完毕，应打开安全瓶放气阀增压后再停真空泵，否则将产生滤液回流，污染真空泵。

4）确证试验。经无菌检查没有细菌生长的滤液做确证试验证实噬菌体存在。向牛肉膏蛋白胨琼脂平板上加一滴大肠杆菌悬液，用灭菌玻璃涂棒将菌液涂布成均匀的一薄层。待平板菌液干后，分散滴加数小滴滤液于平板菌层上面，37℃培养过夜。

如果在滴加滤液处形成无菌生长的蚕食状透明噬菌斑，便证明滤液中有大肠杆菌噬菌体。如确证滤液中有噬菌体，可将滤液接种于同时接有大肠杆菌的牛肉膏蛋白胨培养液内，如此反复几次，可使噬菌体增多。

（2）噬菌体纯化　最初分离的单个噬菌斑往往在形态、大小上不一致，需要进一步纯化。

1）稀释。如已证明确有噬菌体存在，将含有大肠杆菌噬菌体滤液，用牛肉膏蛋白胨液体培养基按10倍稀释法稀释成10^{-1}～10^{-5} 5个稀释度。

2）倒底层平板。每个9cm培养皿约倒10ml底层琼脂培养基，依次标明10^{-1}～10^{-5}。

3）倒上层平板。取5支装有4ml上层琼脂培养基的试管，依次标明10^{-1}～10^{-5}，熔化后置于60℃左右水浴锅内保温，分别向每支试管加入0.1ml大肠杆菌液，并对号加入0.1ml各稀释度滤液，摇匀，最后对号倒入已凝的固底层琼脂平板中摇匀。

4）培养。待上层培养基凝固后，37℃恒温培养18～24h。

5）接种和培养。用接种针（或无菌牙签）在单个噬菌斑中刺一下，小心采取噬菌体，接入含有大肠杆菌的液体培养基，37℃恒温培养18～24h。再以上述方法进行稀释倒平板进行纯化，直到平板出现的噬菌斑形态、大小一致，表明已获得纯大肠杆菌噬菌体。

（3）高效价噬菌体制备　刚分离纯化所得到的噬菌体往往效价不高，需要进行增殖。将纯化的噬菌体滤液与液体培养基按1∶10比例混合，再加入适量大肠杆菌悬液（可与噬菌体滤液等量或1/2的量），混合均匀，37℃恒温培养18～24h，使噬菌体增殖，如此移种数次，最后过滤，可得到高效价噬菌体制品。

五、结果

绘图表示平板上出现的噬菌斑。

8.3 噬菌体效价测定

一、目的

学习噬菌体效价测定的基本原理和方法。

二、原理

噬菌体效价就是1ml培养液中所含活噬菌体数量。噬菌体在敏感菌株琼脂平板上形成肉眼可见噬菌斑，一般一个噬菌体形成一个噬菌斑，根据一定体积噬菌体培养液所形成的噬菌斑个数，从而计算出噬菌体效价。但因噬菌斑个数与其实际感染效率难以接近100%（一般偏低，因为有少数活噬菌体可能未引起感染）。所以为了准确地表达病毒悬液浓度（效价），一般不用病毒粒子的绝对数量，而是用噬菌斑形成单位（plaque forming unit，pfu）表示。效价测定，一般应用双层琼脂平板法。

三、材料、仪器

（1）菌种　大肠杆菌（*Escherichia coli*）、大肠杆菌噬菌体（10^{-2}稀释液）。

（2）培养基　液体培养基小试管、牛肉膏蛋白胨琼脂平板（2%琼脂，作底层平板用）、琼脂培养基试管（0.7%琼脂，作上层培养基用）。

（3）仪器及其他　记号笔、酒精灯、火柴、小试管、吸管、水浴箱、恒温培养箱等。

四、方法

（1）稀释噬菌体

1）将4支含0.9ml液体培养基的试管分别标写10^{-3}，10^{-4}，10^{-5}和10^{-6}。

2）用1ml无菌吸管吸0.1ml 10^{-2}大肠杆菌噬菌体注入10^{-3}的试管中，摇匀。

3）用另一支无菌吸管从10^{-3}管中吸0.1ml加入10^{-4}管中，混匀，依次类推，稀释至10^{-6}。

（2）噬菌体与菌液混合

1）取5支灭菌空试管分别标写10^{-4}，10^{-5}，10^{-6}，10^{-7}和对照。

2）用无菌吸管从10^{-3}噬菌体稀释管吸0.1ml加入10^{-4}空试管内，用另一支吸管从10^{-4}稀释管内吸0.1ml加入10^{-5}空试管内，依次类推，直至10^{-7}。

3）将大肠杆菌培养液摇匀，用吸管取菌液0.9ml加入对照试管内，再吸0.9ml加入10^{-7}试管，如此从最后一管加起，直至10^{-4}，各管均加0.9ml大肠杆菌培养液。

4）将以上试管旋摇混匀。

注意：混合后菌液保温时间不宜太长，否则因个别菌体裂解而释放噬菌体，影响效价确切性。

（3）混合液加入上层培养基内

1）将5管上层培养基熔化，标写10^{-4}，10^{-5}，10^{-6}，10^{-7}和对照，冷却至48℃，并放入48℃水浴箱内。

2）分别将4管混合液和对照管对号加入上层培养基试管内，每管加入混合液后，立即摇匀。

（4）接种的上层培养基倒入底层平板

1）将旋摇均匀的上层培养基迅速对号倒入底层平板，放在台面上摇匀，使上层培养基铺满平板。

2）凝固后，37℃培养。

注意：平板倒置培养，防冷凝水影响噬菌斑形成及计数；操作时注意管、皿应"对号入座"。

（5）观察　观察平板中噬菌斑，将每一稀释度的噬菌斑形成单位（pfu）记录于实验报告表格内，并选取30～300个pfu的平板计算每毫升未稀释的原液噬菌体效价。

噬菌体效价＝pfu× 稀释倍数 ×10。

五、结果

1．记录平板中每个稀释度的pfu于表8-1。

表8-1　每个稀释度的pfu

噬菌体稀释度	10^{-4}	10^{-5}	10^{-6}	10^{-7}	对照
pfu					

2．计算实验测得的噬菌体效价是多少？

8.4　溶源菌的检查和鉴定

一、目的

学习溶源菌的检查和鉴定方法。

二、原理

温和噬菌体（如λ噬菌体）在感染宿主细胞后，噬菌体基因组整合到宿主菌基因组内，随宿主菌增殖而复制，不使宿主细胞裂解。这种细菌染色体上整合有前噬菌体（原噬菌体）基因的细菌，称溶源菌。

溶源菌可自发裂解，释放温和噬菌体，但频率很低（10^{-2}～10^{-5}）。用物理方法（如紫外线和高温）和化学方法（如丝裂霉素C）可诱导大部分溶源菌裂解并释放温和噬菌体。

溶源性检查一般须有与待检溶源菌株相近的敏感菌株，将待检溶源菌株通过诱导处理，滴加氯仿（帮助噬菌体裂解细菌），再与敏感菌株混合，双层平板法检测待检菌株是否为溶源菌。

三、材料、仪器

（1）菌种　大肠杆菌（*Escherichia coli*）225（λ）和大肠杆菌226。

（2）培养基　LB培养基（固体、半固体、液体）（附录5-42）、1%蛋白胨培养基（附录5-18）。

（3）试剂　100mmol/L Tris-HCl（pH 7.6）缓冲液或生理盐水、0.3mg/ml丝裂霉素C、氯仿、0.2%柠檬酸钠等。

（4）仪器及其他　酒精棉球、酒精灯、接种环、锥形瓶、恒温培养箱、吸管、离心机、恒温水浴箱、滤膜滤菌器等。

四、方法

（1）溶源菌培养　取经LB斜面活化大肠杆菌225（λ）接种装有20ml LB培养液锥形瓶，37℃振荡培养16h，从中取2ml接种另一装有20ml LB培养液锥形瓶，37℃振荡培养2h至对数期。

（2）除游离噬菌体　为鉴别所观察噬菌斑是不是溶源菌表面吸附游离噬菌体，用0.2%柠檬酸钠清洗对数期溶源菌细胞，除去表面游离噬菌体。离心收集培养至对数期大肠杆菌225（λ）细胞，上清液测定噬菌体效价。再用灭菌0.2%柠檬酸钠清洗上述大肠杆菌细胞，离心收集上清液。对柠檬酸钠处理前后上清液进行噬菌体效价测定，记录结果。

（3）诱导溶源菌

1）丝裂霉素C处理。采用上述经2次活化的液体培养至对数中期菌悬液（10^7～10^9个/ml）20ml，加0.2ml丝裂霉素C，使其终浓度为3μg/ml；37℃振荡培养6h，3000r/min离心5min，弃上清液，加等量LB培养液，每隔一定时间取样测定噬菌体效价。

2）高温处理。采用上述经2次活化的液体培养至对数中期菌悬液，43℃水浴20min。诱导后菌悬液37℃振荡培养6h。

注意：水浴保温时不断摇动锥形瓶，温度不超过45℃，否则噬菌体失活。

（4）溶源菌检查　取诱导处理后菌悬液0.5ml，10倍稀释法适当稀释，平板菌落计数进行活菌数测定记录结果于表8-2中。

在上述两种方法诱导处理菌悬液中加入几滴氯仿，以10倍稀释法适当稀释。每个稀释度取0.3ml噬菌体悬液和0.2ml对数期敏感大肠杆菌226菌悬液混匀，加半固体LB培养基，用双层平板法37℃培养6h，观察噬菌斑，并记录pfu于表8-2中，测定噬菌体效价。

表 8-2 溶源菌检查结果

处理方法	处理条件	活细胞数 /ml	噬菌斑数 / (pfu/ml)	
			诱导组	对照组
丝裂霉素 C 处理				
高温				

五、结果

1. 记录柠檬酸钠处理前后噬菌体效价变化，溶源菌株表面是否有游离噬菌体存在?
2. 比较两种方法诱导后噬菌体增加倍数。

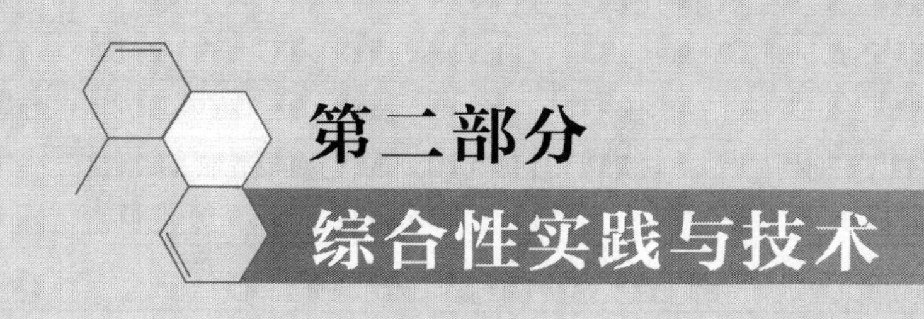

第九章　微生物诱变育种

9.1　微生物的分离与纯化

微生物纯种分离是微生物学实验技术重要的基本技能之一。从混杂微生物群体中获得单一菌株的纯培养方法称为分离。纯培养是指在实验条件下从一个单细胞繁殖得到的后代。

由于生产和科学研究需要，人们往往需要从自然界微生物群体中分离具有特殊功能的纯种微生物。尽管菌种不同，但分离、筛选及纯化菌种的步骤基本相似。大致分为采样、富集培养、纯种分离和性能测定 4 个步骤。采样需主要依据所要筛选的微生物功能及分布情况，综合分析采样地点。富集培养是指根据筛选菌种生理特性，加入某些特定物质，使所需微生物增殖，造成数量上优势，限制非目的微生物生长繁殖。纯种分离可用 10 倍稀释平板法、涂布法、划线法、单细胞法等。性能测定可分为初筛和复筛两步。

一、目的

1．了解微生物分离与纯化的基本技术。
2．掌握细菌、放线菌、酵母菌和霉菌分离方法。

二、原理

土壤是微生物生活的大本营，它所含微生物无论是数量还是种类都极其丰富，是发掘微生物资源的重要基地，可以从中分离、纯化得到许多有价值的菌株。

不同土样中各类微生物数量不同，一般土壤中细菌数量最多，其次为放线菌和霉菌。一般在较干燥、偏碱性、有机质丰富的土壤中放线菌数量较多；酵母菌在一般土壤中数量较少，而在水果表皮、葡萄园、果园土中数量多些。

为了分离并确保获得某种微生物的单菌落，首先要考虑制备不同稀释度的菌悬液。各类菌的稀释度因菌源、采集样品季节、气温等条件而异。其次，应考虑各类微生物的不同特性，避免样品中各类微生物相互干扰。细菌或放线菌在中性或微碱性环境较多，但细菌比放线菌生长快，分离放线菌时，一般在制备土壤稀释液时添加 10% 酚类或在分离培养基中添加相应的抗生素抑制细菌和霉菌（25～50μg/ml 链霉素抑制细菌；50μg/ml 制霉菌素或 30μg/ml 多菌灵抑制霉菌）。酵母菌和霉菌都喜酸性环境，一般酵母菌只能以糖类为碳源，但不能直接利用淀粉。酵母菌在pH5.0时生长极快，而细菌生长适宜酸碱度为pH7.0，所以分离酵母菌时只要选择好适宜培养基和pH，可降低细菌增殖率。霉菌生长慢，也不干扰酵母菌分离。若分离霉菌，需降低细菌增殖率，一般培养基临用前须添加灭过菌的乳酸或链霉素。为了防止菌丝蔓延干扰菌落计数，分离霉菌时常在培养基中加入化学抑制剂。

本实验将采用4种不同培养基从土壤中分离细菌、放线菌和霉菌，从白面曲（发面用的引子）或酒曲或果园土中分离酵母菌。要想获得某种微生物的纯培养，还需提供有利于该微生物生长繁殖的最适培养基及培养条件。四大类微生物的分离培养基、培养温度、培养时间见表9-1。

表9-1　四大类微生物分离和培养策略

样品来源	分离对象	分离方法	稀释度	培养基	培养温度	培养时间
土样	细菌	稀释	10^{-4}，10^{-5}，10^{-6}	牛肉膏蛋白胨培养基	30～37℃	1～2d
土样	放线菌	稀释	10^{-4}，10^{-5}，10^{-6}	高氏I号培养基	28℃	5～7d
土样	霉菌	稀释	10^{-4}，10^{-5}，10^{-6}	马丁培养基	28～30℃	5～7d
土样	酵母菌	稀释	10^{-4}，10^{-5}，10^{-6}	豆芽汁葡萄糖培养基	28～30℃	5～7d

三、材料、仪器

（1）样品　选定采土地点，铲去表层土5～10cm，取10cm深层土壤10g，装入灭菌牛皮纸袋内，封好袋口，并记录取样地点、环境及日期。土样采集后应及时分离，凡不能立即分离的样品，应保存在低温、干燥条件下，尽量减少其中菌种的变化。

从面曲中分离酵母菌，也可用酒曲等替代。

（2）培养基　牛肉膏蛋白胨培养基（附录5-1）、高氏I号培养基（附录5-2）、马丁培养基（附录5-5）、豆芽汁葡萄糖培养基（附录5-4）、察氏培养基（附录5-79）。

（3）试剂　10%酚类、链霉素、无菌水、4%水琼脂等。

（4）仪器及其他　培养皿、酒精灯、火柴、电子天平、称量纸、吸管、试管、带有玻璃珠锥形瓶、记号笔、玻璃涂棒、恒温培养箱、接种环、试管架、显微镜、香柏油、擦镜纸、擦镜液、玻璃管、镊子、喷灯、砂轮、烘箱、漏斗、棉花、小刀、血球计数板等。

四、方法

1. 稀释涂布平板法

（1）倒平板　将牛肉膏蛋白胨培养基、高氏I号培养基、马丁培养基、豆芽汁葡萄糖培养基加热熔化，待冷至55～60℃时，马丁培养中加入链霉素溶液（终浓度为30μg/ml），混均匀后分别倒平板，每种培养基倒3个平板。

（2）制备土壤稀释液　称取土样10g，放入盛90ml无菌水并带有玻璃珠的锥形瓶，振摇10～20min，使土样与水充分混合，将细胞分散。用一支1ml无菌吸管从中吸取 1ml 土壤悬液加入盛有 9ml 无菌水大试管中充分混匀，然后用另一支无菌吸管从此试管中吸取 1ml 加入另一盛 9ml 无菌水的试管中混合均匀，以此类推，稀释成 10^{-1}、10^{-2}、10^{-3}、10^{-4}、10^{-5}、10^{-6} 不同稀释度的土壤溶液（见图 9-1A）。

（3）涂布　将上述每种培养基 3 个平板底面分别用记号笔写上 3 种菌名称和相应的三个稀释度：细菌 10^{-4}、细菌 10^{-5}、细菌 10^{-6}；放线菌 10^{-4}、放线菌 10^{-5}、放线菌 10^{-6}；霉菌 10^{-4}、霉菌 10^{-5}、霉菌 10^{-6}；酵母菌 10^{-4}、酵母菌 10^{-5}、酵母菌 10^{-6}。然后用无菌吸管分别吸取稀释液（小到大）0.1ml 对号放入已写好稀释度的平板中央，用无菌玻璃涂棒在培养基表面轻轻地涂布均匀，室温下静置 5～10min，使菌液吸附培养基（见图 9-1B）。

（4）培养　将高氏 I 号培养基平板、马丁培养基、豆芽汁葡萄糖培养基平板 28℃恒温培养 5～7d，牛肉膏蛋白胨平板 37℃恒温培养 1～2d。

（5）转种　分别挑取少许培养长出的单菌落接种到上述 4 种培养基的斜面（见图 9-1C），分别于 28℃和 37℃恒温培养，待菌苔长出后，检查其特征是否一致。同时将细胞涂片染色后用显微镜检查是否为单一微生物。若发现有杂菌，需再一次进行分离、纯化，直到获得纯培养。

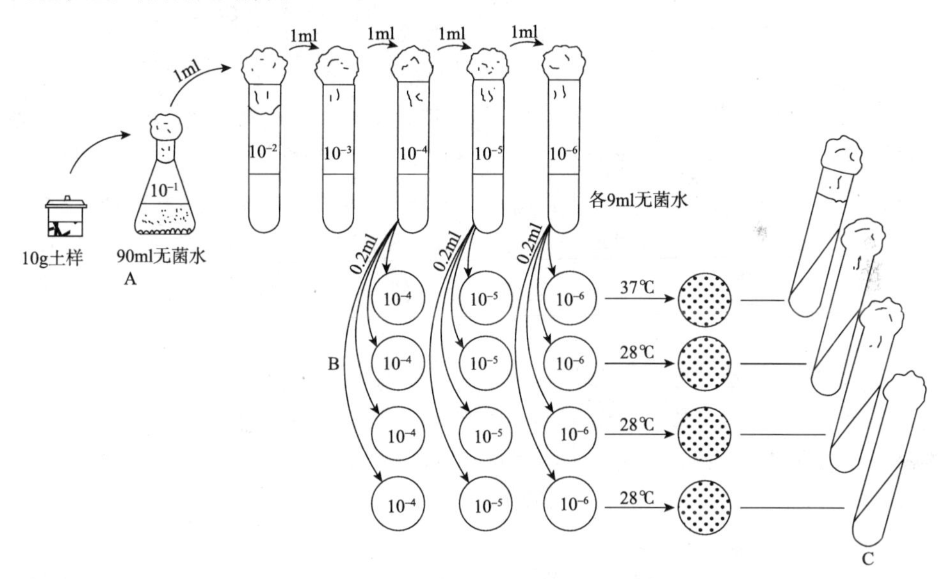

图 9-1　土壤微生物分离操作过程

A. 制备土壤稀释液；B. 分离培养；C. 转种

2．平板划线法

（1）倒平板　按稀释涂布平板法倒平板，用记号笔标明培养基名称、土样编号和实验日期。

（2）划线　在近火焰处，左手拿皿底，右手拿接种环，挑取上述 10^{-1} 稀释度土壤悬液一环在平板上划线。划线方法很多，但无论采用哪种方法，其目的都是通过划线将样品在平板上进行稀释，使之形成单菌落。

（3）挑菌落　同稀释涂布平板法，直到分离微生物为纯种为止。

3．简易单孢子分离

（1）*厚壁磨口毛细滴管制备*　截取一段玻璃管，在火焰上烧红所要拉细的区域，然后用镊子夹住其尖端，在火焰上拉成很细的毛细管。从尖端适当部位割断，用砂轮或砂纸仔细湿磨，使管口平整、光滑（毛细滴管要求达到点样时出液均匀、快速，使每微升孢子悬液约点50微滴，每滴大小略小于低倍镜的视野）。

（2）*准备分离小室*　取无菌培养皿（直径9cm）倒入约10ml 4%水琼脂作保湿剂。在皿盖上用记号笔（最好用红色）画方格。待凝后倒置于60℃烘箱烘1h，使皿盖干燥。

（3）*萌发孢子悬液制备*

1）孢子悬液制备。用接种环挑取米曲霉孢子数环接入盛有10ml察氏培养基及玻璃珠的无菌锥形瓶，振荡5～10min，使孢子充分散开。

2）过滤。用无菌漏斗（塞棉花）或自制过滤装置将上述充分散开的孢子液过滤，收集过滤液。

3）孢子萌发。将孢子过滤液用血球计数板测定孢子浓度，再用察氏培养基调整孢子液至孢子浓度（0.5～1.5）$\times 10^6$个/ml，28℃恒温培养8h。

4）点样。用无菌厚壁磨口毛细滴管吸取萌发孢子液少许，快速轻巧地点在培养皿内壁方格内，每微滴面积略小于显微镜低倍镜视野，依次在每方格点上萌发的孢子液，成为分离小室。最后将皿盖小心快速翻过来，盖在原来平板上。

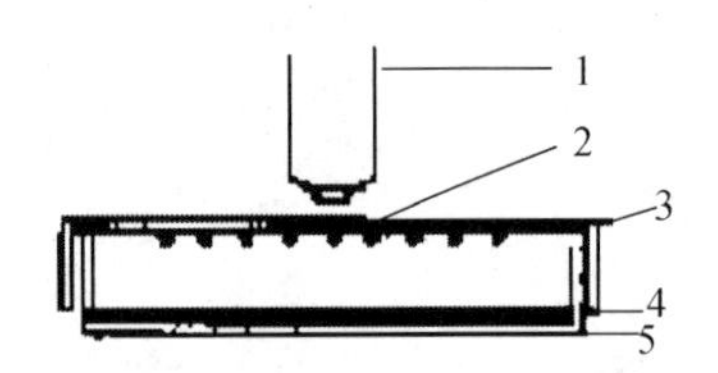

图9-2　单孢子分离室

1. 物镜；2. 孢子液；3. 皿盖；4. 水琼脂；5. 皿底

5）镜检。按图9-2所示，将点样分离小室平板放在显微镜镜台上，用低倍镜逐个检查皿盖内壁上微滴。如果观察到某微滴内只有一个萌发孢子时用记号笔在皿盖上做上记号。

6）加薄片培养基。取少量察氏培养基倒入无菌培养皿（培养皿先置45℃预热）中制成薄层平板，待其凝固后用无菌小刀片将平板琼脂切成若干小片（其面积应小于培养皿盖上所画小方格面积），然后挑一小片放在做好记号的单孢子微滴上，其他依次进行，最后盖好皿盖。

7）培养。将分离小室平板28℃恒温培养24h，直到单孢子形成微菌落。

8）转种。用无菌小刀小心地挑取长有微菌落的琼脂薄片移至新鲜察氏培养基斜面或液体培养基，28℃培养4～7d，即可获得单孢子发育而成的纯培养。

五、结果

在4种不同的平板上你分离得到哪些类群的微生物？简述它们的菌落特征。

9.2　生长曲线绘制

繁殖是微生物在内外环境因素相互作用下的综合反映，大多数微生物的繁殖速率很快，如在合适的条件下，一定时期的大肠杆菌细胞每 20min 分裂一次。将一定量微生物转入新鲜液体培养基中，合适条件下培养，细胞生长繁殖将经历延滞期、对数期、稳定期、衰亡期 4 个阶段。以培养时间为横坐标，以菌体生长速率或菌体数的对数为纵坐标所绘制的曲线称为该种微生物生长曲线。不同微生物在相同培养条件下其生长曲线不同，同样微生物在不同培养条件下所绘制的生长曲线也不相同。通过测定培养过程中微生物数量的变化绘制微生物生长曲线，从而掌握单细胞微生物生长规律，对研究微生物的各种生理、生化和遗传等问题具有重要意义。

9.2.1　大肠杆菌生长曲线绘制

一、目的

1. 通过大肠杆菌生长曲线的绘制，了解微生物在一定条件下生长、繁殖规律。
2. 掌握光电比浊法绘制生长曲线。

二、原理

以培养时间为横坐标，以大肠杆菌数目的对数或生长速率为纵坐标绘制的曲线为大肠杆菌的生长曲线。本实验用光电比浊法测定不同培养时间大肠杆菌悬浮液吸光度，绘制生长曲线。根据不同的需要，绘制细菌生长曲线，对了解其生长繁殖规律，有效地利用和控制细菌生长具有重要意义。

三、材料、仪器

（1）菌种　大肠杆菌（*Escherichia coli*），活化 2 次。

（2）培养基　牛肉膏蛋白胨培养基（附录 5-1）。

（3）仪器及其他　酒精灯、火柴、接种环、试管架、锥形瓶、棉塞、水浴振荡摇床、722 型分光光度计、记号笔、吸管、冰箱等。

四、方法

（1）菌种培养　将大肠杆菌接种到牛肉膏蛋白胨培养液中，37℃振荡培养 12h 备用。

（2）722 型分光光度计预热　将 722 型分光光度计波长调到 600nm，开机预热 20min。

（3）分光光度计校正　以未接种的牛肉膏蛋白胨培养液校正分光光度计的零点（以后每次测定都要重新校正分光光度计零点）。

（4）标记　取盛有 150ml 牛肉膏蛋白胨培养液的 500ml 锥形瓶 11 个，用记号笔分别标明培养时间，即 0h、1.5h、3h、4h、6h、8h、10h、12h、14h、16h 和 20h。

（5）接种　用无菌吸管向各瓶中加入 12h 大肠杆菌培养液 10ml，37℃下振荡培养。

（6）培养　将已接种的锥形瓶置摇床 37℃振荡培养（振荡频率 150～170r/min），

分别培养 0h、1.5h、3h、4h、6h、8h、10h、12h、14h、16h 和 20h，将标有相应时间的锥形瓶取出，测定其吸光度。

（7）测定　用未接种的牛肉膏蛋白胨液体培养基作空白对照，600nm 波长进行光电比浊测定。根据培养时间，由短到长依次测定，对细胞密度大的培养液用牛肉膏蛋白胨液体培养基适当稀释后测定，使其吸光度在 0.1～1.0 之内（测定吸光度前，振荡待测定的培养液，使细胞均匀分布）。

五、结果

1. 将测定的 600nm 处吸光度填入表 9-2。

表 9-2　600nm 波长进行光电比浊测定结果

培养时间 /h	对照	0	1.5	3	4	6	8	10	12	14	16	20
A_{600nm}												

2. 绘制大肠杆菌的生长曲线。

9.2.2　酿酒酵母生长曲线绘制

一、目的

掌握用平板菌落计数法绘制微生物生长曲线。

二、原理

同实验 4.3 平板菌落计数。

三、材料、仪器

（1）菌种　酿酒酵母（*Saccharomyces cerevisiae*），培养 10～12h。

（2）培养基　液体和固体麦芽汁培养基（附录 5-9）。

（3）仪器及其他　试管、试管架、记号笔、酒精灯、火柴、酒精棉球、吸管、锥形瓶、振荡摇床、培养皿、玻璃涂棒等。

四、方法

（1）编号　取 11 个盛有 50ml 液体培养基的 250ml 锥形瓶，用记号笔分别标明培养时间，即 0h、1.5h、3h、4h、6h、8h、10h、12h、14h、16h 和 20h。

（2）接种　用吸管吸取 2.5ml 酿酒酵母培养液接入上述锥形瓶。

（3）培养　将接种后的锥形瓶于 30℃振荡培养（振荡频率 150～170r/min），分别培养 0h、1.5h、3h、4h、6h、8h、10h、12h、14h、16h 和 20h，将标有相应时间锥形瓶取出，用平板菌落计数法测每个锥形瓶中菌数，即可得知不同时间酿酒酵母生长情况。

（4）绘制曲线　以同一培养时间不同稀释度菌数对数值为纵坐标，培养时间为横坐标，绘制酿酒酵母生长曲线。

五、结果

1．将测定菌数填入表 9-3。

表 9-3　同一培养时间不同稀释度菌数测定结果

培养时间 /h	0	1.5	3	4	6	8	10	12	14	16	20
菌数											

2．绘制酿酒酵母生长曲线。

9.2.3　丝状真菌生长曲线绘制

一、目的

学习重量法绘制微生物生长曲线原理和方法。

二、原理

从微生物的培养物中收集的菌体称为湿重，经一定温度烘干后，称为干重。

三、材料、仪器

（1）菌种　桔青霉（*Penicillium citrinum*）。

（2）培养基　马铃薯葡萄糖液体培养基（附录 5-3）。

（3）仪器及其他　分析天平、定量滤纸、烘干箱、锥形瓶、记号笔、吸管、振荡摇床等。

四、方法

（1）编号　取 10 个盛有 50ml 土豆培养基 250ml 锥形瓶，用记号笔分别标明培养时间，即 0d、1d、2d、3d、3.5d、4d、4.5d、5d、5.5d 和 6d。

（2）接种　取 10 支培养好的桔青霉斜面，用 5ml 无菌水洗下桔青霉的孢子，合并孢子液，振荡混匀，用 9 支吸管吸取 5ml 孢子液接入上述锥形瓶。

（3）培养　将接种后的锥形瓶于 28℃振荡培养，分别培养 0d、1d、2d、3d、3.5d、4d、4.5d、5d、5.5d 和 6d，将标有相应时间锥形瓶取出，待测。

（4）生长量测定　取定量滤纸 1 张，称滤纸质量（*a*）。取 1 张滤纸，将桔青霉培养物过滤，收集菌体，沥干后记录质量（*b*），然后置 80℃烘干箱烘干至恒重，记录质量（*c*）。以菌体的湿重或干重为纵坐标，培养时间为横坐标，绘制菌体生长曲线。

五、结果

1. 将不同培养时间桔青霉培养物测定结果填入表 9-4，并计算菌体干重。

表 9-4 不同培养时间桔青霉培养物测定结果 （单位：g）

培养时间	*a*	*b*	*c*	菌体湿重	菌体干重
0d					
1d					
2d					
3d					
3.5d					
4d					
4.5d					
5d					
5.5d					
6d					

注：菌体湿重＝$b-a$；菌体干重＝$c-a$。

2. 绘制桔青霉菌生长曲线。

9.2.4 核酸测定法绘制生长曲线

一、目的

学习核酸测定法绘制微生物生长曲线原理和方法。

二、原理

核酸是微生物生活所必需的细胞成分，细菌生活所必需全部遗传信息都贮存于其中。而每个细胞 DNA 含量相对恒定，平均为 8.4×10^{-5}ng。同时，由于核酸分子所含的碱基有共轭双键，具有吸收紫外线性质。核酸紫外线最大吸收波长在 260nm，而蛋白质最大吸收波长在 280nm。利用这一特性可鉴别核酸样品中蛋白质杂质，对核酸进行定性、定量分析。因此我们可以从一定体积微生物细胞悬液中提取 DNA，通过测定样品在 260nm 和 280nm 的紫外线吸收而求得 DNA 含量，再计算相应细胞总量。

三、材料、仪器

（1）菌种　地衣芽孢杆菌（*Bacillus licheniformis*）749/C 菌株，其他遗传标记为红霉素抗性（Ery^r）、氨苄青霉素抗性（Amp^r）培养 10～12h。

（2）培养基　肉汤培养基（附录 5-1）。

（3）试剂　TE 缓冲液（附录 3-13）、重蒸酚液（附录 3-16）、10%SDS（附录 3-14）、20×SSC 溶液（附录 3-15）、1μg/ml 红霉素、10μg/ml 氨苄青霉素、2mg/ml 溶菌酶、2mg/ml RNase、2mg/ml 蛋白酶 K、95% 乙醇等。

（4）仪器及其他　锥形瓶、马克笔、移液管、玻璃棒、分析天平、定量滤纸、烘干箱等。

四、方法

（1）标记　取11个锥形瓶，分别标明培养时间0h、1.5h、3h、4h、6h、8h、10h、12h、14h、16h和20h，并向瓶中加入45ml肉汤培养基。

（2）接种　吸取5ml地衣芽孢杆菌转入上述锥形瓶中。为抑制杂菌获得纯培养物，在上述培养液中加入终浓度为1μg/ml红霉素和10μg/ml氨苄青霉素。

（3）培养　将锥形瓶恒温振荡培养，分别培养时间0h、1.5h、3h、4h、6h、8h、10h、12h、14h、16h和20h，将标明相应时间的锥形瓶取出，冰箱中贮存，待测。

（4）生长量测定　以20h培养物为例说明核酸测定法测定生长量方法。

1）6000r/min离心10min收集菌体，用TE缓冲液清洗细胞1次。将菌体充分悬浮于4ml TE缓冲液。

2）加入0.1ml浓度为2mg/ml的溶菌酶（终浓度为50μg/ml），37保温30min。

3）加入0.1ml浓度为2mg/ml RNase（RNase事先在80℃加热10min，使其中可能混杂的DNase失活）。

4）加入0.5ml 10%SDS溶液，加0.1ml浓度为2mg/ml的蛋白酶K（终浓度为100μg/ml），37℃保温30min或更长时间，直到混浊溶液澄清为止。

5）加入0.5ml重蒸酚，轻摇动2～5min，使其混合。5000r/min离心10min，取水相移入透析袋。用100倍体积0.1×SSC溶液透析1次，4℃过夜。再用1×SSC溶液透析3次。

6）将透析后DNA样品置于烧杯，加2.5倍体积95%冰冷乙醇，用玻璃棒慢慢搅动，把DNA沉淀在棒上。把棒上DNA溶于1×SSC溶液中直到饱和。如果在SSC溶液中有少量DNA不能完全溶解，置于4℃冰箱过夜，使其溶解。如此制备的DNA样品可直接用于细菌转化实验。

7）用分光光度计测DNA纯度与浓度。A_{260nm}/A_{280nm}应接近2，如比值小于1.8，说明样品不纯，蛋白质未除净，需用重蒸酚再次处理。将不同培养物均按上述步骤进行生物量测定，并记录测定结果。

（5）绘制生长曲线　以260nm处吸光度为纵坐标，以培养时间为横坐标，绘制地衣芽孢杆菌生长曲线。

五、结果

1．数据记录于表9-5。

表9-5　260nm处吸光度测量结果

培养时间/h	对照	0	1.5	3	4	6	8	10	12	14	16	20
A_{260nm}												

DNA 浓度计算：以 260nm 处的 1 吸光度相当于 50μg DNA 计算。

2．绘制地衣芽孢杆菌生长曲线。

六、问题

核酸测定法绘制生长曲线有哪些注意事项?

9.3 理化因素诱变效应

一、目的

1．通过实验观察紫外线和亚硝基胍等理化因素对枯草芽孢杆菌的诱变效应。

2．学习转座因子所引起的插入突变和体外诱变的基本原理。

二、原理

基因突变可分为自发突变和诱发突变。许多物理因素，化学因素和生物因素对微生物都有诱变作用，这些能使突变率提高到自发突变水平以上的因素称为诱变剂。

紫外线（UV）是一种最常用的物理诱变因素，主要作用是使 DNA 双链之间或同一条链上两个相邻胸腺嘧啶形成二聚体，阻碍双链分开、复制和碱基正常配对，从而引起突变。紫外线照射引起 DNA 损伤，可由光复活酶的作用进行修复，使胸腺嘧啶二聚体解开恢复原状。因此，为了避免光复活，用紫外线照射处理时以及处理后的操作应在红光下进行，并且将照射处理后的微生物放在暗处培养。

亚硝基胍（1- 甲基 -3- 硝基 -1- 亚硝基胍，NTG）是一种有效的化学诱变剂，在低致死率情况下也有很强的诱变作用。它的作用是引起 DNA 链中 GC 向 AT 转换。亚硝基胍也是一种致癌因子，在操作中要特别小心，切勿与皮肤直接接触。凡盛有亚硝基胍的器皿，都要用 1mol/L NaOH 溶液浸泡，使残余亚硝基胍分解破坏。

本实验分别以紫外线和亚硝基胍作为单因子诱变剂处理产生淀粉酶的枯草芽孢杆菌，根据实验菌诱变后在淀粉培养基上形成透明圈直径的大小来指示诱变效应。一般来说，透明圈越大，淀粉酶活性越强。

三、材料、仪器

（1）菌株　　枯草芽孢杆菌（*Bacillus Subtilis*），斜面培养 2d。

（2）培养基　　淀粉培养基（附录 5-11）、LB 液体培养基（附录 5-42）。

（3）试剂　　无菌生理盐水、无菌水、碘液、亚硝基胍、1mol/L NaOH 等。

（4）仪器及其他　　酒精灯、火柴、接种环、试管架、试管、振荡混合器、台式离心机、吸管、血球计数板、显微镜、微波炉、培养皿、大头针、磁力搅拌器、紫外灯（15W）、玻璃涂棒、红灯、黑布或纸、恒温培养箱、计数器等。

四、方法

1. 紫外线对枯草芽孢杆菌的诱变效应

（1）菌悬液制备

1）取培养2d生长丰满的枯草芽孢杆菌斜面4～5支，用10ml左右的无菌生理盐水将菌苔洗下，倒入1支无菌大试管。将试管在振荡混合器上振荡30s，以分散菌块。

2）将上述菌液3000r/min离心10min，弃去上清液。用无菌生理盐水将菌体清洗2～3次，制成菌悬液。

3）用显微镜直接计数法计数，调整细胞浓度为10^8个/ml。

（2）平板制作　将淀粉培养基熔化，倒平板27套，凝固后待用。

（3）紫外线处理

1）预热紫外灯。将紫外线开关打开预热约20min。

2）加菌液。取直径6cm无菌培养皿2套，分别加入上述调整好细胞浓度的菌悬液3ml，并放入一根无菌搅拌棒或大头针。

3）照射。将上述2套培养皿先后置于磁力搅拌器，打开皿盖，在距离为30cm，功率为15W紫外灯下分别搅拌照射1min和3min。盖上皿盖，关闭紫外灯。

注意：照射计时从开盖起，加盖止。先开磁力搅拌器开关，再开盖照射，使菌悬液中的细胞均匀接受照射。操作者应戴上玻璃眼镜，以防紫外线损伤眼睛。

（4）稀释　用10倍稀释法把经过照射的菌悬液在无菌水中稀释成10^{-1}～10^{-6}。

（5）涂平板　取10^{-4}、10^{-5}和10^{-6} 3个稀释度涂平板，每个稀释度涂3套平板，每套平板加稀释菌液0.1ml，用无菌玻璃涂棒均匀地涂满整个平板表面。以同样的操作，取未经紫外线处理菌液稀释涂平板作为对照。

注意：从紫外线照射处理开始，直到涂布完平板的几个操作步骤都需在红灯下进行。

（6）培养　将上述涂匀的平板，用黑布或纸包好，37℃恒温培养2d。

注意：每个平板背面要事先标明处理时间和稀释度。

（7）计数　将培养好的平板取出进行细菌计数。根据对照平板上活菌数（cfu），计算出每毫升菌液的cfu。同样计算出紫外线处理1min和3min后cfu及存活率、致死率。

存活率（%）＝（处理后每毫升cfu/对照每毫升cfu）×100%，

致死率（%）＝[（对照每毫升cfu－处理后每毫升cfu）/对照每毫升cfu]×100%。

（8）观察诱变效应　选cfu在5～6个的平板观察诱变效应。分别向平板内加碘液数滴，在菌落周围将出现透明圈。分别测量透明圈直径与菌落直径并计算其比值（HC比值），与对照平板相比较，说明诱变效应，并选取HC比值大的菌落移接到试管斜面上培养。此斜面可作复筛用。

2. 亚硝基胍对枯草芽孢杆菌的诱变效应

（1）菌悬液制备

1）将实验斜面菌种挑取一环接种到含5ml淀粉培养液试管，37℃振荡培养过夜。

2）取 0.25ml 过夜培养液至另一支含 5ml 淀粉培养液试管，37℃振荡培养 6～7h。

（2）平板制作　将淀粉琼脂培养基熔化，倒平板 10 套，凝固后待用。

（3）涂平板　取 0.2ml 上述菌液加到一套淀粉培养基平板，用无菌玻璃涂棒将菌液均匀地涂满整个平板表面。

（4）诱变

1）在上述平板稍靠边的一个位置上放少许亚硝基胍结晶，然后将平板于 37℃恒温培养 24h。

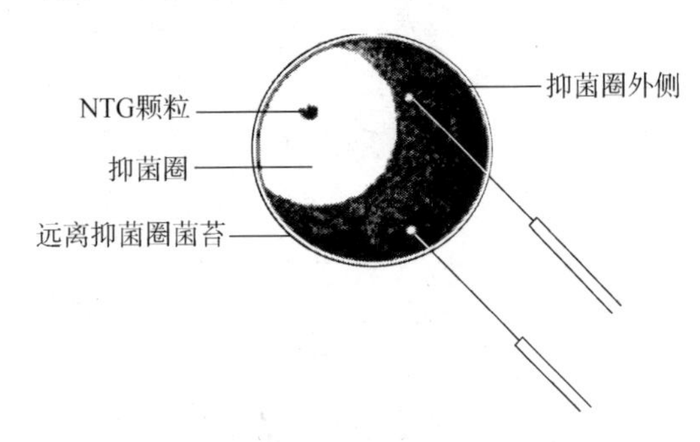

图 9-3　亚硝基胍平板诱变

2）放亚硝基胍的位置周围将出现抑菌圈（见图 9-3）。

（5）增殖培养

1）挑取紧靠抑菌圈外侧的少许菌苔到盛有 20ml LB 液体培养基锥形瓶，摇匀，制成处理后菌悬液，同时挑取远离抑菌圈的少许菌苔到另一盛有 20ml LB 液体培养基锥形瓶，摇匀，制成对照菌悬液。

2）将上述 2 只锥形瓶 37℃振荡培养过夜。

（6）涂布平板　取培养过夜的处理后菌悬液 0.1ml 涂布淀粉培养基平板 6 套，对照菌悬液 1ml 涂布 3 套平板。涂布后的平板，37℃恒温培养 2d。

注意：将处理和对照平板做好标记。

（7）观察诱变效应　分别向 cfu 在 5～6 个的平板内加碘液数滴，在菌落周围将出现透明圈。分别测量透明圈直径与菌落直径并计算其比值（HC 比值）。与对照平板相比较，说明诱变效应，并选取 HC 比值大菌落移接到试管斜面上培养。此斜面可作复筛用。

注意：凡盛有亚硝基胍的器皿，都要置于通风处用 1mol/L NaOH 溶液浸泡，使残余的亚硝基胍分解破坏，然后清洗。

五、结果

观察诱变效应，记录紫外线和亚硝基胍诱变结果。

六、问题

1．亚硝基胍是一种有效的诱变剂，其作机理和注意事项有哪些？

2．紫外线诱变作用的原理及其在照射中及照射后应注意哪些问题？

第十章　环境因素对微生物生长影响

10.1　温度对微生物生长和代谢的影响

一、目的

1. 了解温度对不同类型微生物生长的影响。
2. 区别微生物的最适生长温度与发酵（或代谢）温度。

二、原理

温度影响蛋白质、核酸等生物大分子结构与功能以及细胞结构，如改变细胞膜流动性及完整性来影响微生物的生长、繁殖和新陈代谢。环境温度过高会导致蛋白质或核酸变性失活，而温度过低会使酶活力受到抑制，细胞的新陈代谢活动减弱。每种微生物只能在一定温度范围内生长，低温微生物最高生长温度不超过20℃，中温微生物最高生长温度低于45℃，而高温微生物能在45℃以上的温度条件下正常生长，某些极端高温微生物甚至能在100℃以上的温度条件下生长。微生物群体生长、繁殖最快温度为其最适生长温度，但它并不等于其发酵最适温度，也不等于积累某一代谢产物的最适温度。粘质沙雷氏菌能产生红色或紫红色色素，菌落表面颜色随着色素量增加呈现出由橙黄到深红色逐渐加深的变化趋势，而酿酒酵母可发酵产气。本实验通过在不同温度条件下培养不同类型微生物，了解微生物最适生长温度与最适代谢温度及最适发酵温度的差别。

三、材料、仪器

（1）菌种　大肠杆菌（*Escherichia coli*）、嗜热脂肪芽孢杆菌（*Bacillus stearothermophilus*）、萨伏斯达诺氏假单胞菌（*Pseudomonas savastanoi*）、粘质沙雷氏菌（*Serratia marcescens*），分别斜面培养24h；酿酒酵母（*Saccharomyces cerevisiae*），斜面培养36～48h。

（2）培养基　牛肉膏蛋白胨培养基（附录5-1）、葡萄糖牛肉膏蛋白胨培养基（附录5-45）。

（3）仪器及其他　酒精灯、火柴、培养皿、记号笔、接种环、试管架、恒温培养箱、冰箱等。

四、方法

1）将牛肉膏蛋白胨琼脂培养基熔化倒平板。

注意：倒平板时适当增加培养基量，使凝固后的培养基厚度为一般培养基厚度的1.5～2倍，避免在高温（60℃）条件下培养微生物时培养基干裂。

2）取8套牛肉膏蛋白胨琼脂平板，在皿底用记号笔划分为4区，分别标上大肠杆菌、嗜热脂肪芽孢杆菌、萨伏斯达诺氏假单胞菌及粘质沙雷氏菌。

3）在上述平板各个区域分别无菌操作划线接种相应4种菌，各取2套平板分别在4℃、20℃、37℃及60℃条件下恒温培养24～48h，观察细菌的生长状况以及粘质沙雷氏菌产色素量情况。

4）在4支装有蛋白胨葡萄糖发酵培养基及杜氏发酵管的试管中接入酿酒酵母，分别在4℃、20℃、37℃、60℃条件下恒温培养24～48h，观察酿酒酵母生长状况以及发酵产气量。

五、结果

比较上述5种微生物在不同温度条件下的生长状况以及粘质沙雷氏菌产色素和酿酒酵母产气量多少（“－”、“＋”、“＋＋”、“＋＋＋”表示），结果填入表10-1。

表10-1 温度对5种微生物生长和代谢的影响

温度/℃	大肠杆菌	嗜热脂肪芽孢杆菌	萨斯伏达诺氏假单胞菌	粘质沙雷氏菌		酿酒酵母	
				生长状况	产色素量	生长状况	产气量
4							
20							
37							
60							

注：“－”表示不生长，“＋”表示生长较差，“＋＋”表示生长一般，“＋＋＋”表示生长良好。

10.2 pH对微生物生长的影响

一、目的

了解pH对微生物生长的影响，确定微生物生长所需最适pH条件。

二、原理

pH对微生物生命活动的影响主要表现在以下几方面：①使蛋白质、核酸等生物大分子所带电荷发生变化，从而影响其生物活性；②引起细胞膜电荷变化，导致微生物细胞吸收营养物质能力改变；③改变环境中营养物质的利用性及有害物质的毒性。不同微生物对pH条件要求各不相同，它们只能在一定pH范围内生长，pH范围有宽、有窄，而其生长最适pH常限于较窄的范围。对pH条件的不同要求在一定程度上反映出微生物对环境的适应能力，如肠道细菌能在一个较宽的pH范围生长，这与其生长的自然环境条件——消化系统是相适应的，而血液寄生微生物仅能在较窄的pH范围内生长，因为循环系统pH一般恒定在7.3。

尽管一些微生物能在极端pH条件下生长，但就大多数微生物而言，细菌一般在pH4.0～9.0范围内生长，生长最适pH一般为6.5～7.5，真菌一般在偏酸环境中生长，生长最适pH一般为4.0～6.0。在实验室条件下，常将培养基pH调至接近中性，而微生物在生长过程中常由于糖降解产酸及蛋白质降解产碱而使环境 pH 发生变化，从而会影响微生物生长。因此，常在培养基中加入缓冲系统，如 K_2HPO_4/KH_2PO_4 缓冲系统。大多数培养基富含氨基酸、肽及蛋白质，这些物质可作为天然缓冲系统。

在实验室条件下，可根据不同类型微生物对 pH 要求的差异来选择性地分离某种微生物，例如，在 pH10～12 的高盐培养基上可分离到嗜盐嗜碱细菌；分离真菌则一般用酸性培养基等。

三、材料、仪器

（1）菌种　粪产碱菌（*Alcaligenes faecalis*）、大肠杆菌（*Escherichia coli*），牛肉膏蛋白胨液体培养基培养 12～24h；酿酒酵母（*Saccharomyces cerevisiae*），豆芽汁葡萄糖培养基培养 24h。

（2）培养基　LB 培养基（附录 5-42），用 1mol/L NaOH 和 1mol/L HCl 调 pH 分别为 3.0、5.0、7.0、9.0。

（3）试剂　无菌生理盐水。

（4）仪器及其他　酒精棉球、酒精灯、火柴、记号笔、吸管、锥形瓶、恒温培养箱、722 型分光光度计、洗瓶、清洗缸等。

四、方法

（1）接种　无菌操作吸取实验细菌液体培养物 3ml，接种于内盛 100ml 不同 pH 的 LB 培养基锥形瓶（250ml）。

（2）培养　将接种大肠杆菌和粪产碱菌的锥形瓶 37℃恒温培养 24～48h；将接种酿酒酵母的锥形瓶于 28℃恒温培养 12～24h。将上述锥形瓶取出，利用 722 型分光光度计测定培养物 600nm 处吸光度。

五、结果

将测定结果填入表 10-2，说明 3 种微生物各自的生长 pH 范围及最适 pH。

表 10-2　3 种微生物在 600nm 处吸光度测量结果

名称	A_{600nm}			
	pH3.0	pH5.0	pH7.0	pH9.0
大肠杆菌				
粪产碱杆菌				
酿酒酵母				

10.3　种龄对微生物生长的影响

一、目的

了解种龄对微生物生长的影响。

二、原理

种龄即“种子”的群体生长年龄，也即它处在生长曲线的哪个阶段。由于微生物培养时，在不同生长时期，菌体的生长情况会发生很大变化，如在延滞期，菌体生长速率常数等于零，细胞内合成代谢活跃，对外界不良反应敏感。而在对数期，细胞进行平衡生长，菌体各种成分均匀，酶系活跃，代谢旺盛。到了稳定期，生长速率常数又回到零，细胞开始贮存糖原、异染颗粒和脂肪等贮藏物，芽孢杆菌通常形成芽孢，有些微生物开始形成次级代谢产物。在衰亡期，随着外界环境中营养物质的消耗殆尽，细胞内的分解代谢超过合成代谢，引起细胞死亡。因此，选择适宜的种龄进行接种对微生物培养非常重要。

三、材料、仪器

（1）菌种　大肠杆菌（*Escherichia coli*）。

（2）培养基　肉汤培养基（附录 5-1）。

（3）仪器及其他　锥形瓶、接种环、恒温培养箱等。

四、方法

1）向 20ml 肉汤培养基接入 1 环大肠杆菌斜面培养物，37℃振荡培养。

2）根据大肠杆菌生长曲线，分别于延滞期、对数期、稳定期和衰亡期摇瓶中取培养物 1ml 接入另一 20ml 肉汤培养基中，37℃振荡培养。

3）对每瓶转接培养物分别以吸光度绘制生长曲线。

五、结果

绘制不同种龄接种后大肠杆菌生长曲线。

10.4　氧对微生物生长的影响

一、目的

了解氧对微生物生长的影响及其实验方法。

二、原理

各种微生物对氧需求是不同的，反映出不同种类微生物细胞内生物氧化酶系的差别。根据微生物对氧的需求及耐受能力不同，将其分为 5 类。

好氧菌：必须在有氧条件下生长，在高能分子如葡萄糖氧化降解过程中需要氧作为氢受体。

兼性厌氧菌：有氧及无氧条件下均能生长，有氧状态下以氧作为氢受体，在无氧条件下以 NO_3^- 或 SO_4^{2-} 作为最终氢受体。

专性厌氧菌：必须在完全无氧条件下生长繁殖，由于细胞内缺少超氧化物歧化酶和过氧化氢酶，氧的存在常导致超氧化物及氧自由基（O_2^-）产生，对微生物具有致死作用。

耐氧厌氧菌：有氧及无氧条件下均能生长，与兼性厌氧菌不同之处在于耐氧厌氧菌虽然不以氧作为最终氢受体，但由于具有超氧化物歧化酶或过氧化氢酶，在有氧的条件下也能生存。

微好氧菌：生长需要少量的氧（氧分压0.01～0.03Pa，正常大气中氧分压为0.2Pa），过量的氧常导致这类微生物死亡。

本实验采用深层琼脂法测定氧对不同类型微生物生长的影响，在葡萄糖牛肉膏蛋白胨深层琼脂培养基试管中接入各类微生物，在适宜条件下，观察其生长状况，根据微生物在试管中的生长部位，判断各类微生物对氧的需求及耐受能力（见图10-1）。

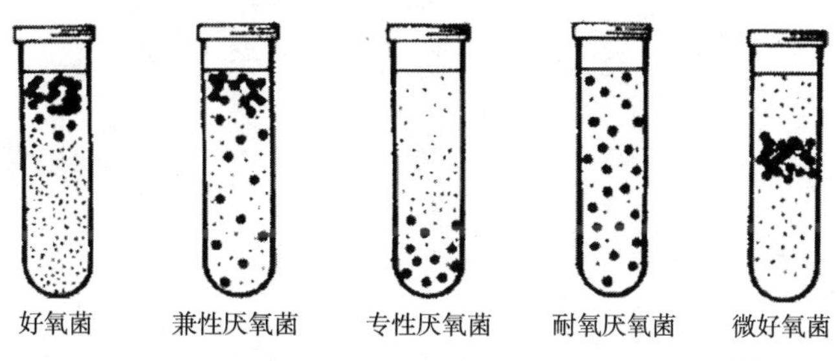

图10-1　不同类型微生物在深层琼脂培养基中的生长状况示意

三、材料、仪器

（1）菌种　干瘪棒杆菌（*Corynebacterium xerosis*）、保加利亚乳杆菌（*Lactobacillus bulgaricus*）、丁酸梭菌（*Clostridium butyricum*），斜面培养24h；酿酒酵母（*Saccharomyces cerevisiae*）、黑曲霉（*Aspergillus niger*），斜面培养2d。

（2）培养基　葡萄糖牛肉膏蛋白胨固体培养基（附录5-45）。

（3）试剂　无菌生理盐水。

（4）仪器及其他　吸管、试管、水浴锅、记号笔、冰块、恒温培养箱等。

四、方法

（1）菌悬液制备　在各类菌种斜面加入2ml无菌生理盐水，制成菌悬液。

（2）培养基熔化　将装有10ml基础培养基试管置于100℃水浴中熔化并保温5～10min。

（3）接种　将试管取出于45～50℃恒温水浴锅中静置，做好标记，无菌操作吸取0.1ml各类微生物菌悬液加入相应试管，双手快速搓动试管（见图10-2）避免振荡使过多空气混入培养基，待菌种均匀分布于培养基后，将试管置于冰浴中，使琼脂迅速凝固。

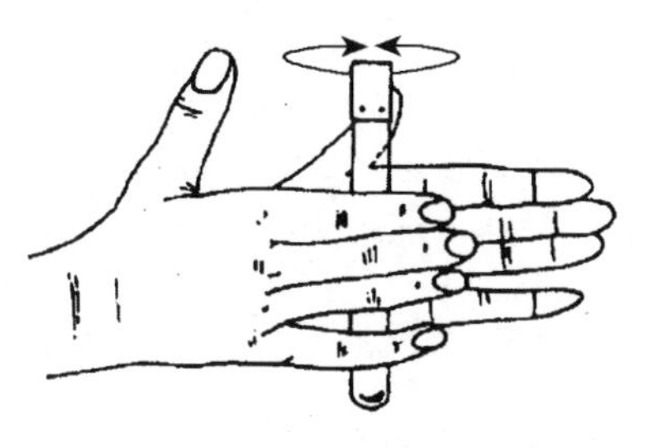

图10-2　搓动试管示意图

（4）培养　将上述试管置于28℃恒温培养2d后开始连续观察，直至结果清晰为止。

五、结果

将实验结果记录于表10-3，用文字描述其生长位置（表面生长、底部生长、接近表面生长、均匀生长、接近表面生长旺盛等），并确定该微生物类型。

表10-3　微生物在深层琼脂培养基中的生长状况

菌名	生长位置	类型	菌名	生长位置	类型
金黄色葡萄球菌			丁酸梭菌		
干瘪棒杆菌			酿酒酵母		
保加利亚乳杆菌			黑曲霉		

10.5　接种量对微生物生长的影响

一、目的

了解接种量对微生物生长的影响。

二、原理

接种量是指向新鲜培养基中接种微生物的量。接种量的大小明显影响延滞期的长短，一般来说，接种量大，则延滞期短，反之则长。过长的延滞期对研究和生产不利，因此掌握合适的接种量很重要。通常若菌体生长迅速，则适当减少接种量；菌体生长缓慢，则应适当加大接种量。实验研究，接种量常在1%～5%，而在发酵生产中，常采用10%接种量。

三、材料、仪器

（1）菌种　大肠杆菌（*Escherichia coli*）。

（2）培养基　肉汤培养基（附录5-1）。

（3）仪器及其他　锥形瓶、接种环、恒温培养箱等。

四、方法

1）向20ml肉汤培养基接入1环大肠杆菌斜面培养物，37℃振荡培养。

2）根据大肠杆菌生长曲线，待培养至对数期，取培养物0.5ml、1ml、2ml和5ml接入另外4瓶装有20ml肉汤培养基的锥形瓶，37℃振荡培养。

3）对每瓶转接培养物分别以吸光度绘制生长曲线。

五、结果

绘制不同接种量接种后大肠杆菌生长曲线。

10.6　表面活性剂对微生物生长和代谢的影响

一、目的

了解表面活性剂对微生物生长和代谢的影响。

二、原理

液体表面的分子被它周围和下面的分子所吸引，因而具有使液体收缩到尽可能小的体积倾向，这种力叫作表面张力。表面张力的大小用 N/m 表示。每种液体都有各自的表面张力，加入其他物质可以增大或减小表面张力。许多有机酸、醇、肥皂、甘油、去污剂、蛋白质和多肽等都能降低表面张力，一些无机盐则可增加表面张力，它们都称作表面活性剂。表面张力与菌体的生长、繁殖、形态均有密切关系。

有一些微生物在培养液表面会形成一层皮膜，若皮膜沉下，可能再生成一层，但沉下的皮膜不再浮回液面。这是因为菌体被培养液润湿，而浮于表面者未被润湿，即表面张力大时，皮膜才能形成，若表面张力减小到不能支持皮膜时，就只能在液内生长。曾经认为形成皮膜的微生物都是专性需氧菌，其实不然，若培养液表面张力小时，它们也能在液体内部繁殖，所以产皮膜的微生物可能为需氧菌或专性厌氧菌。

三、材料、仪器

（1）菌种　　枯草杆菌（*Bacillus subtilis*）和醋酸杆菌（*Acetobacterium balch*）。

（2）培养基　　豆芽汁葡萄糖培养基（附录 5-4）。

（3）仪器及其他　　吐温 80 水溶液（1：100）、吸管、试管、接种环、培养皿、培养箱等。

四、方法

1）将葡萄糖豆芽汁培养基分 2 组，一组接入枯草杆菌，另一组接入醋酸杆菌。

2）每组再分为 1、2、3 号。1 号为空白管，2 号和 3 号管分别接入吐温 80 水溶液 0.5ml、1ml，混匀。

3）37℃培养 7d，记录菌体生长结果于表 10-4。

五、结果

表 10-4　菌体生长结果

管号	枯草杆菌	醋酸杆菌
1		
2		
3		

注："－"表示不生长，"＋"表示生长较差，"＋＋"表示生长一般，"＋＋＋"表示生长良好。

第十一章　免疫学技术

11.1　抗原与免疫血清的制备

一、目的

学习抗原与免疫血清的制备方法。

二、原理

将抗原注射动物体，可刺激动物B淋巴细胞转化为浆细胞而产生特异性抗体，待动物血清中累积大量抗体时，采集血液，分离析出血清，即为含抗体的免疫血清（抗血清）。制备特异性强、效价高的免疫血清对于微生物的鉴定、传染病的诊断与治疗、抗原分析、免疫球蛋白鉴定，以及其他蛋白质的鉴定与研究均有很大用途。

动物产生抗体的量，一方面取决于动物种类、年龄、营养状况及刺激部位，另一方面取决于抗原种类、注射量、注射途径、注射次数以及注射间隔时间等。抗原量低到一定限度时，抗体不能产生或用现有方法不能测出，但抗原量超过最高限度对抗体的产生反而起抑制作用。在最低限度以上，抗体根据抗原量增加而增加，达到最高限度时，即不再增加。每种类型的抗原，其使用量是根据经验而得出的。

本实验的抗原是细菌细胞，采用每毫升中含9亿个细菌，比较恰当。抗原初次注射后经一段诱导期，血清内即可检测到抗体，以后逐渐上升，抗体量一般不高，然后逐渐下降。但再次注射时，抗体量迅速上升到最高水平，而且维持时间长。因此，制备抗体一般需要多次注射抗原，才能得到高效价的免疫血清。最常用注射途径是静脉注射。

三、材料、仪器

（1）菌种和实验动物　大肠杆菌（*Escherichia coli*）培养24h；2kg左右健康雄家兔或未孕健康雌家兔。

（2）试剂　0.5%石炭酸生理盐水（附录3-17）、硫柳汞、乙醇、碘酒等。

（3）仪器及其他　酒精灯、火柴、吸管、毛细滴管、试管、水浴箱、麦克法兰（McFarland）比浊管、恒温培养箱、2ml和20ml注射器、9号和7号针头、消毒干棉花、大试管、冰箱、离心机、细口瓶、蜡或胶带纸、标签、记号笔等。

四、方法

1．抗原制备

1）用吸管吸取灭菌0.5%石炭酸生理盐水5ml，移到大肠杆菌斜面培养物，将菌苔洗下。

2）用无菌毛细滴管吸取洗下的菌液，注入无菌小试管。

3）将此含菌液小试管置60℃水浴箱1h，并不时摇动。

4）取一与比浊管同质量小试管，加菌液1ml，再加0.5%石炭酸生理盐水4ml（或更多，视原菌液浓度而定），混匀后与比浊管比浊。假若与第3管浊度相等，则此菌液每毫升细菌数为：5×900 000 000＝4 500 000 000（45亿）。

附McFarland比浊管配制法（见表11-1）。用同质量同大小的试管10支，按下表加入药品。

表11-1　McFarland比浊管配制法

试管号	1	2	3	4	5	6	7	8	9	10
1%$BaCl_2$/ml	0.1	0.2	0.3	0.4	0.5	0.6	0.7	0.8	0.9	1.0
1%H_2SO_4/ml	9.9	9.8	9.7	9.6	9.5	9.4	9.3	9.2	9.1	9.0
细菌数/（亿个/ml）	3	6	9	12	15	18	21	24	27	30

5）用0.5%石炭酸生理盐水将菌液稀释至每毫升9亿个细菌。

6）将已稀释好的菌悬液少量接种于肉汤培养基，37℃恒温培养1～2d，观察有无细菌生长，如无细菌生长，即可放冰箱备用。

2．免疫血清制备

（1）注射动物

1）用2ml注射器和7号针头抽取以上制备好的大肠杆菌抗原（抽取前摇匀），按表11-2所列剂量与日程注射家兔耳缘静脉。

表11-2　大肠杆菌抗原注射剂量与日程

日程	菌液注射量/ml	日程	菌液注射量/ml
第1日	0.2	第4日	0.6
第2日	0.4	第6日	2.0

2）第14日自耳缘静脉采血1ml，分离血清，测其效价，如合格即可大量采血。

3）第16日大量采血。

（2）家兔心脏采血

1）将家兔仰卧并固定于动物手术台或固定板。

2）在家兔左胸侧剪毛，再用碘酒和乙醇消毒该处皮肤。

3）用左手食指、中指、无名指放在右胸处，轻轻向左推，将心脏推向左侧固定。拇指在家兔左胸由下向上数第3至第4肋骨间探测心脏搏动最剧烈处。

4）右手持注射器（20ml注射器，9号针头）在搏动最剧烈处刺入心脏，若针刺准确则此时心血涌入注射器中，缓慢抽取血液，达足量时，拔出注射器。若针刺不准确，再改变位置或方向刺入。

注意：若针刺不准确，针头不要在里面搅动来改变位置或方向，应按原方向退出心脏区。

5）针刺处按以消毒干棉花。并立刻将所采得血液以无菌操作注入灭菌试管内，每只家兔可抽 20ml 血液而不影响存活。

（3）制备血清

1）采集的血液移入灭菌试管（或培养皿）后，尽量摆成最大斜面，凝固后放入 4～6℃冰箱中，使其自然析出血清。

2）用已灭菌的毛细滴管吸出血清。若血清中带有红细胞，则用离心沉淀法去掉红细胞。然后将血清分装于灭菌细口瓶中，并测定抗血清效价。

3）加入防腐剂，使血清含有 0.01% 硫柳汞。

4）用蜡或胶带纸封瓶口，贴上标签，注明抗血清的名称、效价及日期，放冰箱备用。

五、问题

所制得的免疫血清，其效价是多少？

11.2 凝集反应

一、目的

1．了解凝集反应原理及操作方法，并能初步判断凝集反应结果。

2．学会利用血清稀释法测定免疫血清效价。

二、原理

凝集反应是颗粒抗原或表面覆盖抗原的颗粒状物质（如聚苯乙烯乳胶等），与相应抗体在电解质存在下会出现肉眼可见凝集块。

凝集反应有玻片凝集与试管凝集两种方法。前者可利用已知抗血清鉴定未知细菌，优点是快速，为诊断肠道传染病时鉴定患者肠道细菌重要手段；后者是一种定量法，现已发展成微量滴定凝集法。利用已知抗原测定人体内抗体的水平（效价），也是诊断肠道传染病重要方法，如在一个患者的病程中做几次检测，其效价是逐步上升的，则表示患者患的是检测中所用微生物引起的传染病。

血清学反应的基本组成成分除抗原与相对应抗体外，还需加入电解质（一般用生理盐水）。电解质的作用是消除抗原抗体结合物表面电荷，使其失去同电荷相斥作用而转变为互相吸引，否则即使抗原与抗体发生结合也不能聚合成明显肉眼可见的反应物。

在一系列稀释血清（如 1∶5、1∶10、1∶20、1∶40…）中，能与抗原发生明显凝集反应的最高稀释度的倒数，即为免疫血清的效价。假如从 1∶5 至 1∶20 3 个稀释度有凝集反应，1∶40 的无凝集反应，则免疫血清效价为 20。

三、材料、仪器

（1）菌种和血清　大肠杆菌斜面培养物、大肠杆菌悬液（每毫升含9亿个大肠杆菌的生理盐水悬液，并经60℃加温0.5h）、大肠杆菌免疫血清（生理盐水稀释的1∶10大肠杆菌免疫血清，装于小滴瓶）。

（2）试剂　生理盐水。

（3）仪器及其他　玻片、微量滴定板、微量吸管（20～80μl）、微量吸管的吸嘴、接种环等。

四、方法

1．玻片凝集法

1）在玻片一端用滴瓶中小滴管加一滴1∶10大肠杆菌免疫血清，另一端加一滴生理盐水。

2）用接种环自大肠杆菌琼脂斜面上挑取少许细菌混入生理盐水，并搅匀；同样取菌于血清内混匀。

3）将玻片略为摆动后室温静置1～3min后即可观察到一端有凝集反应（见图11-1），另一端为生理盐水对照，仍为均匀浑浊。

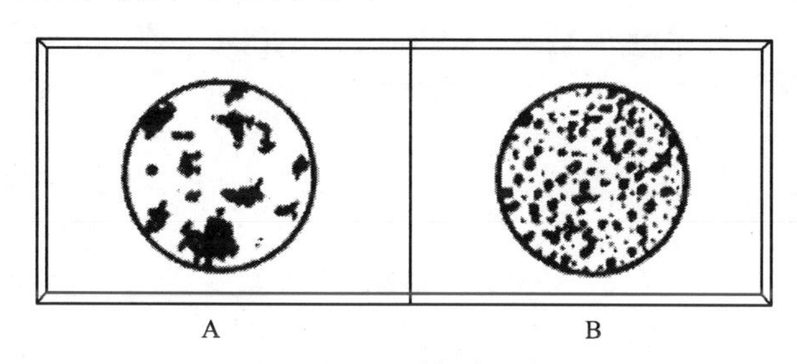

图11-1　玻片凝集试验

A. 大肠杆菌免疫血清＋大肠杆菌（阳性反应）；B. 生理盐水＋大肠杆菌（阴性反应）

2．微量滴定凝集法

（1）稀释血清（两倍稀释）

1）在微量滴定板上标记10孔，从1至10（见图11-2）。

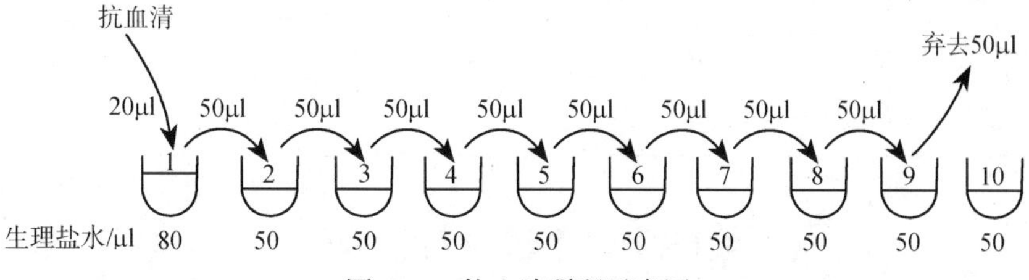

图11-2　抗血清稀释示意图

2）用微量吸管于第1孔中加80μl生理盐水，其余各孔加50μl。

3）加20μl大肠杆菌抗血清于第1孔中。

4）换一新的吸嘴，在第1孔中吸上、放下来回3次以充分混匀，再吸50μl至第2孔。换吸嘴，同样在第1孔中吸上、放下来回3次后吸50μl至第3孔，依次类推，一直稀释至第9孔，混匀后弃去50μl。稀释后血清稀释度见表11-3。

表11-3 稀释后血清稀释度

孔号	1	2	3	4	5	6	7	8	9	10
生理盐水/μl	80	50	50	50	50	50	50	50	50	50
抗血清/μl		20	50	50	50	50	50	50	50	
稀释度	1∶5	1∶10	1∶20	1∶40	1∶80	1∶160	1∶320	1∶640	1∶1280	对照
抗原量/μl	50	50	50	50	50	50	50	50	50	50
最后稀释度	1∶10	1∶20	1∶40	1∶80	1∶160	1∶320	1∶640	1∶1280	1∶2560	对照

（2）加菌液　每孔加大肠杆菌悬液50μl，从第10孔（对照）加起，逐个向前加至第1孔。

（3）反应　将滴定板在水平方向摇动，以混合孔中内容物。然后将滴定板在35℃静置60min，放冰箱过夜。

（4）观察结果　观察孔底有无凝集现象，阴性和对照孔细菌沉于孔底，形成边缘整齐、光滑的小圆块，而阳性孔的孔底为边缘不整齐的凝集块。当轻轻摇动滴定板后，阴性孔的圆块分散成均匀混浊的悬液，阳性孔则是细小凝集块悬浮在不混浊的液体中。

五、结果

1．将玻片凝集结果记录于表11-4。

表11-4 玻片凝集结果

	大肠杆菌免疫血清＋大肠杆菌	生理盐水＋大肠杆菌
画图表示		
“＋”或“－”表示		

2．将微量滴定凝集结果记录于表11-5。

表11-5 微量滴定凝集结果

管号	1	2	3	4	5	6	7	8	9	10
血清稀释度										
结果										

11.3 环状沉淀反应

一、目的

通过沉淀素的效价测定，学习环状沉淀反应的操作方法及结果观察。

二、原理

可溶性抗原如细菌提取物、血清蛋白、病毒等与相应抗体反应，在有电解质的情况下，会产生细微的沉淀，称为沉淀反应。

沉淀反应使用可溶性抗原，其单个抗原分子体积小，在单位体积的溶液里所含抗原量多，其总反应面积大，出现反应所需要抗体量多，因此，实验时需稀释抗原，而不是稀释抗体。引起沉淀反应的抗原称沉淀原，相应抗体称沉淀素。

环状沉淀反应是指抗原与抗体在沉淀管内形成交界面，在交界面处出现一环状乳白色沉淀物（见图 11-3）。出现此环状反应的抗原最高稀释度为沉淀素的效价。

环状沉淀反应广泛应用于法医学的血迹鉴别和食物掺假的测定。通常这些可疑材料作为抗原，用标准血清加以鉴定。它具有用材少的优点，如衣服等物品上血迹用生理盐水洗下就可作为抗原进行检查。

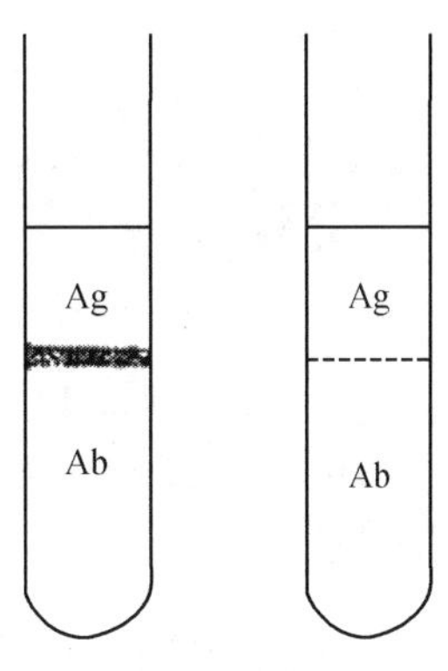

图 11-3　环状沉淀试验

三、材料、仪器

（1）血清　马血清（抗原）、兔抗马免疫血清（抗体）、正常兔血清。

（2）试剂　生理盐水。

（3）仪器及其他　沉淀管（内径 2.5～3.0mm，长约 30mm）、小试管、毛细吸管、吸管等。

四、方法

1）取 1∶25 马血清 1ml，用倍比稀释法在小试管中按表 11-6 稀释成各种浓度。

表 11-6　马血清稀释度

试管	1	2	3	4	5	6	7
生理盐水 /ml	1	1	1	1	1	1	1
1∶25 马血清 /ml	1	1（1）	1（2）	1（3）	1（4）	1（5）	1（7）
血清稀释度	1∶50	1∶100	1∶200	1∶400	1∶800	1∶1600	1∶3200

注：1（1）、1（2）…分别表示自第 1 管、自第 2 管中取 1ml，余类推。

2）将 9 个干燥而清洁的沉淀管插在试管架小孔上，使其竖直。

3）用毛细吸管吸取 1∶2 的兔抗马免疫血清，加入沉淀管底部，每管约 2 滴。

4）用另一毛细吸管吸上面已稀释好的马血清（抗原），按表 11-7 加入各管。第 8 管加生理盐水，第 9 管加稀释兔血清作对照。

表 11-7 环状沉淀反应抗原加入量

试管	1	2	3	4	5	6	7	8	9
1∶2 兔抗马免疫血清 / 滴	2	2	2	2	2	2	2	2	2
马血清稀释度	1∶50	1∶100	1∶200	1∶400	1∶800	1∶1600	1∶3200	生理盐水	1∶50 兔血清
抗原量 / 滴	2	2	2	2	2	2	2	2	2

注意：从最高稀释度加起，沿管壁徐徐加入，使其与下层兔抗马免疫血清之间形成界面，勿摇动。

5）室温静置 15～30min，观察结果，在两液面交界处看有无白色环状沉淀出现。

6）凡有白色环状沉淀者，记“+”，无沉淀者记“−”（见表 11-8）。最大稀释度的抗原与抗体交界面之间还有白色沉淀者，此管抗原稀释度的倒数为沉淀素的效价。

五、结果

表 11-8 环状沉淀反应结果

试管	1	2	3	4	5	6	7	8	9
抗原稀释度	1∶50	1∶100	1∶200	1∶400	1∶800	1∶1600	1∶3200	生理盐水	兔血清
结果									

11.4 双向免疫扩散试验

一、目的

1. 学习双向免疫扩散试验的操作方法。
2. 观察抗原、抗体在琼脂中形成沉淀线。
3. 了解双向免疫扩散试验的用途。

二、原理

抗原、抗体在凝胶中扩散，发生沉淀反应，称免疫扩散反应。将抗原与其相应抗体放在凝胶（如琼脂）平板邻近孔内，让它们互相扩散，当扩散到两者浓度比例合适的部位相遇时，出现乳白色沉淀线，称为双向免疫扩散试验。

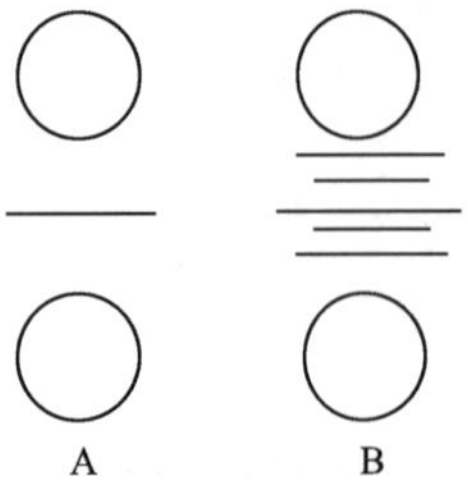

双向免疫扩散试验不仅可对抗原或抗体进行定性鉴定和效价测定，还可对抗原或抗体进行纯度分析和同时对两种不同来源的抗原或抗体进行比较，分析其所含成分异同。

若在两孔内有 2 对或 2 对以上抗原抗体系统，就能产生相应数量的分离沉淀线（见图 11-4），由此可进行抗原或抗体纯

A B

图 11-4 免疫扩散平板表现沉淀线数量
A. 单个抗原抗体系统；
B. 多个抗原抗体系统

度分析。

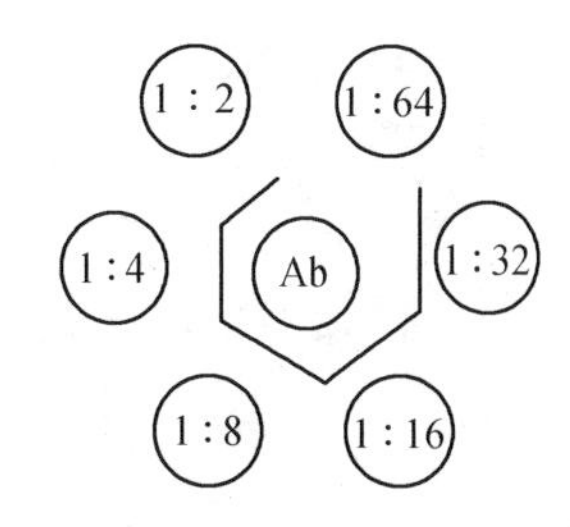

图 11-5 免疫扩散平板中表现沉淀线与各抗原孔距离

Ab. 抗体；周围孔为抗原

沉淀线形成位置与抗原、抗体浓度有关，抗原浓度越大，形成沉淀线距离抗原孔越远，抗体浓度越大，形成沉淀线距离抗体孔越远（见图 11-5）。因此当固定抗体浓度，稀释抗原，可根据已知浓度的抗原沉淀线位置，测定未知抗原浓度；反之固定抗原的浓度，也可测定抗体效价。

此外观察两个临近孔抗原与抗体所形成的两条线是交叉抑或相连，可用来判断两抗原是否有共同成分（见图 11-6）。假如同样的纯抗原 a 放在两个邻近孔中，对应抗体放在中央孔中，两条沉淀线在其相邻末端会互相连接和融合；若是两个不同抗原 a 和 b，则两线互相交叉；若是两个抗原 a 和 ab 有部分相同成分，则两线除有相连部分以外还有一伸出部分。

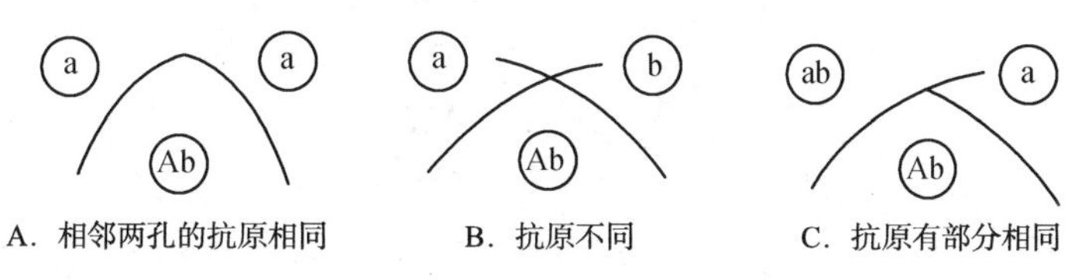

A. 相邻两孔的抗原相同　　B. 抗原不同　　C. 抗原有部分相同

图 11-6 双向免疫扩散平板中沉淀线类型

三、材料、仪器

（1）血清　马血清、兔抗马免疫血清（抗体）、牛血清、山羊血清、人血清。

（2）试剂　1% 离子琼脂（附录 3-18）等。

（3）仪器及其他　方阵型打孔器或单孔金属管（孔经约 3mm）、吸管、毛细滴管、2.5×7cm 载玻片、注射针头、含湿滤纸或湿纱布培养板或带盖搪瓷盒等。

四、方法

1）在沸水浴中熔化 1% 离子琼脂。

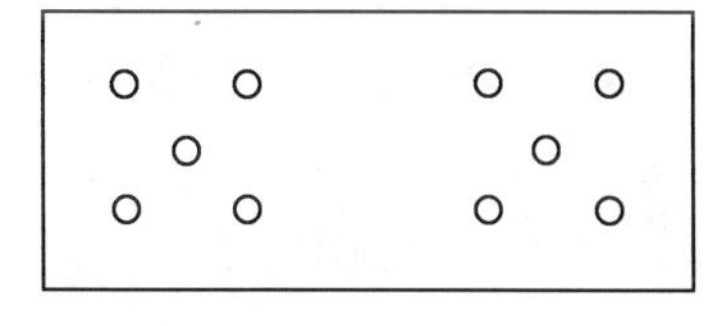

图 11-7 双向扩散模型

2）待离子琼脂冷至 50～60℃，吸取 3.5～4ml 加在载玻片上，使其均匀布满载玻片而不流失。

3）琼脂凝固后，取方阵型打孔器（见图 11-7）打孔，用注射针头挑去孔中琼脂。每琼脂板打两个方阵型。

4）用记号笔在琼脂板的底面将孔编号。

5）用毛细滴管加兔抗马免疫血清（抗体）于两个方阵型中央孔，第一方阵型孔 1 加牛血清，孔 2 加马血清，孔 3 加山羊血清，孔 4 加人血清。第二方阵型周围各孔加入抗原与第一方阵型相同，但浓度均改为 1 : 20。

注意：所加血清与抗血清不能溢出孔外。

6）将载玻片放入有湿滤纸的培养板或有盖搪瓷盒内。

7）37℃恒温培养 24～48h 观察结果。

五、结果

1. 抗体与抗原之间有沉淀线形成为阳性结果，以“+”表示；无沉淀线为阴性结果，以“－”表示。将结果记录于表 11-9 中（抗体为兔抗马免疫血清）。

表 11-9　双向免疫扩散试验结果

抗原孔	抗原	未稀释抗原	稀释抗原	抗原孔	抗原	未稀释抗原	稀释抗原
1	牛血清			3	山羊血清		
2	马血清			4	人血清		

2. 画出两个方阵型所形成的沉淀线。
3. 分别测量两个方阵型中抗原与沉淀线之间距离，并说明两者有何区别？

11.5 免疫电泳

一、目的

学习免疫电泳的基本原理与方法。

二、原理

免疫电泳基本原理是将电泳和琼脂免疫扩散结合起来应用，即先将蛋白质抗原在琼脂内进行电泳，使其分离成不同的电泳区带，然后在一定距离的抗体槽内加入抗血清，进行免疫扩散沉淀反应，每一电泳区带又可能产生一个以上沉淀线条。此法能克服单纯琼脂扩散方法中的沉淀线重叠成束，不易鉴别的缺点，提高琼脂扩散试验分析能力。

三、材料、仪器

（1）血清　鸡血清、鹅血清、鸡血清的免疫血清。
（2）试剂　1% 离子琼脂（附录 3-18）、pH8.5 离子强度 0.075mol/L 巴比妥缓冲液（附录 3-19）等。
（3）仪器及其他　载玻片、电泳仪、电泳槽、打孔器、2mm 直径圆形薄壁金属管、手术小刀、毛细滴管或微量加样器、注射针头等。

四、方法

1）取清洁无划痕载玻片，放在水平位置。
2）用刻度吸管吸取熔化并冷至 50～60℃的 1% 离子琼脂 3.5～4ml，加在上述载玻片上，使其均匀布满，待凝固。

3）用 2mm 直径圆形薄壁金属管按图 11-8 打孔，用注射针头挑去琼脂。

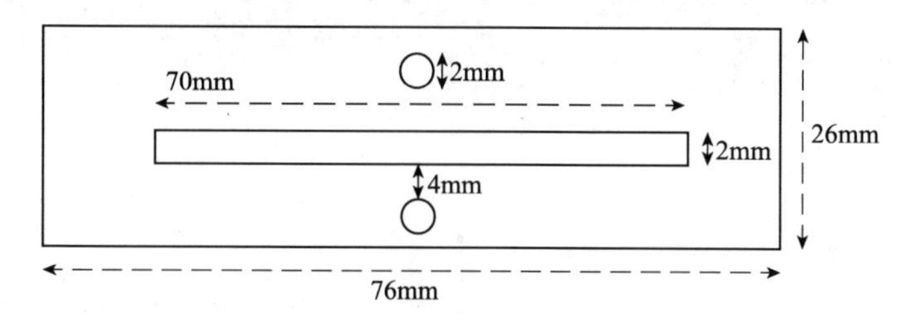

图 11-8 免疫电泳琼脂板模型

4）用毛细滴管或微量加样器在上孔加鸡血清，下孔加鹅血清。

5）电泳。将琼脂板移至电泳槽上，电泳槽中放 pH8.6 离子强度 0.075mol/L 巴比妥缓冲液，琼脂板两端各用四层纱布与缓冲液搭桥。接通电源，电流为 4～6mA/cm，电压为 10～12V/cm。电泳时间为 45min 至 1.5h，亦可在抗原中加些溴酚蓝作标记，当溴酚蓝泳动到距离琼脂板末端 1cm，关闭电源。

6）取出琼脂板，用手术刀按图 11-8 在中央挖一长槽，用注射针头挑去琼脂。

7）在长槽中加入抗鸡血清的免疫血清，然后将琼脂放入内有几层湿纱布的带盖搪瓷盘，37℃扩散 24h，观察结果。

五、结果

绘图表示琼脂玻片上出现的沉淀线。

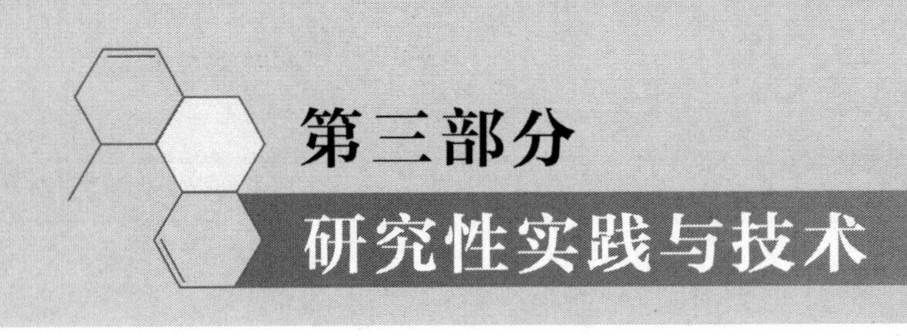

第十二章　蛋白酶产生菌选育

12.1　产酶微生物选育流程

产酶微生物广泛分布于自然界，产酶微生物选育是对其研究、开发、利用的基本条件，主要包括以下流程。

一、样品采集

目的酶决定采样地点、采样方法及采样数量。一般而言，存在目的酶作用底物或潜在作用底物的场所是首选采样地。如为获得产纤维素酶的目的菌，可以到长期放纤维材料的地方，甚至在食草动物消化道中采样；为了能分离到产脱卤酶的目的菌，一般应到盐碱环境中采样；蛋白酶产生菌最好在蛋白加工厂周围（动物蛋白）或栽培豆科植物的土壤（植物蛋白）里采集。以上原则并不是绝对的，微生物具备很强适应能力，因而也能从一些不相关环境中获得目的酶产生菌。采样的另外一个原则就是从特殊或极端环境中采集样品。在这些环境中，由于生存条件比较苛刻，能生存下来的微生物一般具有不同寻常的生存机制。因此，从这些微生物中往往能获得新酶或特殊稳定性酶。

二、菌种分离

菌种分离是整个工作第一关键步骤。分离应注意以下问题。

（1）分离培养基确定。

（2）分离培养条件选择，如培养温度、湿度、好氧或厌氧培养等。

（3）在分离最初阶段一般不采用严密培养条件，尽可能分离到纯菌种。在这种情况下，在菌种分离阶段可以选用广泛分离培养基（但各种分离培养基应加入针对目的酶产生菌的作用底物）。分离对象包括细菌、真菌、酵母菌及放线菌等，并且分离条件也应做到多样化。分离到的单菌落应立即转移到分离成分一致的新鲜斜面上，当获得纯培养之后就可进行初筛。菌种的初筛有两种方法，用简单的定性反应进行初筛和利用特殊培养基或培养条件，将目的菌株纯化分离。

总之，初筛的目的就是要用最简单和最快捷方法对大量目的菌进行分离。

三、目的酶产生菌高产突变体的获得

高产突变株常常能够比亲本株产生高出很多倍的酶。另外，高产突变株能够产生较少的代谢副产物，有利于酶回收和提纯。获得高产突变株主要有以下 2 种方法：采用物理因子和化学诱变剂处理微生物，使其发生变异。常用化学诱变剂有：亚硝酸、硫酸二乙酯、环氧乙烷、乙烯亚胺等。物理因子有：紫外线、X 射线、γ 射线等。另外，还有基因工程、细胞融合等方法。

四、酶活力测定

不同酶采用不同测定方法（蛋白酶活测定具体内容见 12.2 产蛋白酶芽孢杆菌选育）。

五、产酶应用

目前国内外大规模工业生产的 α- 淀粉酶、糖化酶、蛋白酶、葡萄糖异构酶、果胶酶、脂肪酶、纤维素酶、葡萄糖氧化酶等酶广泛使用在食品和轻工业领域。在鱼制品加工方面，利用蛋白酶生产可溶性鱼蛋白粉、鱼露等；在乳制品加工方面，用蛋白酶生产酪蛋白水解物等；在肉制品加工方面，用蛋白酶生产明胶；在清洗行业，利用碱性蛋白酶可以大幅度地提高洗涤去污能力，特别是血渍、汗渍、奶渍等蛋白质类污垢；在酱油或豆酱生产中，利用蛋白酶催化大豆蛋白质水解，可以大大缩短生产周期，提高蛋白质利用率，用蛋白酶还可生产出优质低盐或无盐酱油；在制革工业中，利用蛋白酶脱毛，采用酸性蛋白酶和少量脂肪酶进行皮革软化。

12.2 产蛋白酶芽孢杆菌选育

一、目的

学习从自然界中分离纯化产酶微生物的方法。

二、原理

在自然界土壤中分布着产蛋白酶芽孢杆菌，通过土样稀释，加热土样悬液杀死非芽孢杆菌，平板分离获得单菌落，经革兰氏染色、芽孢染色等方法初步判断分离菌株是否为芽孢杆菌。将单菌落点接含酪蛋白的平板，具有产蛋白能力的芽孢杆菌能水解酪蛋白生成酪氨酸，在酪蛋白平板上菌落周围会出现透明水解圈，水解圈越大，产酶能力越强。以分离菌株为出发菌株，通过硫酸二乙酯诱变，提高其产蛋白酶能力。硫酸二乙酯是一种烷化剂，能使 DNA 中碱基发生化学变化，从而引起 DNA 复制时碱基配对异常。诱变后通过菌株在酪蛋白培养基上出现透明圈直径大小，来指示诱变效应。诱变后，可根据蛋白质或多肽水解后生成的含苯环氨基酸对 275nm 波长的紫外光具有最大吸收值的特性检测酶活。具体是利用酪蛋白水解前后在三氯乙酸可溶物中紫外线

吸收值的变化，测定酶活力的高低。

三、材料、仪器

（1）菌种　自行分离筛选的产蛋白酶芽孢杆菌。

（2）培养基

1）保存斜面：牛肉膏蛋白胨固体培养基（附录 5-1）。

2）平板分离培养基：牛肉膏蛋白胨固体培养基。

3）选择培养基：酪蛋白培养基（附录 5-46）。

（3）试剂　革兰氏染色液（附录 4-2）、芽孢染色液（附录 4-3）、0.1mol/L pH7.0 磷酸缓冲液、硫酸二乙酯、25% 硫代硫酸钠、0.05mol/L pH 8.0 硼酸缓冲液、0.6% 酪蛋白溶液、0.4mol/L 三氯乙酸溶液、10% 三氯乙酸溶液、苯酚试剂、NaOH 溶液、0.4mol/L 碳酸钠溶液、酪蛋白、酪氨酸、2mol/L HCl 等。

（4）仪器及其他　电子天平、药匙、称量纸、烧杯、玻璃棒、滴瓶、酒精灯、火柴、接种环、试管架、试管、吸管、培养皿、培养箱、载玻片、洗瓶、滤纸、显微镜、香柏油、擦镜纸、擦镜液、冰箱、锥形瓶、离心机、血球计数板、玻璃涂棒、漏斗、水浴锅、紫外分光光度计等。

四、方法

1．产蛋白酶芽孢杆菌分离

1）采集土样。用 10 倍稀释法选择适宜稀释度，根据芽孢杆菌耐热的性能，加热处理稀释液以杀死无芽孢细菌，浓缩芽孢杆菌。

2）用平板划线法分离单菌落。将上述浓缩菌液 37℃培养 24～48h，挑取表面干燥、粗糙、不透明、污白色或微带黄色的菌落。

3）通过革兰氏染色、芽孢染色，判断所选菌落是否为芽孢杆菌。

4）将判断为芽孢杆菌的菌落转接酪蛋白平板，培养后观察酪蛋白平板的水解圈。

5）挑取酪蛋白水解能力强的菌落，接种试管斜面培养，4℃冰箱保藏，作为出发诱变菌株。

2．硫酸二乙酯诱变产蛋白酶芽孢杆菌

（1）诱变前准备工作

1）菌种斜面活化。从冰箱取一支纯化后的芽孢杆菌斜面，接种到新鲜牛肉膏蛋白胨斜面培养基上，30℃恒温培养 24h。

2）芽孢杆菌对数期培养液的制备。取一环已活化的芽孢杆菌接种到 30ml 牛肉膏蛋白胨液体培养基锥形瓶内，在 30℃培养箱振荡培养至该菌对数期（培养时间根据生长曲线决定）。

3）准备平板。将装在锥形瓶内已灭菌的牛肉膏蛋白胨固体培养基熔化，待冷却至 50℃左右倒 18 个平板待用。

4）菌悬液制备。取上述对数期芽孢杆菌培养液 10ml，3000r/min 离心 15min，沉

淀的菌体用 0.1mol/L pH7.0 磷酸缓冲液 10ml 冲洗、离心，清洗 2 次，最后用原体积磷酸缓冲液制成菌悬液。

（2）硫酸二乙酯诱变处理

1）诱变。分别吸取 4ml 菌悬液至 2 个锥形瓶内，并加入 0.1mol/L pH7.0 磷酸缓冲液 16ml 制成浓度约为 10^8 个 /ml 菌悬液，再加硫酸二乙酯 0.2ml，使硫酸二乙酯在菌悬液中浓度为 1%（*V/V*），并分别振荡处理 30min 及 60min。

2）中止反应。诱变处理 30min、60min 后，立即加入 0.5ml 25% 硫代硫酸钠中止反应。

3）稀释并涂平板。中止反应后菌悬液以 10 倍稀释法稀释至 10^{-7}。取 3 个稀释度涂平板，每个稀释度 3 个重复。每个平板加菌稀释液 0.1ml，用无菌玻璃涂棒涂均匀。以同样操作，取未经硫酸二乙酯处理的稀释菌液涂平板作对照。平板背面要写组别、处理时间、稀释度，37℃培养 24h。

（3）计算存活率及致死率　将培养 24h 后的平板取出进行细胞计数，根据对照平板菌落，算出每毫升培养液活菌数，同样算出诱变处理 30min、60min 后存活菌数及致死率。

（4）菌种筛选

1）挑菌落接种。分别挑取 30min、60min 处理后单菌落（最好致死率为 90%～95%），接种到牛肉膏蛋白胨斜面上。每平板挑 3～5 个单菌落，37℃恒温培养 24h。

2）初筛。取一环经上述诱变试管斜面保存的芽孢杆菌，制成菌悬液，稀释至 10^{-2}、10^{-3}，取 10^{-2}、10^{-3} 两个稀释度各 0.1ml 加入到酪蛋白培养基平板上并进行涂布，37℃恒温培养 24h，测量平板上透明圈直径大小来判断产酶量高低。选出产酶量高的菌落转接斜面，培养后测酶活。

3．蛋白酶活力测定

（1）紫外分光光度法

1）标准曲线制作。分别测定不同浓度酪氨酸溶液 275nm 处吸光度，做出标准曲线。

2）取 5ml 用 0.05mol/L pH8.0 硼酸缓冲液制备的 0.6% 酪蛋白溶液于试管，40℃预热 2min，加入 0.05mol/L pH8.0 硼酸缓冲液稀释酶液 1ml，40℃反应 10min 后，加入 5ml 0.4mol/L 三氯乙酸溶液以终止反应。沉淀残余底物，40℃保温 20min，使沉淀完全，用漏斗加滤纸过滤，滤液用紫外分光光度计测定 275nm 吸光度。

3）另一试管以先加 0.4mol/L 三氯乙酸使酶失活，后加酪蛋白于试管，按上述同样步骤测定吸光度，作为空白对照。

4）酶活力定义：以 1min 酪蛋白释放出的三氯乙酸可溶物，在 275nm 吸光度与 1μmol 酪氨酸相当时，其所需要的酶量定义为 1 个酶活力单位。

（2）福林 - 酚法　蛋白酶催化蛋白质水解生成氨基酸。其中含酚基氨基酸（酪氨酸、色氨酸等）与福林 - 酚试剂反应，生成蓝色复合物。蓝色深浅与含酚氨基酸量成正比，从而测定酶活力。

1）试剂配制。

福林-酚试剂：市售苯酚试剂加水稀释1倍左右，用NaOH标定至1mol/L使用，也可按下列方法自制：在2000ml磨口回流装置中加入钨酸钠100g，钼酸钠25g，水700ml，85%磷酸50ml，浓盐酸100ml，文火回流10h；加入硫酸锂50g，水50ml，混匀后除去回流装置，加数滴溴脱色至黄色，再煮沸15min，除去多余溴，冷却定容到1000ml，过滤，滤液为苯酚试剂。使用时，加等体积水稀释，用NaOH标定到1mol/L使用。

2%酪蛋白溶液：称酪蛋白2g，用少量NaOH溶液润湿，用各种酶适宜缓冲液稀释，沸水中加热溶解，冷却后用缓冲液定容到100ml。

0.1%标准酪氨酸溶液：准确称取酪氨酸（先在105℃干燥2h）0.1g，用0.2mol/L HCl溶解并定容到100ml作为母液。

2）标准曲线制作。将标准酪氨酸溶液配成0～100μg/ml各种不同浓度。分别吸取1ml，各加入0.4mol/L碳酸钠溶液5ml及福林-酚试剂1ml，于40℃显色15min，分别测定A_{680nm}，以酪氨酸浓度为横坐标，吸光度为纵坐标，绘制标准曲线。

3）样品测定。取酶液1ml，预热至40℃，加入预热的酪蛋白溶液1ml，40℃反应10min，反应结束时加入10%三氯乙酸溶液2ml，立即摇匀，静置10min，过滤。取滤液1ml按标准曲线制作时相同步骤，测定A_{680nm}。空白对照时，先加三氯乙酸溶液，后加入底物和酶液，同样测定A_{680nm}。

在上述条件下，每分钟催化酪蛋白水解生成1mg酪氨酸的酶量定义为一个酶活力单位。

$$酶活力 = \Delta A_{680nm} \times K \times N/10$$

式中，ΔA_{680nm}为在680nm波长下，样品测定与空白对照的吸光度差；K为常数，由标准曲线得出，数值上等于A_{680nm}为1时所相当的酪氨酸毫克数；N为反应液体积；10为反应时间10min。

第十三章　食品卫生微生物学检测

13.1　总　　则

一、采样用具

灭菌探子、铲子、匙、采样器、试管、广口瓶、剪子、开罐器等。

二、样品采集

在食品检验中，所采集样品必须有代表性。食品因其加工批号，原料情况（来源、种类、地区、季节等），加工方法，运输、保藏条件，销售中各环节（如有无防蝇、防污染、防蟑螂、防鼠等设备）及销售人员责任心和卫生水平等均可影响食品卫生质量，必须周密考虑。

（1）*样品种类*　样品种类可分为大样、中样、小样 3 种。大样一般指一整批；中样是从样品各部分取得的混合样品；小样指做分析用的检样。定型包装及散装食品均采样 250g。

（2）*采样方法*

1）采样必须在无菌条件下进行。

2）根据样品种类选择不同采样方法，如袋装、瓶装和罐装食品，应采完整未开封样品；如样品很大，则需用无菌采样器取样；固体粉末样品，应边取边混合；液体样品通过振摇混匀；冷冻食品应保持冷冻状态（在冰内、冰箱的冰盒内或低温冰箱保存）；非冷冻食品在 0～5℃中保存。

3）采样数量。根据不同种类，采样数量有所不同（见表 13-1）。

4）采样标签。采样前或后应立即贴上标签，每件样品必须标记清楚（如品名、来源、数量、地点、采样人、时间等）。

表 13-1　各种样品采样数量

检样种类	采样数量	备注
肉及肉制品	生肉：取屠宰后两腿内侧肌或背最长肌 250g；	在不同部位采取。
	脏器：据检验目的而定；	
	家禽：每份样品一只；	
	熟肉制品：熟禽、肴肉、烧烤肉、肉灌肠、酱卤肉、熏蒸火腿，取 250g；	
	熟肉干制品：肉松、油酥肉松、肉粉松、肉干、肉脯、肉糜脯，其他熟肉干制品取 250g。	

续表

检样种类	采样数量	备注
乳及乳制品	鲜乳：取 250ml；	每批样品按千分之一采样，不足千件者抽采 250g。
	干酪：取 250g；	
	消毒、灭菌乳：取 250ml；	
	乳粉：取 250g；	
	稀奶油、奶油：取 250g；	
	酸奶：取 250ml；	
	全脂炼乳：取 250g；	
	乳清粉：取 250g。	
蛋品	巴氏杀菌冰全蛋、冰蛋黄、冰蛋白：每件各取 250g；	一日或一班生产一批，检验沙门氏菌按 5% 抽样，每批不少于三个检样；测定大肠菌群和菌落总数：每批包装过程前、中、后流动取样三次，每次 100g，每批合为一个样品。
	巴氏杀菌全蛋粉、蛋黄粉、蛋白片：每件各取 250g；	
	皮蛋、糟蛋、咸蛋等：每件各取 250g。	
水产食品	鱼、大贝壳类：每个为一件（不少于 250g）；	
	小虾蟹类、鱼糜制品（鱼丸、虾丸等）、食动物性水产干制品（鱼干、鱿鱼子）、食藻类食品，每件样品均取 250g。	
罐头	可采用下述方法之一。	产品如按锅分堆放，在遇到由于杀菌操作不当引起问题时，也可按锅处理。
	1. 菌锅抽样。 （1）低酸性食品罐头杀菌冷却后抽样两罐，3kg 以上大罐每锅抽样一罐。 （2）酸性食品每锅抽样一罐，一般一个班的产品组成一个检验批。各锅样罐组成一个样批组，每批每个品种取样基数不得少于三罐。	
	2. 按生产班（批）次抽样。 （1）取样数为 1/6000，尾数超过 2000 者增取一罐，每班（批）每个品种不得少于三罐。 （2）某些产品班产量较大，则以 3000 罐为基数，取样数按 1/6000，超过 30 000 罐以上按 1/20 000，尾数超过 4000 者增取一罐。 （3）个别产品量过小，同品种同规格可合并班次为一批取样，但一批总数不超过 5000 罐，每个批次样品不得少于三罐。	
冷冻食品	冰棍、雪糕：每批不少于三件，每件不少于三支；	批产量 20 万支以下者，一班为一批，以上者以工作台为一批。
	冰淇淋：原装四杯为一件，散装取 250g。	
	食用冰块：每件样品取 250g。	
饮料	瓶（桶）装饮用纯净水：取原装一瓶（不少于 250ml）；	
	瓶（桶）装饮用水：取原装一瓶（不少于 250ml）；	
	茶饮料、碳酸饮料、低温复原果汁、含乳饮料、乳酸菌饮料、植物蛋白饮料、果蔬汁饮料：取原装一瓶（不少于 250ml）；	

续表

检样种类	采样数量	备注
饮料	固体饮料：取原装一瓶或袋（不少于250g）；	
	可可粉固体饮料：取原装一瓶或袋（不少于250g）；	
	茶叶：罐装取一瓶（不少于250g），散装取250g。	
调味品	酱油：取原装一瓶（不少于250ml）；	
	酱：取原装一瓶（不少于250ml）；	
	食醋：取原装一瓶（不少于250ml）；	
	袋装调味料：取原装一瓶（不少于250g）；	
	水产调味品：鱼露、蚝油、虾油、虾酱、蟹酱（蟹糊）等取原装一瓶不少于250g（ml）。	
糕点、蜜饯、糖果	糖果、糕点、饼干、面包、巧克力、淀粉糖（液体葡萄糖、麦芽糖饮品、果葡糖浆等）、蜂蜜、胶姆糖、果冻、食糖等每件样品各取250g。	
酒类	鲜啤酒、熟啤酒、葡萄酒、果酒、黄酒等：瓶装取两瓶为一件。	
非发酵豆制品及面筋、发酵豆制品	非发酵豆制品及面筋：定型包装取一袋（不少于250g）；	
	发酵豆制品：取原装一瓶（不少于250ml）。	
粮谷及果蔬类食品	膨化食品、油炸小食品、早餐谷物、淀粉类食品等：定型包装取一袋（不少于250g），散装取250g；	
	方便面：定型包装取一袋或碗（不少于250g）；	
	速冻预包装面米食品：定型包装取一袋（不少于250g），散装取250g；	
	酱腌菜：定型包装取一袋（不少于250g）；	
	干果食品、烘炒食品：定型包装取一袋（不少于250g），散装取250g；	
	麦片：取250g。	

三、送检

样品送到微生物检验室应越快越好。如路途遥远，可将不需冷冻的样品保持在1～5℃环境（如冰壶）中。如需保持冷冻状态，则需保存在泡沫塑料隔热箱（箱内有干冰可维持0℃以下）。送检时，必须认真填写申请单，以供检验人员参考。

四、检验

微生物检验室接到送检申请单，应立即登记，填写实验序号，并按检验要求立即将样品放在冰箱或冰盒中，准备条件进行检验。

各食品卫生微生物检验室必须备有冰箱存放样品。一般阳性样品，发出报告3d（特殊情况可适当延长）方能处理样品。进口食品的阳性食品，需保存6个月，方能处理。阴性食品可及时处理。

检验完毕后，检验人员应及时填写报告单，签名后，送主管人员核实签字，加盖单位印章，以示生效，立即交食品卫生监督人员处理。

13.2 各类微生物检验

致病菌检测是食品卫生标准中要求提供的微生物指标之一。从食品卫生要求来讲，食品中不允许致病菌存在。由于致病菌种类繁多，而通常污染食品中所存在致病菌数量不多，另外，某些致病菌的检测方法还存在一定局限性，无法对所有致病菌进行逐一检验。在实际检测中，往往根据不同食品理化性质和加工、储藏条件等情况不同，选定较有代表性的致病菌进行检验，并以此判断某种食品有无致病菌存在。例如，酸度不高的罐头食品，肉毒梭菌是必须检测对象；米、面类食品以蜡样芽孢杆菌、霉菌等作为检测重点。在不同场合下，还可以根据不同情况增加一定致病菌为必须检验内容，如在食物中毒发生时，或某种传染病流行疫区，应有必要、有重点地对食品进行有关致病菌检验。

13.2.1 沙门氏菌属（*Salmonella*）检验

一、目的

学习沙门氏菌属检验方法。

二、原理

沙门氏菌为革兰氏阴性短杆菌，无芽孢，一般无荚膜，周生鞭毛（鸡白痢和鸡伤寒沙门氏菌除外）。兼性厌氧，最适生长温度37℃。显微观察和在普通培养基生长不能与大肠杆菌区分。但沙门氏菌不发酵乳糖，在肠道菌鉴别培养基上形成无色透明菌落，易与大肠杆菌区别。

沙门氏菌有复杂的抗原构造，一般分为菌体（O）抗原、鞭毛（H）抗原和毒力（Vi）抗原3种。沙门氏菌属有2000个以上血清型，但从人体、动物和食品中经常分离到的血清型有40～50种。

沙门氏菌病广泛传播，由于动物的生前感染或食品受到污染，均可使人食物中毒，世界各地食物中毒中，沙门氏菌食物中毒常占首位或第二位。食品中沙门氏菌含量较少，且常由于食品加工过程中使其受到损伤而处于濒死状态，因此分离食品中沙门氏菌，必须经过增菌。

三、材料、仪器

（1）培养基　缓冲蛋白胨水（BP）（附录5-47）、氯化镁孔雀绿（MM）增菌液（附录5-48）、四硫磺酸钠煌绿（TTB）增菌液（附录5-49）、亚硒酸盐胱氨酸（SC）增菌液（附录5-50）、亚硫酸铋琼脂（BS）（附录5-51）、DHL琼脂（附录5-52）、HE琼脂（附录5-53）、WS琼脂（附录5-54）、SS琼脂（附录5-55）、三糖铁（TSI）琼脂（附录 5-56）、蛋白胨水培养基（附录 5-18）、尿素琼脂（附录 5-15）、氰化钾（KCN）培养基（附录 5-57）、氨基酸脱羧酶培养基（附录 5-28）、葡萄糖发酵培养基（附录 5-16）、ONPG 培养基（附录 5-24）、半固体琼脂（5-58）、丙二酸钠培养基（附录 5-27）。

（2）试剂　沙门氏菌因子血清：26 种用于初步分型，57 种用于进一步分型，163 种用于详细分型；靛基质试剂等。

（3）仪器及其他　冰箱、恒温培养箱、显微镜、均质器或灭菌乳钵、天平、广口瓶、锥形瓶、吸管、培养皿、小试管、毛细管、载玻、酒精灯、金属匙或玻璃棒、接种针、镍铬丝、试管架等。

四、方法

（1）前增菌和增菌　冻肉、蛋品、乳品及其他加工食品均应经过前增菌。无菌操作取样品 25g（ml），加入装有 225ml 缓冲蛋白胨水的广口瓶。固体食品应先用均质器以 8000～10 000r/min 打碎 1min，或用乳钵加灭菌砂磨碎，粉状食品用灭菌匙或玻璃棒研磨使乳化。36±1℃培养 4h（干蛋品培养 18～24h），取 10ml，转种于 100ml 氯化镁孔雀绿增菌液或四硫磺酸钠煌绿增菌液内，42℃培养 18～24h。同时，另取 10ml，转种于 100ml 亚硒酸盐胱氨酸增菌液内，36±1℃培养 18～24h。

鲜肉、鲜蛋、鲜乳或其他未经加工的食品不必经过前增菌。各取 25g（ml），加入灭菌生理盐水 25ml，按前法做成检样匀液；取 25ml 接种 100ml 氯化镁孔雀绿增菌液或四硫磺酸钠煌绿增菌液内，42℃培养 24h；另取 25ml 接种 100ml 亚硒酸盐胱氨酸增菌液内 36±1℃培养 18～24h。

（2）分离　取增菌液 1 环，划线接种于 1 个亚硫酸铋琼脂平板和 1 个 DHL 琼脂平板（或 HE 琼脂、WS 琼脂、SS 琼脂平板）。两种增菌液可同时划线接种在同一个平板，36±1℃分别培养 18～24h（DHL 琼脂、HE 琼脂、WS 琼脂、SS 琼脂）或 40～48h（BS），观察各平板生长的菌落，沙门氏菌 Ⅰ、Ⅱ、Ⅳ、Ⅴ、Ⅵ和沙门氏菌Ⅲ在各种平板上的菌落特征见表 13-2。

表 13-2　沙门氏菌属各群在各种选择性平板上的菌落特征

选择性琼脂平板	沙门氏菌Ⅰ、Ⅱ、Ⅳ、Ⅴ、Ⅵ	沙门氏菌Ⅲ（即亚利桑那沙门氏菌）
亚硫酸铋琼脂	产硫化氢菌落为黑色有金属光泽、棕褐色或灰色，菌落周围培养基可呈黑色或棕色；有些菌株不产生硫化氢，形成灰绿色的菌落，周围培养基不变。	黑色有金属光泽。
DHL 琼脂	无色半透明，产硫化氢菌落中心带黑色或几乎全黑色。	乳糖迟缓阳性或阴性的菌株与沙门氏菌 Ⅰ、Ⅱ、Ⅳ、Ⅴ、Ⅵ相同；乳糖阳性的菌株为粉红色，中心带黑色。
HE 琼脂、WS 琼脂	蓝绿色或蓝色；多数菌株产硫化氢，菌落中心黑色或几乎全黑色。	乳糖阳性的菌株为黄色，中心黑色或几乎全黑色；乳糖迟缓阳性或阴性的菌株为蓝绿色或蓝色，中心黑色或几乎全黑色。
SS 琼脂	无色半透明；产硫化氢菌株有的菌落中心带黑色，但不如以上培养基明显。	乳糖迟缓阳性或阴性的菌株，与沙门氏菌 Ⅰ、Ⅱ，Ⅳ、Ⅴ、Ⅵ相同；乳糖阳性的菌株为粉红色，中心黑色，但中心无黑色形成时与大肠杆菌不能区别。

（3）生化试验

1）自选择性琼脂平板上直接挑取数个可疑菌落，分别接种三糖铁琼脂。在三糖铁琼脂内，肠杆菌科常见属种的反应结果见表 13-3。此表说明在三糖铁琼脂内只有斜面产酸并同时硫化氢（H_2S）阴性的菌株可以排除沙门氏菌，其他的反应结果均有是沙门氏菌的可能，同时也均有不是沙门氏菌的可能。

表 13-3 肠杆菌科各属种在三糖铁琼脂内反应结果

斜面	底层	产气	硫化氢	可能菌属和种
−	+	+/−	+	沙门氏菌属、弗氏柠檬酸杆菌、变形杆菌属、缓慢爱德华氏菌
+	+	+/−	+	沙门氏菌Ⅲ、弗氏柠檬酸杆菌、普通变形杆菌
−	+	+	−	沙门氏菌属、大肠杆菌、蜂窝哈夫尼亚菌、摩根氏菌、普罗菲登斯菌属
−	+	−	−	伤寒沙门氏菌、鸡沙门氏菌、志贺氏菌属、大肠杆菌、蜂窝哈夫尼亚菌、摩根氏菌、普罗菲登斯菌属
+	+	+/−	−	大肠杆菌、肠杆菌属、克雷伯氏菌属、沙雷氏菌属、弗氏柠檬酸杆菌

注：“＋”阳性；“－”阴性；“＋/－”多数阳性，少数阴性。

2）在接种三糖铁琼脂的同时，接种蛋白胨水（供做靛基质试验）、尿素琼脂（pH7.2）、氰化钾（KCN）培养基和赖氨酸脱羧酶试验培养基及对照培养基各一管，36±1℃培养 18～24h，必要时可延长至 48h，按肠杆菌科各属生化反应初步鉴别表（表 13-4）判定结果。按反应序号分类，沙门氏菌属的结果应属于 A1、A2 和 B1，其他 5 种反应结果均可以排除。

表 13-4 肠杆菌科各属生化反应初步鉴别表

序号	H_2S	靛基质	pH7.2 尿素	KCN	赖氨酸	判定菌属
A1	+	−	−	−	+	沙门氏菌属
A2	+	+	−	−	+	沙门氏菌属（少见）、缓慢爱德氏菌
A3	+	−	+	+	−	弗氏柠檬酸杆菌、奇异变形杆菌
A4	+	+	+	+	−	普通变形杆菌
B1	−	−	−	−	+	沙门氏菌属、大肠杆菌 甲型副伤寒沙门氏菌、大肠杆菌、志贺氏菌属
	−	−	−	−	−	
B2	−	+	−	−	+	大肠杆菌、志贺氏菌属
	−	+	−	−	−	
B3	−	−	+/−	+	+	克雷伯氏菌族各属阴沟肠杆菌、弗氏柠檬酸杆菌
	−	−	+	+	−	
B4	−	+	+/−	+	−	摩根氏菌、普罗菲登斯菌属

注：1. 三糖铁琼脂底层均产酸，不产酸者可排除，斜面产酸与产气与否均不限。
2. KCN 和赖氨酸可选用其中一项，但不能判定结果时，仍需补做另一项。
3. “＋”阳性；“－”阴性；“＋/－”多数阳性，少数阴性。

反应序号 A1：典型反应判定为沙门氏菌属，如尿素、氰化钾和赖氨酸三项有一项异常，按表 13-5 可判定为沙门氏菌。如有两项异常，则按 A3 判定弗氏柠檬酸杆菌。

表 13-5　反应序号 A1 判定结果

pH7.2 尿素	KCN	赖氨酸	判定结果
－	－	－	甲型副伤寒沙门氏菌（要求血清学鉴定结果）
－	＋	＋	沙门氏菌Ⅳ或Ⅴ（要求符合本群生化特性）
＋	－	＋	沙门氏菌个别变体（要求血清学鉴定结果）

注：“＋”阳性；“－”阴性；“＋/－”多数阳性，少数阴性。

反应序号 A2：补做甘露醇和山梨醇试验，按表 13-6 判定结果。

表 13-6　反应序号 A2 判定结果

甘露醇	山梨醇	判定结果
＋	＋	沙门氏菌靛基质阳性变体（要求血清学鉴定结果）
－	－	缓慢爱德华氏菌

注：“＋”阳性；“－”阴性；“＋/－”多数阳性，少数阴性。

反应序号 B1：补做 ONPG。ONPG＋为大肠杆菌，ONPG－为沙门氏菌。同时，沙门氏菌应为赖氨酸＋，但甲型副伤寒沙门氏菌为赖氨酸－ 。

必要时按表 13-7 进行沙门氏菌生化群的鉴别。

表 13-7　沙门氏菌属各生化群的鉴别

项目	Ⅰ	Ⅱ	Ⅲ	Ⅳ	Ⅴ	Ⅵ
卫矛醇	＋	＋	－	－	＋	－
山梨醇	＋	＋	＋	＋	＋	－
水杨苷	－	－	－	＋	－	－
ONPG	－	－	＋	－	＋	－
丙二酸盐	－	＋	＋	－	－	－
氰化钾	－	－	－	＋	＋	－

（4）血清学分型鉴定

1）抗原准备。一般采用 1.5% 琼脂斜面培养物作为玻片凝集试验用的抗原。

O 血清不凝集时，将菌株接种在琼脂量较高（如 2.5%～3%）的培养基上再检查；如果是由于 Vi 抗原存在而阻止 O 凝集反应时，可挑取菌苔于 1ml 生理盐水中做成浓菌液，于酒精灯火焰上煮沸后再检查。H 抗原发育不良时，将菌株接种在 0.7%～0.8% 半固体琼脂平板中央，待菌落蔓延生长时，在其边缘部分取菌检查；或将菌株通过装有 0.3%～0.4% 半固体琼脂的小玻管 1～2 次，自远端取菌培养后再检查。

2）O 抗原鉴定。用 A～F 多价 O 血清做玻片凝集试验，同时用生理盐水作对照。在生理盐水中自凝者为粗糙形菌株，不能分型。被 A～F 多价 O 血清凝集者，依次用

O4、O3、O10、O7、O8、O9、O2 和 O11 因子血清做凝集试验。据试验结果，判定 O 群。被 O3、O10 血清凝集的菌株，再用 O10、O15、O34、O19 单因子血清做凝集试验，判定 El、E2、E3、E4 各亚群，每一个 O 抗原成分的最终确定均应根据 O 单因子血清检查结果，没有 O 单因子血清的要用两个 O 复合因子血清进行核对。

不被 A～F 多价 O 血清凝集者，先用 57 种或 163 种沙门氏菌因子血清中的 9 种多价 O 血清检查，如有其中一种血清凝集，则用这种血清所包括的 O 群血清逐一检查，以确定 O 群。每种多价 O 血清所包括的 O 因子如下。

O 多价 1　A，B，C，D，E，F 群（并包括 6，14 群）
O 多价 2　13，16，17，18，21 群
O 多价 3　28，30，35，38，39 群
O 多价 4　40，41，42，43 群
O 多价 5　44，45，47，48 群
O 多价 6　50，51，52，53 群
O 多价 7　55，56，57，58 群
O 多价 8　59，60，61，62 群
O 多价 9　63，65，66，67 群

3）H 抗原鉴定。不常见的菌型，先用 163 种沙门氏菌因子血清中的 8 种多价 H 血清检查，如有其中一种或两种血清凝集，再用这一种或两种血清所包括各种 H 因子血清逐一检查，以确定第 1 相和第 2 相 H 抗原。8 种多价 H 血清所包括的 H 因子如下。

H 多价 1　a，b，c，d，i
H 多价 2　eh，enx，enz_{15}，fg，gms，gpu，gp，gq，mt，gz_{15}
H 多价 3　k，r，y，z，z_{10}，lv，lw，lz_{13}，lz_{28}，lz_{40}
H 多价 4　1，2；1，5；1，6；1，7；z_6
H 多价 5　z_4z_{23}，z_4z_{24}，z_4z_{32}，z_{29}，z_{35}，z_{36}，z_{38}
H 多价 6　z_{39}，z_{41}，z_{42}，z_{44}
H 多价 7　z_{52}，z_{53}，z_{54}，z_{55}
H 多价 8　z_{56}，z_{57}，z_{60}，z_{61}，z_{62}

每一个 H 抗原成分的最终确定均应根据 H 单因子血清检查结果，没有 H 单因子血清的要用两个 H 复合因子血清进行核对。检出第 1 相 H 抗原而未检出第 2 相 H 抗原的或检出第 2 相 H 抗原而未检出第 1 相 H 抗原的，可在琼脂斜面上移种 1～2 代后再检查。如仍只检出一个相的 H 抗原，要用位相变异的方法检查其另一个相。单相菌不必做位相变异检查。位相变异试验方法分为小玻管法、小套管法和简易平板法。

小玻管法：将半固体琼脂管（每管 1～2ml）熔化并冷至 50℃，取已知相的 H 因子血清 0.05～0.1ml 加入于熔化的半固体琼脂内，混匀，用毛细吸管吸取分装于供位相变异试验小玻管，凝固后，用接种针挑取待检菌，接种于一端。将小玻管平放在平皿内，在其旁放一团湿棉花，以防琼脂中水分蒸发而干缩，每天检查结果，待

另一相细菌解离后，可以从另一端挑取细菌进行检查。培养基内血清浓度应有适当的比例，过高时细菌不能生长，过低时同一相细菌的动力不能抑制。一般按原血清（1∶200）～（1∶800）量加入。

小套管法：将两端开口小玻管（下端开口要留一个缺口，不要平齐）放在半固体琼脂管内，小玻管的上端应高出于培养基表面，灭菌后备用。临用时在酒精灯上加热熔化，冷至50℃，挑取H因子血清1环，加入小套管中半固体琼脂内，略加搅动，使其混匀。凝固后，将待检菌株接种于小套管中的半固体琼脂表层内，每天检查结果，另一相细菌解离后，可从套管外的半固体琼脂表面取菌检查，或转种1%琼脂斜面，37℃培养后再做凝集试验。

简易平板法：将0.7%～0.8%半固体琼脂平板烘干表面水分，挑取H因子血清1环，滴在半固体琼脂平板表面，放置片刻，待血清吸收到琼脂内，在血清部位的中央点种待检菌株，培养后，在形成蔓延生长的菌苔边缘取菌检查。

4）Vi抗原鉴定。用Vi因子血清检查。已知具有Vi抗原的菌型有：伤寒沙门氏菌、丙型副伤寒沙门氏菌、都柏林沙门氏菌。

（5）菌型的判定　　综合以上生化试验和血清学分型鉴定的结果，按照有关沙门氏菌属抗原表判定菌型，并报告结果（过程见图13-1）。

13.2.2　志贺氏菌属（*Shigella*）检验

一、目的

学习食品中志贺氏菌属的检验方法。

二、原理

志贺氏菌属属于肠杆菌科，革兰氏阴性短杆菌，无芽孢、荚膜、鞭毛，需氧或兼性厌氧，最适生长温度为37℃左右。与肠杆菌科的各属细菌主要区别为不运动，对各种糖和醇利用能力较差，并且在含糖培养基内一般不形成气体。本属菌均不能发酵水杨苷，大多数不发酵乳糖（宋内氏志贺氏菌迟缓发酵），但都能分解葡萄糖，产酸不产气（福氏志贺氏菌6型可产生少量气体）。氧化酶阴性，在柠檬酸盐作为唯一碳源时不生长，氰化钾培养基上不生长，不产生硫化氢，尿素酶阴性，赖氨酸脱羧酶阴性。

志贺氏菌抗原结构由菌体（O）抗原和表面（K）抗原组成。利用O抗原的复杂性可将志贺氏菌分成A、B、C、D四群，代表菌有痢疾志贺氏菌、福氏志贺氏菌、鲍氏志贺氏菌和宋内氏志贺氏菌，每一群又可利用O抗原进行分型。引起食物中毒的主要是福氏志贺氏菌和宋内氏志贺氏菌。

三、材料、仪器

（1）培养基　　GN增菌液（附录5-59）、HE琼脂（附录5-53）、SS琼脂（附

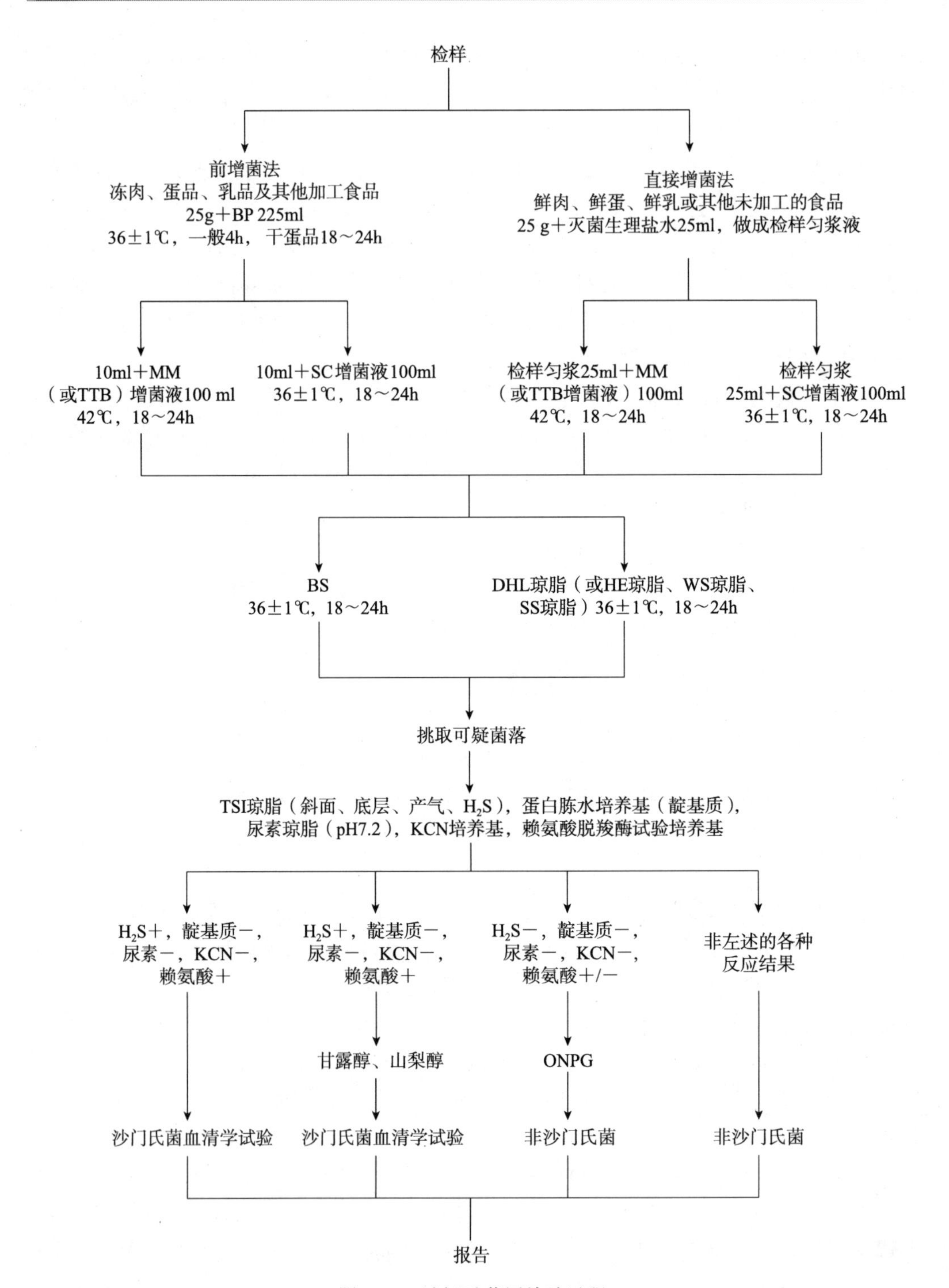

图 13-1 沙门氏菌属检验过程

录 5-55）、麦康凯琼脂（附录 5-60）、伊红亚甲蓝（EMB）琼脂（附录 5-61）、三糖铁（TSI）琼脂（附录 5-56）、葡萄糖半固体管（附录 5-62）、半固体琼脂（附录 5-58）、葡萄糖铵琼脂（附录 5-63）、尿素琼脂（附录 5-15）、西蒙氏柠檬酸盐琼脂（附录 5-64）、氰化钾（KCN）培养基（附录5-57）、氨基酸脱羧酶培养基（附录5-28）（赖氨酸、鸟氨酸）、糖发酵管（附录5-16）（棉子糖、甘露醇、甘油、七叶苷及水杨苷）、5%乳糖发酵管（附录5-17）、蛋白胨水培养基（附录5-18）。

（2）试剂　靛基质试剂、志贺氏菌属诊断血清等。

（3）仪器及其他　冰箱、恒温培养箱、显微镜、均质器或灭菌乳钵、天平、广口瓶、锥形瓶、培养皿、硝酸纤维素滤膜（0.45μm、150mm×50mm，用时切成两张，每张70mm×50mm，铅笔画格，每格6mm×6mm，每行10格，分6行，灭菌备用）等。

四、方法

（1）增菌　以无菌操作取检样25g（ml），加入装有225ml GN增菌液的广口瓶内，固体食品用均质器以8000～10 000r/min打碎1min，或用乳钵加灭菌砂磨碎，粉状食品用金属匙或玻璃棒研磨使其乳化，36℃培养6～8h。培养时间视细菌生长情况而定，当培养液出现轻微混浊时即应中止培养。

（2）分离和初步生化试验

1）取增菌液1环划线接种HE琼脂平板或SS琼脂平板1个；另取1环划线接种于麦康凯琼脂平板或伊红亚甲蓝琼脂平板1个，36℃培养18～24h，志贺氏菌在这些培养基上呈现无色透明不发酵乳糖的菌落。

2）挑取平板可疑菌落，接种三糖铁琼脂和葡萄糖半固体各一管，36℃培养18～24h，观察结果。

注意：一般应多挑几个菌落，以防遗漏。

3）下述培养物可以弃去：①在三糖铁琼脂斜面上呈蔓延生长的培养物；② 18～24h内发酵乳糖、蔗糖的培养物；③不分解葡萄糖和只生长在半固体表面的培养物；④产气培养物；⑤有动力培养物；⑥产硫化氢培养物。

4）凡是乳糖、蔗糖不发酵，葡萄糖产酸不产气（福氏志贺氏菌6型可产生少量气体），无动力菌株，可做血清学分型和进一步生化试验。

（3）血清学分型和进一步生化试验

1）血清学分型。挑取三糖铁琼脂上培养物，做玻片凝集试验。先用4种志贺氏菌多价血清检查，如果由于K抗原存在而不出现凝集，应将菌液煮沸后再检查；如果呈现凝集，则用A1、A2、B群多价和D群血清分别试验。如系B群福氏志贺氏菌，则用群和型因子血清分别检查。福氏志贺氏菌各型和亚型的型抗原和群抗原见表13-8。可先用群因子血清检查，再根据群因子血清出现凝集的结果，依次选用型因子血清检查。

4种志贺氏菌多价血清不凝集的菌株，可用鲍氏志贺氏菌多价1、2、3型分别检查，并进一步用1～15各型因子血清检查。如果鲍氏多价血清不凝集，可用痢疾志贺氏菌3～12型多价血清及各型因子血清检查。

表 13-8　福氏志贺氏菌各型和亚型的型抗原和群抗原

型和亚型	型抗原	群抗原	群因子血清凝集试验		
			3，4	6	7，8
1a	Ⅰ	1，2，4，5，9…	+		−
1b	Ⅰ	1，2，4，5，9…	+		−
2a	Ⅱ	1，3，4…	+	−	−
2b	Ⅱ	1，7，8，9…	−	−	+
3a	Ⅲ	1，6，7，8，9…	−	+	+
3b	Ⅲ	1，3，4. 6…	+	+	−
4a	Ⅳ	1，(3，4)…	(+)	−	−
4b	Ⅳ	1，3，4. 6…	+	+	−
5a	Ⅴ	1，3，4…	+	−	−
5b	Ⅴ	1，5，7，9…	−	−	+
6	Ⅵ	1，2，(4)…	(+)	−	−
X 变体	—	1，7，8，9…	−	−	+
Y 变体	—	1，3，4…	+	−	−

注："+"凝集；"−"不凝集；"( )" 有或无。

2）进一步生化试验。在做血清学分型同时，应做进一步的生化试验，即葡萄糖铵、西蒙氏柠檬酸盐、赖氨酸和鸟氨酸脱羧酶、pH7.2 尿素、氰化钾（KCN）生长，以及水杨苷和七叶苷的分解。除宋内氏志贺氏菌和鲍氏志贺氏菌 13 型为鸟氨酸阳性外，志贺氏菌属的培养物均为阴性结果。必要时应做革兰氏染色检查和氧化酶试验，应为氧化酶阴性的革兰氏阴性杆菌。生化反应不符合的菌株，即使能与某种志贺氏菌分型血清发生凝集，仍不得判定为志贺氏菌属的培养物（过程见图 13-2）。

已判定为志贺氏菌属的培养物，应进一步做 5% 乳糖发酵、甘露醇、棉子糖和甘油的发酵和靛基质试验。志贺氏菌属 4 个生化群的培养物，应符合该群生化特性。但福氏志贺氏菌 6 型的生化特性与 A 群或 C 群相似，见表 13-9。

表 13-9　志贺氏菌属四个群的生化特性

生化群	5% 乳糖	甘露醇	棉子糖	甘油	靛基质
A 群：痢疾志贺氏菌	−	−	−	(+)	−/+
B 群：福氏志贺氏菌	−	+	+	−	(+)
C 群：鲍氏志贺氏菌	−	+	−	(+)	−/+
D 群：宋内氏志贺氏菌	+/(+)	+	+	d	−

注："+"阳性；"−"阴性；"−/+"多数阴性，少数阳性；"(+)" 迟缓阳性；"d" 有不同生化型。

五、结果

综合生化和血清学的试验结果判定菌型并做出报告。

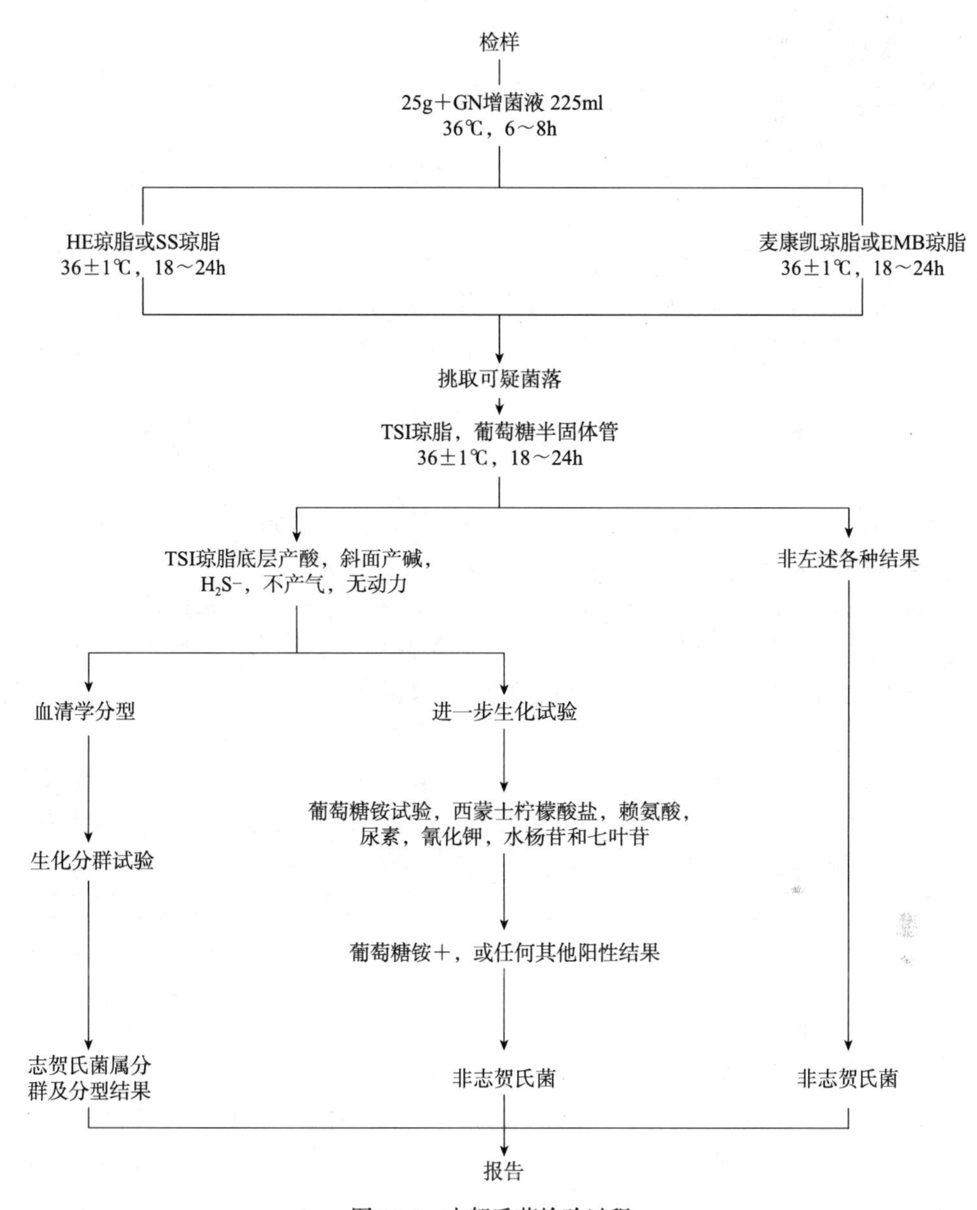

图 13-2　志贺氏菌检验过程

13.2.3　金黄色葡萄球菌（*Staphylococcus aureus*）检验

一、目的

学习金黄色葡萄球菌检验方法。

二、原理

金黄色葡萄球菌为致病菌，由化脓性炎症患者或带菌者在接触食品时使食品污染，通过产生肠毒素引起食物中毒。另外，患乳房炎奶牛产的奶、有化脓症状的牲畜肉尸常带有金黄色葡萄球菌。

三、材料、仪器

（1）培养基　胰酪胨大豆肉汤（附录5-65）、7.5%氯化钠肉汤（附录5-66）、血琼脂平板（附录5-67）、Baird-Parker琼脂平板（附录5-68）、肉浸液肉汤（附录5-69）。

（2）试剂　灭菌盐水、兔血浆（附录3-20）等。

（3）仪器及其他　吸管、均质器或灭菌乳钵、培养箱、培养皿、冰箱、显微镜、天平、试管、锥形瓶、注射器、玻璃涂棒、刀、剪子、镊子等。

四、方法

（1）增菌培养

1）检样处理。称取25g固体样品，或吸取25ml液体样品，加入225ml灭菌生理盐水，固体样品研磨或置均质器中制成菌悬液。

2）增殖及分离培养。取5ml上述菌悬液，接种于7.5%氯化钠肉汤或胰酪胨大豆肉汤50ml培养基内，置于36±1℃恒温培养24h，转接血平板和Baird-Parker平板，36±1℃恒温培养24h，挑取金黄色葡萄球菌菌落进行革兰氏染色镜检及血浆凝固酶试验。

3）形态观察。本菌为革兰氏阳性球菌，葡萄球状排列，无芽孢、荚膜，金黄色葡萄球菌菌体较小，直径为0.5～1μm。在肉汤中呈混浊生长，在胰酪胨大豆肉汤内有时澄清，菌量多时呈混浊生长，血平板上菌落呈金黄色，也有时为白色，大而突起，圆形，不透明，表面光滑，周围有溶血圈。在Baird-Parker平板上为圆形，光滑凸起，湿润，直径为2～3mm，颜色呈灰色到黑色，边缘为淡色，周围为一混浊带其外层有一透明圈。用接种针接触菌落似有奶油至树胶硬度，偶然会遇到非脂肪溶解的类似菌落，但无混浊带及透明圈。长期保存冷冻或干燥食品中所分离菌落所产生的黑色较淡些，外观可能粗糙并干燥。

4）血浆凝固酶试验。取1∶4兔血浆0.5ml，放入小试管，再加入培养24h金黄色葡萄球菌肉浸液肉汤培养物0.5ml，振荡摇匀，36±1℃恒温培养，每半小时观察1次，观察6h，如呈现凝固，即将试管倾斜或倒置时，呈现凝块者，为阳性结果。同时以已知阳性和阴性葡萄球菌株及肉汤作为对照（过程见图13-3）。

（2）直接计数法计数

1）吸取上述1∶10菌悬液，进行10倍递次稀释，据样品污染情况，选择不同浓度稀释液1ml，分别加入3块Baird-Parker平板，每个平板接种量分别为0.3ml，0.3ml，0.4ml然后涂布整个平板。若水分多，可将平板放在36±1℃恒温培养1h，水分蒸发后反转培养皿置36±1℃恒温培养。

2）在3个平板上计数周围有混浊带黑色菌落，从中选5个菌落，分别接种血平板，36±1℃培养24h进行镜检及血浆凝固酶试验，步骤同上。

3）菌落计数：将3个平板中疑似金黄色葡萄球菌黑色菌落相加，乘以血浆凝固酶阳性数，除以5，乘以稀释倍数，即可求出每克样品金黄色葡萄球菌数（过程见图13-3）。

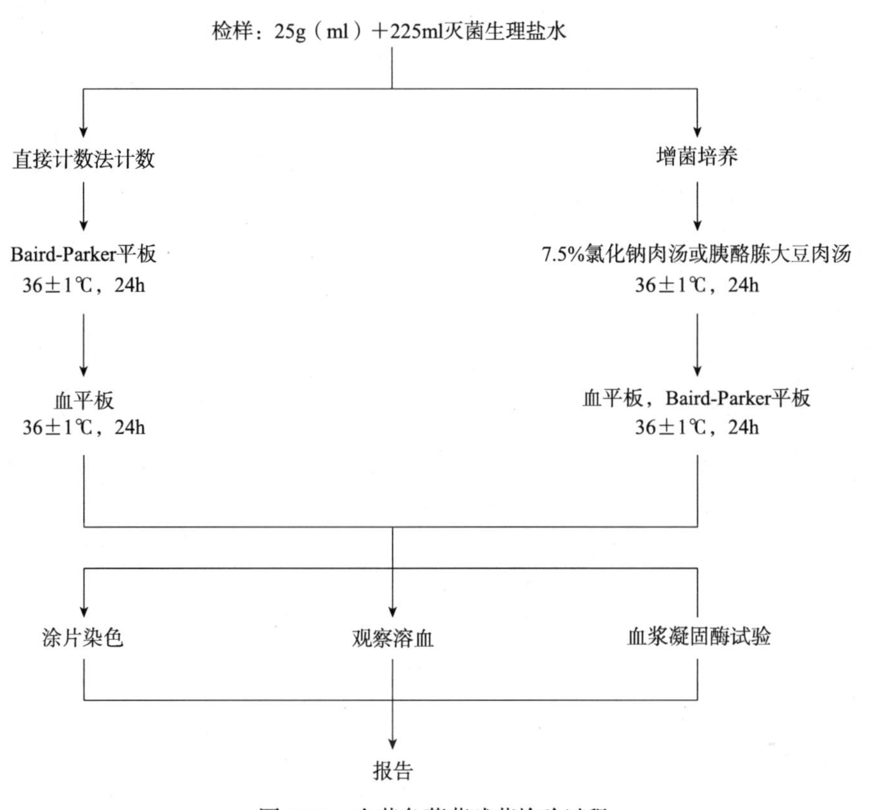

图13-3　金黄色葡萄球菌检验过程

13.2.4　肉毒梭菌（*Clostridium botulinum*）及肉毒毒素检验

一、目的

学习肉毒梭菌及肉毒毒素检验方法。

二、原理

肉毒梭菌广泛分布于自然界特别是土壤中，易于污染食品，在适宜条件下可产生肉毒毒素，引起神经麻痹且病死率很高。肉毒梭菌为专性厌氧能形成芽孢杆菌。芽孢对热抵抗力强，需要煮沸6h，或120℃加热4～5min才能杀死。

肉毒梭菌按其产生毒素抗原特异性，分为A、B、C、D、E、F、G 7个型，引起人类食物中毒主要为A、B、E型，F型能引起人毒血症，E型可被胰酶激活而活力增强，C、D型主要是禽、畜肉中毒病原菌。肉毒梭菌检验目标主要是其毒素，不论食品肉毒毒素检验或肉毒梭菌检验，均以毒素检测及定型试验为主要判断依据。

三、材料、仪器

（1）培养基　庖肉培养基（附录 5-70）、10% 卵黄琼脂培养基（附录 5-25）。

（2）试剂　明胶磷酸盐缓冲液（附录 3-21）、肉毒分型抗毒诊断血清、胰酶（活力 1：250）、革兰氏染色液（附录 4-2）等。

（3）仪器及其他　吸管、均质器或灭菌乳钵、培养箱、培养皿、冰箱、显微镜、相差显微镜、厌氧培养箱水浴锅、天平、试管、锥形瓶、注射器、刀、剪子、镊子等。

四、方法

（1）肉毒毒素检测：小鼠腹腔注射法　液体检样可直接离心，固体或半流体检样须加适量明胶磷酸盐缓冲液（肉毒梭菌在偏酸溶液中，尤其在含明胶溶液中比较稳定），浸泡、研碎，然后离心，取上清液进行检测。

另取部分上清液，调 pH6.2，每 9 份加 1 份 10% 胰酶溶液，混匀，不断轻轻搅动，37℃作用 60min，激活毒素，然后进行检测。

1）检出试验。取上述离心上清液及其胰酶激活处理液注射小鼠 3 只，每只 0.5ml，观察 4d。注射液中若有肉毒毒素存在，小鼠多在注射 24h 内发病、死亡。主要症状为竖毛，四肢瘫软，呼吸困难，呈风箱式，腰部凹陷，宛若蜂腰，最后死于呼吸麻痹。

如遇小鼠猝死以至症状不明显时，则可将注射液做适当稀释，重做试验。

注意：未经胰酶处理检样的毒素检出试验若为阳性结果，则胰酶激活处理液可省略毒力测定及定型试验。

2）确证试验。不论上清液或激活处理液，凡能致小鼠发病、死亡者，取样分成 3 份进行试验，1 份加等量多型混合肉毒抗毒诊断血清，混匀，37℃作用 30min；1 份加等量明胶缓冲液，混匀，煮沸 10min；1 份加等量明胶缓冲液，混匀即可。3 份混合液分别注射小鼠 2 只，每只 0.5ml，观察 4d，若注射加诊断血清与煮沸加热 2 份混合液的小鼠均获保护存活，而唯有注射未经其他处理混合液的小鼠以特有症状死亡，可判断检样中有肉毒毒素存在，必要时进行毒力测定及定型试验。

注意：未经胰酶处理检样的毒素确证试验若为阳性结果，则胰酶激活处理液可省略毒力测定及定型试验。

3）毒力测定。取已判断含有肉毒毒素检样离心上清液，用明胶缓冲液做 50、500、5000 倍稀释，分别注射小鼠 2 只，每只 0.5ml，观察 4d。根据动物死亡情况，计算检样所含肉毒毒素大体毒力（MLD/ml 或 MLD/g）。例如，5、50、500 倍稀释致动物全部死亡，而注射 5000 倍稀释液动物全部存活，则可大体判断检样所含毒素毒力为 1000～10 000MLD/ml。

4）定型试验。按毒力测定结果，用明胶缓冲液将检样上清液稀释至所含毒素毒力在 10～1000MLD/ml，分别与各单型肉毒抗诊断血清等量混匀，37℃作用 30min，各注射小鼠 2 只，每只 0.5ml，观察 4d。同时以明胶磷酸缓冲液代替诊断血清，与稀释毒素液等量混合作对照，能保护动物免于发病、死亡的诊断血清型即为检样所含肉毒毒素型别。

注意：①为争取时间尽快得出结果，毒素检测各项试验也可同时进行。②进行确证及定型等中和试验时，检样稀释应参照所用毒素诊断血清效价。③根据具体条件和可能性，定型试验可酌情先省略C、D、F及G型。④实验动物的观察可按阳性结果出现随时结束，以缩短观察时间；唯有出现阴性结果时，应保留充分的观察时间。

（2）肉毒梭菌检出　取疱肉培养基3支，煮沸10～15min，做如下处理。

1）第1支：急速冷却，接种检样均质液1～2ml。

2）第2支：冷却至60℃，接种检样，继续于60℃保温10min，急速冷却。

3）第3支：接种检样，继续煮沸加热10min，急速冷却。

以上接种物于30℃培养5d，若无生长，可再培养10d。培养到期，若有生长，取培养液离心，以其上清液进行毒素检测试验，方法同肉毒毒素检测，阳性结果证明检样中有肉毒梭菌存在。

（3）分离培养　选取经毒素检测试验证实含有肉毒梭菌的前述增菌产毒培养物（必要时可重复一次，做适宜加热处理）接种卵黄琼脂平板，35℃厌氧培养48h，观察菌落，革兰氏染色镜检。肉毒梭菌在卵黄琼脂平板上生长时，菌落及周围培养基表面覆盖着特有的彩虹样（或珍珠层样）薄层，但G型菌无此现象。

据菌落形态及菌体形态挑取可疑菌落，接种庖肉培养基，30℃培养5d，进行毒素检测及培养特性检查确证试验。

1）肉毒毒素检测：方法同操作步骤（1）。

2）培养特性检查：接种卵黄琼脂平板，分成2份，分别在35℃需氧和厌氧条件下培养48h，观察生长情况及菌落形态。肉毒梭菌只有在厌氧条件下才能在卵黄琼脂平板上生长并形成具有上述特征的菌落，而在需氧条件下则不生长。

肉毒梭菌及肉毒毒素检测程序如图13-4。

13.2.5　蜡样芽孢杆菌（*Bacillus cereus*）检验

一、目的

学习蜡样芽孢杆菌检验方法。

二、原理

蜡样芽孢杆菌是一种需氧，有芽孢革兰氏阳性杆菌。在自然界分布较广，并易从各种食品中检出。当每克食品中蜡样芽孢杆菌活菌数在百万以上，常可导致食物中毒暴发。蜡样芽孢杆菌食物中毒涉及食品种类较多，包括乳类食品、肉类制品、蔬菜、汤汁、豆制品、甜点和剩米饭等。蜡样芽孢杆菌所致食物中毒有两种类型，一种是以恶心、呕吐症状为主，另一种是以腹痛、腹泻症状为主。前者潜伏期较短，仅0.5～5h；后者潜伏期较长，通常为6～16h。本菌中毒可在集团中大规模暴发或散在发生。

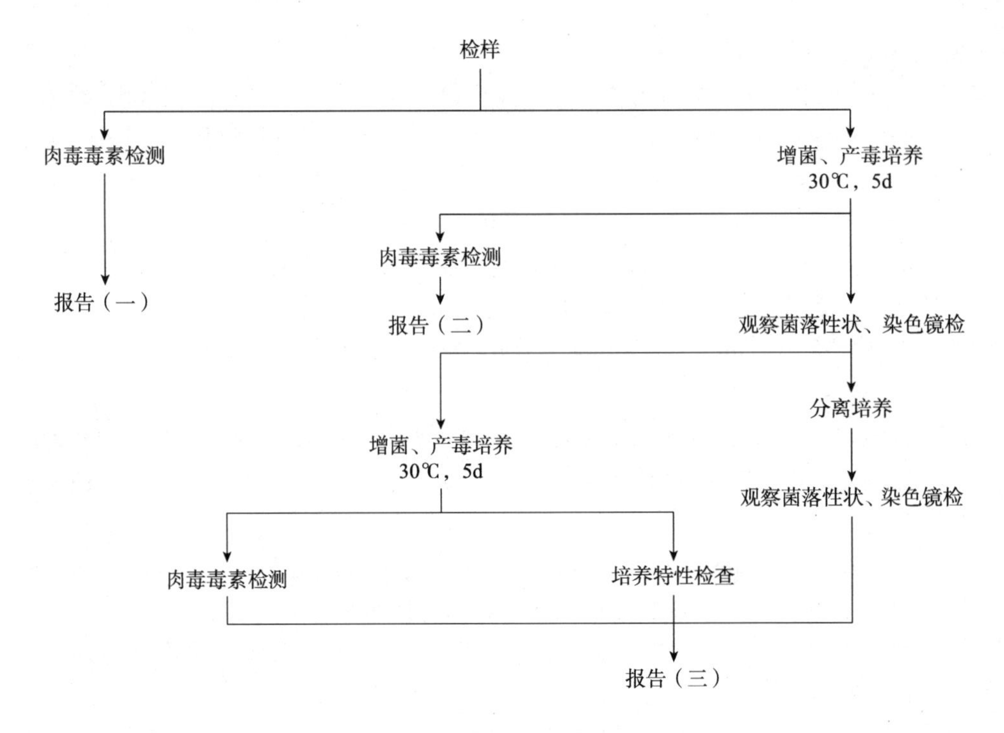

图 13-4 肉毒梭菌及肉毒毒素检测程序

三、材料、仪器

（1）培养基　肉汤培养基（附录 5-1）、酪蛋白琼脂培养基（附录 5-71）、动力 - 硝酸盐培养基（附录 5-72）、缓冲葡萄糖蛋白胨水培养基（附录 5-73）、血琼脂培养基（附录 5-67）、甘露醇卵黄多黏菌素（MYP）琼脂培养基（附录 5-74）、木糖 - 明胶培养基（附录 5-75）。

（2）试剂　3% 过氧化氢、甲萘胺 - 乙酸（附录 3-22）、对氨基苯磺酸 - 乙酸溶液（附录 3-23）、革兰氏染色液、0.5% 碱性品红染色液等。

（3）仪器及其他　冰箱、培养箱、水浴锅、显微镜、均质器或灭菌乳钵、天平、锥形瓶、试管、玻璃涂棒、吸管、培养皿、刀、剪、镊子等。

四、方法

（1）菌数测定　取检样 25g（ml）用灭菌生理盐水或磷酸盐缓冲液稀释，稀释度为 10^{-1}～10^{-5}。取各稀释液 0.1ml，接种于选择性培养基——甘露醇卵黄多黏菌素（MYP）琼脂培养基，涂布于整个表面，36±1℃培养 12～20h，选取适当菌落数的平板进行计数。蜡样芽孢杆菌在此培养基上菌落为粉红色（表示不发酵甘露醇），周围有粉红色的晕（表示产生卵磷脂酶）。计数后，从中挑取 5 个菌落做证实试验，根据证实的蜡样芽孢杆菌的菌落数计算出该平板上的菌落数，然后乘以其稀释倍数，即得每克（毫升）样品中所含蜡样芽孢杆菌数。例如，将 0.1ml 10^{-4} 样品稀释液涂布于 MYP 琼脂培养基，其可疑菌落为25个，取5个鉴定，证实4个菌落为蜡样芽孢杆菌，则1g（ml）检样中所含蜡样芽孢杆菌数为：$25\times4/5\times10^4\times10=2\times10^6$个。

（2）分离培养　取检样或稀释液划线分离于MYP琼脂培养基，37℃培养12～20h，挑取可疑的蜡样芽孢杆菌菌落（方法同菌数测定）接种于肉汤和营养琼脂做成纯培养，然后做证实试验。

（3）证实试验

1）形态观察：革兰氏阳性大杆菌，宽度在1μm或1μm以上，芽孢呈卵圆形，不突出菌体，多位于菌体中央或稍偏于一端。

2）培养特征：在肉汤中生长混浊，常有菌膜或壁环，振摇易乳化；在普通琼脂平板上其菌落不透明，表面粗糙，似毛玻璃状或熔蜡状，边缘不整齐。

3）生化性状及生化分型：①生化性状：本菌有动力，能产生卵磷脂酶和酪蛋白酶，过氧化氢酶试验阳性，溶血，不发酵甘露醇和木糖，常能液化明胶和使硝酸盐还原，在厌氧条件下能发酵葡萄糖。②生化分型：蜡样芽孢杆菌根据柠檬酸盐试验、硝酸盐试验、淀粉水解试验、伏-波试验、明胶液化试验的结果分成不同型别，见蜡样芽孢杆菌生化分型表（表13-10）。

蜡样芽孢杆菌检验程序如图13-5。

表13-10　蜡样芽孢杆菌生化分型表

型别	生化试验				
	柠檬酸盐试验	硝酸盐试验	淀粉水解试验	伏-波试验	明胶液化试验
1	+	+	+	+	+
2	−	+	+	+	+
3	+	+	−	+	+
4	−	−	+	+	+
5	−	−	−	+	+
6	+	−	−	+	+
7	+	−	+	+	+
8	−	+	−	+	+
9	−	+	−	−	+
10	−	+	+	−	+
11	+	+	+	−	+
12	+	+	−	−	+
13	−	−	+	−	−
14	+	−	−	−	+
15	+	−	+	−	+

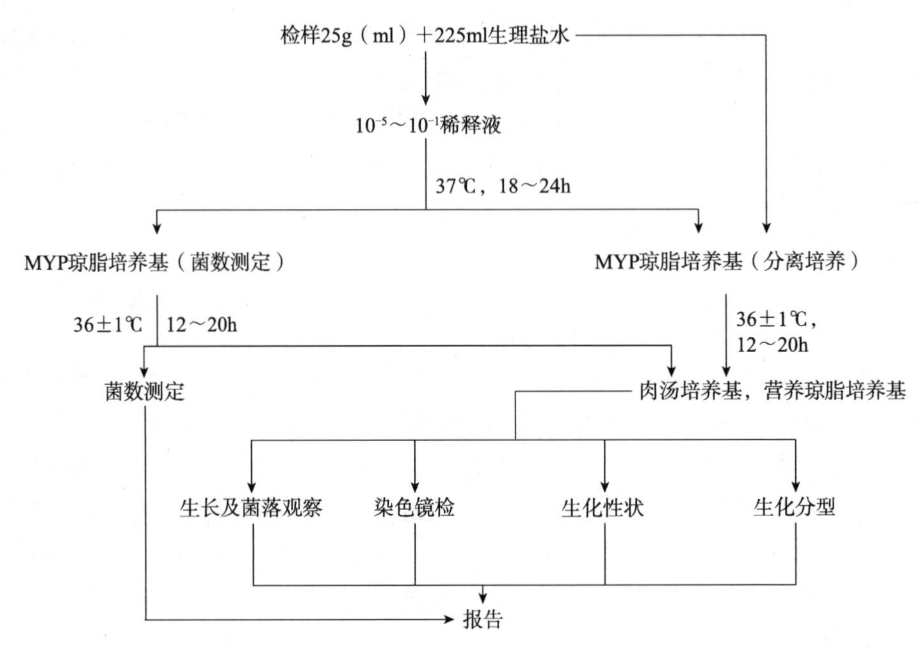

图 13-5 蜡样芽孢杆菌检验程序

蜡样芽孢杆菌的生化性状与苏云金芽孢杆菌极为相似，但可通过后者可在细胞内产生的蛋白质毒素结晶加以鉴别。其检查方法如下：取营养琼脂上纯培养物少许，加少量蒸馏水涂于载玻片，干燥后固定，加甲醇于载玻片，30s 倾去甲醇，火焰上干燥，然后滴加 0.5% 碱性品红液，用酒精灯加热至微见蒸汽，维持 1.5min，将玻片放置 30s，倾去染液，用水漂洗、晾干、镜检。油镜下检查有无游离芽孢和深染似菱形红色结晶小体（如未形成游离芽孢，培养物应放室温保存 1～2d 后检查），如有即为苏云金芽孢杆菌，蜡样芽孢杆菌检查为阴性。

13.2.6 霉菌和酵母数测定

一、目的

学习霉菌和酵母数测定的方法。

二、原理

食品和粮食因遭到霉菌和酵母侵染，常常发生霉变，有些霉菌的有毒代谢产物会引起各种急性和慢性中毒，有些霉菌毒素具有强烈致癌性。实验证明，一次大量食入或长期少量食入霉菌毒素，皆能诱发癌症。自然界产毒霉菌如青霉、曲霉和镰刀菌分布较广，因此，加强对食品霉菌的检测，在食品卫生学上具有重要意义。霉菌和酵母数测定是指食品检样经过处理，在一定条件下培养后，测定所得 1g 或 1ml 检样中所含霉菌和酵母菌落数（粮食样品是指 1g 粮食表面的霉菌总数）。霉菌和酵母数主要作为判定食品被霉菌和酵母污染程度标志，以便对被检样品进行卫生学评价。

三、材料、仪器

（1）培养基　马铃薯葡萄糖琼脂培养基（附录 5-3）。

（2）仪器及其他　冰箱、恒温培养箱、恒温振荡器、显微镜、天平、锥形瓶、广口瓶、吸管、培养皿、试管、载玻片、盖玻片、牛皮纸袋、塑料袋、金属勺、刀等。

四、方法

1）取检样 25g（ml），放入含 225ml 灭菌水具玻璃塞锥形瓶，振摇 30min，即为 10^{-1} 稀释液。

2）用吸管吸取 10^{-1} 稀释液 10ml，加入试管，另用 1ml 吸管反复吹吸 50 次，使霉菌孢子充分散开。

3）取 1ml 10^{-1} 稀释液，加入含 9ml 水的试管，另换一支 1ml 吸管吹吸 5 次，即为 10^{-2} 稀释液。

4）按上述操作顺序做 10 倍递增稀释液，得到不同稀释度的稀释液。据对样品污染情况估计，选择 3 个合适稀释度，吸取 1ml 稀释液于培养皿，每个稀释度做 2 个培养皿，然后将凉至 45℃左右的培养基注入培养皿，并转动培养皿使之与样液混匀，待琼脂凝固后，25～28℃温箱培养，3d 后开始观察，共培养观察 5d。

5）通常选择菌落数在 10～150 的培养皿进行计数，计算检样中所含霉菌和酵母数（过程见图 13-6）。每克（或毫升）食品所含霉菌和酵母数以 cfu/g（ml）表示。

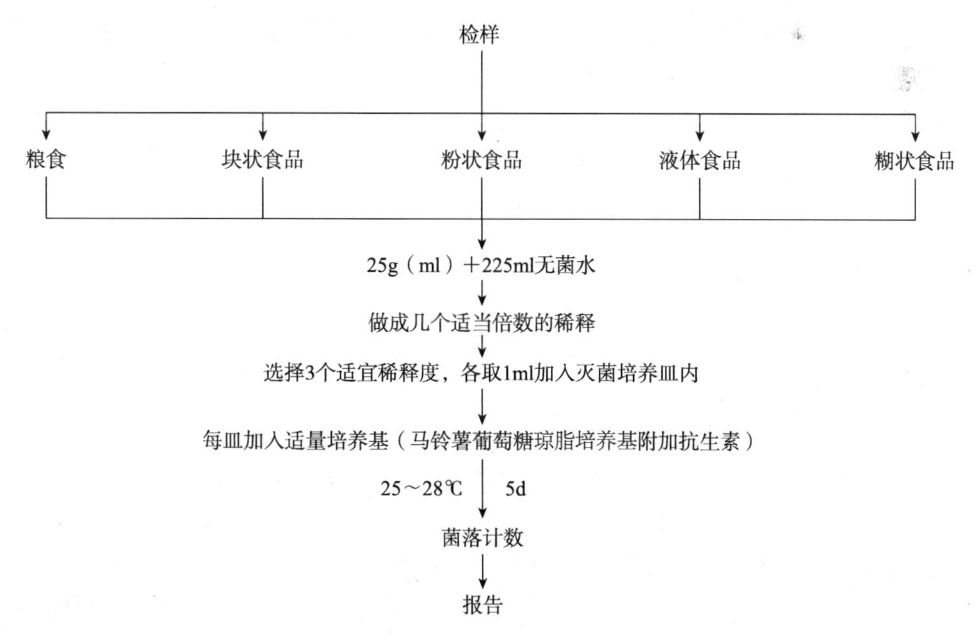

图 13-6　霉菌和酵母数测定程序

13.3 食品加工和发酵生产环境卫生学检验

13.3.1 水的细菌学检验

从微生物学角度来看，微生物检测主要问题是方法，涉及实验设计、取样、培养、培养基和培养条件及数据处理等。

从卫生指标来看，发酵工业和食品工业用水的微生物数量指标主要考虑的是细菌，特别是病原菌数量。正常情况下主要涉及饮用水中细菌总数测定和大肠菌群数测定。研究表明，人粪便中大肠菌群数量每克为 10^8～10^9 个。若水中发现有大肠菌群细菌，说明已被粪便污染。虽然大肠菌群在人及动物肠道内生存，一般无致病性，但粪便污染就可能有肠道病原菌存在。因此，这种含有大肠菌群的水用于饮用或酿造是不安全的。

水的卫生学检验中最常用的指标是细菌总数和大肠菌群数。细菌总数是指每克或每毫升食品或水样中，经过处理在一定条件下培养后所得到细菌菌落的总数。细菌总数主要用于判断试样被污染的程度。在实际工作中，一般只用一种常用方法去测定细菌总数，测定结果仅反映一群能在营养琼脂平板上生长，37℃普通培养箱中培养 24h 后细菌菌落总数。大肠菌群是指一大群在 37℃经 24h 培养后能发酵乳糖产酸产气、需氧或兼性厌氧的革兰氏阴性无芽孢杆菌，其中包括肠杆菌属、埃希氏菌属、柠檬酸杆菌属及克雷伯氏菌属。大肠菌群数也称大肠菌指数，是指每 1L 水样中能检出的大肠菌群的菌数。检测大肠菌群数，一方面能表明样品有无污染，另一方面可判定试样污染程度。

13.3.1.1 饮用水中细菌总数及大肠菌群数的测定

一、目的

1. 掌握饮用水细菌学检测方法。
2. 了解水质状况与细菌总数及大肠菌群数。

二、原理

饮用水是否合乎卫生标准，需要进行水中细菌数量及大肠菌群测定。细菌总数测定采用平板培养菌落计数法，大肠菌群测定是将一定量的样品接种乳糖发酵管，发酵管内置有杜氏发酵管。大肠菌群能发酵乳糖产酸产气，培养基中溴甲酚紫作为 pH 指示剂，细菌产酸后，培养基由紫色变为黄色。水样接种发酵管内，37℃培养，24h 小管中有气体产生，并且培养基变混浊，颜色改变，说明水中存在大肠菌群，为阳性结果，但也有个别的细菌在此条件下也可能不产气；此外产酸不产气的也不能完全说明是阴性结果；在微生物数量少的情况下，也可能延迟 48h 后才产气，此时视为可疑结果，需要做平板培养和复发酵试验检测才能确定是否是大肠菌群；48h 后仍不产气为阴性结果。根据发酵反应结果，确证大肠杆菌的阳性管数后，在检索表中查出大肠菌群的近似值。

我国饮用水标准一般为：1ml 自来水中细菌总数不得超过 100 个；1L 自来水中大肠菌群数≤3 个。

三、材料、仪器

（1）培养基　牛肉膏蛋白胨培养基（附录 5-1）、3 倍浓缩乳糖蛋白胨培养基（附录 5-77）、伊红亚甲蓝培养基（附录 5-61）、乳糖蛋白胨培养基（附录 5-76）。

（2）染液　革兰氏染色液（附录 4-2）。

（3）仪器及其他　火柴、锥形瓶、带玻璃塞空瓶、冰箱、吸管、培养皿、恒温培养箱、试管、计数器、蒸馏水、载玻片、接种环、酒精灯、电吹风、洗瓶、显微镜、香柏油、擦镜纸、擦镜液、清洗缸等。

四、方法

1．细菌总数测定

（1）水样采取

1）自来水。自来水龙头用火焰烧约 3min，再开水龙头使水流出 5min，以灭菌锥形瓶采集水样。

2）池水、湖水或河水。采集距水面 10～15cm 的深层水样，将灭菌带玻璃塞瓶的瓶口向下浸入水中，然后翻转过来，除去玻璃塞，水即流入瓶中。采满后，将瓶塞盖好，取出，应立即检查，否则应放入冰箱中保存。

（2）测定

1）自来水。

用灭菌吸管吸取 1ml 水样，注入灭菌培养皿中，做 3 个重复。倒入约 15ml 已熔化并冷却到 45℃左右的牛肉膏蛋白胨培养基，并立即在桌子上做平面旋摇，使水样与培养基充分混匀。另取一空灭菌培养皿，倒入约 15ml 牛肉膏蛋白胨培养基作空白对照。培养基凝固后，37℃恒温培养 24h，菌落计数。3 个平板的平均菌落数即为 1ml 水样的细菌总数。

2）池水、湖水或河水。

稀释水样。取 3 个灭菌空试管，分别加入 9ml 无菌水。取 1ml 水样注入第 1 支管摇匀，再自第 1 管取 1ml 无菌水注入下一 9ml 无菌水试管，依次类推，得到不同稀释梯度 10^{-1}、10^{-2}、10^{-3} 水样。稀释倍数根据水样污浊程度而定，以培养菌落数在 30～300 个的稀释度为宜。若 3 个稀释度的菌落数太多或太少无法计数，则需继续稀释或减小稀释倍数。一般中等程度污秽水样取 10^{-1}、10^{-2}、10^{-3} 3 个连续稀释度；污秽严重取 10^{-2}、10^{-3}、10^{-4} 3 个连续稀释度。

自最后 3 个稀释度的试管中各取 1ml 稀释水样加入空灭菌培养皿，每一稀释度做 3 个重复。各培养皿倒入 45℃左右牛肉膏蛋白胨培养基约 15ml，并立即在桌子上做平面旋摇，使水样与培养基充分混匀。培养基凝固后，37℃恒温培养 24h，菌落计数。

（3）菌落计数方法

1）计算相同稀释度平均菌落数。若其中一个平板有较大片状菌苔生长时，则不应采用，而应以无片状菌苔生长的平板计算该稀释度平均菌落数。若片状菌苔大小不到平板一半，而其余一半菌落分布又很均匀时，则可将此一半的菌落数乘 2 以代表平板菌落数，然后再计算该稀释度平均菌落数。

2）选择平均菌落数在 30～300 个的稀释度，当只有一个稀释度的平均菌落数符合此范围时，则以该平均菌落数乘稀释倍数即为该水样细菌总数（见表 13-10，例次 1）。

3）若有 2 个稀释度的平均菌落数在 30～300 个，则按两者菌落总数之比值来决定。若其比值小于 2，应采取两者的平均数；若大于 2，则取其中较小的菌落总数（见表 13-11，例次 2、3）。

4）若所有稀释度平均菌落数均大于 300，则应按稀释度最高平均菌落数乘以稀释倍数（见表 13-11，例次 4）。

5）若所有稀释度平均菌落数均小于 30，则应按稀释度最低平均菌落数乘以稀释倍数（见表 13-11，例次 5）。

6）若所有稀释度平均菌落数在 30～300 个，则以最近 300 或 30 平均菌落数乘以稀释倍数（见表 13-11，例次 6）。

表 13-11　计算菌落总数方法举例

例次	不同稀释度的平均菌落数			2 个稀释度菌落之比	菌落总数/（个/ml）	备注
	10^{-1}	10^{-2}	10^{-3}			
1	1365	164	20	—	16 400	两位以后的数字采取四舍五入方法
2	2760	295	46	1.6	37 750	
3	2890	271	60	2.2	27 100	
4	无法计数	1650	513	—	513 000	
5	27	11	5	—	270	
6	无法计数	305	12	—	30 500	

2．大肠菌群数测定

（1）水样采取　同细菌总数测定。

（2）自来水检查

1）初步发酵实验。在 2 个内装 50ml 3 倍浓缩乳糖蛋白胨发酵烧瓶中，各加入 100ml 水样。在 10 支含有 5ml 3 倍浓缩乳糖蛋白胨发酵管，各加 10ml 水样。混匀后，37℃培养 24h，未产气继续培养至 48h。

2）平板分离。经 24h 培养后，将产酸产气及 48h 产酸产气发酵管，分别划线接种于伊红亚甲蓝培养琼脂平板，37℃培养 18～24h，将部分符合下列特征的菌落，进行涂片，革兰氏染色，镜检。①深紫黑色、有金属光泽；②紫黑色、不带或略带金属光泽；③淡紫红色、中心颜色较深。

3）复发酵实验。经涂片、染色、镜检，如为革兰氏阴性无芽孢杆菌，则挑取该菌落的另一部分，重新接种于普通浓度乳糖蛋白胨发酵管，每管可接种来自同一初发酵管的同类型菌落 1～3 个，37℃培养 24h，若产酸产气，即证实有大肠杆菌群存在。

再据初发酵试验的阳性管数查表 13-12，即得大肠菌群指数。

表 13-12　大肠菌群数检索表：接种水样总量 300ml（100ml 2 份，10ml 10 份）

10ml 水量的阳性管数 \ 100ml 水量的阳性管数	0	1	2
	每升水样大肠菌群数	每升水样大肠菌群数	每升水样大肠菌群数
0	<3	4	11
1	3	8	18
2	7	13	27
3	11	18	38
4	14	24	52
5	18	30	70
6	22	36	92
7	27	43	120
8	31	51	161
9	36	60	230
10	40	69	>230

3．池水、湖水或河水等检查

1）将水样稀释成 10^{-1} 与 10^{-2}。

2）分别吸取 10^{-2}、10^{-1} 的稀释水样和原水样 1ml，各注入装有 10ml 普通浓度乳糖蛋白胨发酵管中。另取 10ml 和 100ml 原水样，分别注入装有 5ml 和 50ml 3 倍浓缩乳糖蛋白胨发酵液的试管（瓶）。

3）以下步骤同上述自来水的平板分离和复发酵实验。

4）根据 100ml、10ml、1ml、0.1ml 水样的发酵管结果查大肠菌群数检索表 13-13，据 0.1ml、0.01ml 水样的发酵管结果查表 13-14，即得每升水样中大肠菌群数。

表 13-13　大肠菌群数检索表：接种水样总量 111.1ml（100ml、10ml、1ml、0.1ml 各 1 份）

接种水样量 /ml				每升水样中大肠菌群数
100	10	1	0.1	
−	−	−	−	<9
−	−	−	+	9
−	−	+	−	9
−	+	−	−	9.5
−	−	+	+	18
−	+	−	+	19

续表

接种水样量 /ml				每升水样中大肠菌群数
100	10	1	0.1	
－	＋	＋	－	22
＋	－	－	－	23
－	＋	＋	＋	28
＋	－	－	＋	92
＋	－	＋	－	94
＋	－	＋	＋	180
＋	＋	－	－	230
＋	＋	－	＋	960
＋	＋	＋	－	2380
＋	＋	＋	＋	>2380

注：“＋”发酵阳性；“－”发酵阴性。

表 13-14　大肠菌群数检索表：接种水样总量 11.11ml（10ml、1ml、0.1ml、0.01ml 各 1 份）

接种水样量 /ml				每升水样中大肠菌群数
10	1	0.1	0.01	
－	－	－	－	<90
－	－	－	＋	90
－	－	＋	－	90
－	＋	－	－	95
－	－	＋	＋	180
－	＋	－	＋	190
－	＋	＋	－	220
＋	－	－	－	230
－	＋	＋	＋	280
＋	－	－	＋	920
＋	－	＋	－	940
＋	－	＋	＋	1800
＋	＋	－	－	2300
＋	＋	－	＋	9600
＋	＋	＋	－	2 3800
＋	＋	＋	＋	>2 3800

注：“＋”发酵阳性；“－”发酵阴性。

13.3.1.2　滤膜法测定水中大肠菌群

一、目的

学习使用滤膜法测定水中大肠菌群。

二、原理

滤膜法是采用滤膜过滤器过滤水样，使其中细菌截留在滤膜上，然后将滤膜放在适当培养基（如伊红亚甲蓝培养基）上进行培养，大肠菌群可直接在膜上生长，并出现特征性菌落颜色，从而可直接计数。所用滤膜是一种多孔硝酸纤维素膜或乙酸纤维素膜，其孔径约 0.45μm。

三、材料、仪器

（1）材料　　检样：自来水或河水、井水等。

（2）培养基　　伊红亚甲蓝琼脂培养基（附录 5-61）。

（3）仪器及其他　　过滤器、镊子、夹钳、真空泵、滤膜、烧杯等。

四、方法

1）滤膜灭菌。将滤膜放入装有蒸馏水的烧杯，加热煮沸灭菌 3 次，每次 15min。前 2 次煮沸后需换水清洗 2～3 次。

2）滤膜过滤器装置的装配。将已灭过菌的过滤器基座、滤膜、漏斗和抽滤瓶按图 13-7 装配好，其中滤膜用无菌镊子夹取转移至过滤器基座，其他可直接用手操作，但不要碰到伸入抽滤瓶的橡皮塞部分，以免染菌。

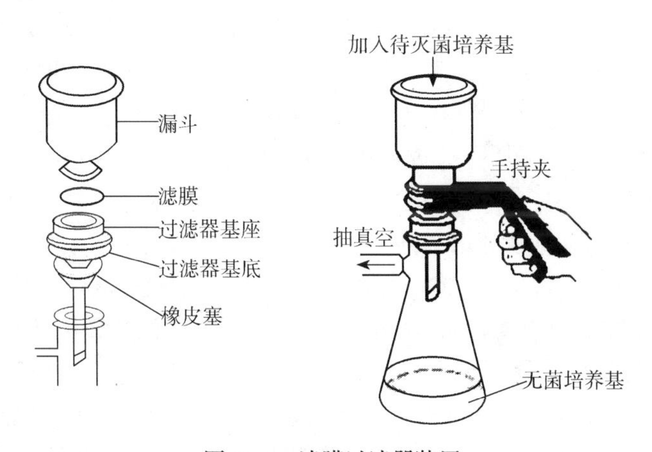

图 13-7　滤膜过滤器装置

3）将抽滤瓶接上真空泵。

4）加水样过滤，并开启真空泵。ϕ35cm 滤膜过滤水样以培养后生长菌落数不超过 50 个为适宜。一般清洁深井水或经处理河水或湖水，可取样 300～500ml；较清洁河水或湖水，可取样 100ml 以内；严重污染水样，可先进行稀释。本次实验于过滤器漏斗内加入比较清洁河水或湖水 100ml，加盖。

5）抽完后，加入等量无菌水，继续抽滤，冲洗漏斗壁。

6）滤毕，关闭真空泵，然后用无菌镊子夹取滤膜边缘，将滤膜移放到伊红亚甲蓝琼脂平板上，使滤膜与培养基表面完全贴紧（截留细菌面向上）。

注意：滤膜与培养基间不得留有气泡。

7）将平板于 37℃培养 24h。

8）选择符合大肠菌群菌落特征的菌落进行计数。

9）计算。1L 水样中大肠菌群数＝滤膜上的大肠菌群菌落数 ×10。

五、结果

1. 据结果描述滤膜上大肠菌群菌落特征。
2. 计算滤膜上大肠菌群菌落数。
3. 计算 1L 水样中大肠菌群数。

13.3.2 空气中微生物检测

一、目的

1. 了解一定环境空气微生物的分布情况。
2. 对无菌空气进行无菌程度检查。
3. 学习并掌握空气中微生物检测和计数基本方法。

二、原理

在发酵工业中，环境卫生状况、空气含菌量都将直接影响产品质量和产量，特别是对于好气性微生物，氧是其必需生长因子，在发酵制品的生产过程中，必须通入大量无菌空气。因此，测定工厂所在地、某些操作间内空气和经过滤等方法除菌后无菌风中含菌种类和数量，是工厂有关技术部门和环保单位经常需要做的工作。

据对空气采样方法不同，可将检测空气中微生物分为沉降法、过滤法和撞击法 3 种。沉降法是将盛有培养基的培养皿放在空气中暴露一定时间，培养后计算菌落数。按奥梅梁氏计算法，在面积为 100cm^2 培养基表面，5min 沉降下来的微生物数，相当 10L 空气所含微生物数。由此，实验中可将具有一定表面积的平板暴露在空气中 5min，37℃培养 24h，据菌落数计算出 1m^3 被检空气中细菌数。该法操作简单，使用普遍。但是只有一定大小颗粒在一定时间内才能降落到培养基，故所测得结果比实际存在微生物数量少，并且无法测定空气量，仅能较粗略计算空气中微生物污染程度及了解被测区微生物种类。

过滤法是使定量空气通过一种液体吸收剂，液体能阻挡空气中尘粒通过，并吸收附着在其上的细菌等微生物，取此吸收剂定量培养，计算出菌落数。

撞击法需要特殊仪器，以缝隙采样器（图 13-8）为例，打开真空泵或抽气机，空气以一定流速穿过狭缝而撞击在琼脂平板表面。狭缝长度为培养皿半径，平板与缝的间隙为 2mm。平板以一定转速旋转，使细菌在平板均匀散布。通常平板转动一周取出，37℃培养 48h，计算菌落数。据空气中微生物密度可调节平板转动速度。据平板菌落数、采样时间和空气流量，可算出单位空气含菌量。本实验采用沉淀法、过滤法，测定空气中细菌含量；据撞击法原理，测定发酵厂无菌空气管道中无菌空气的无菌程度。

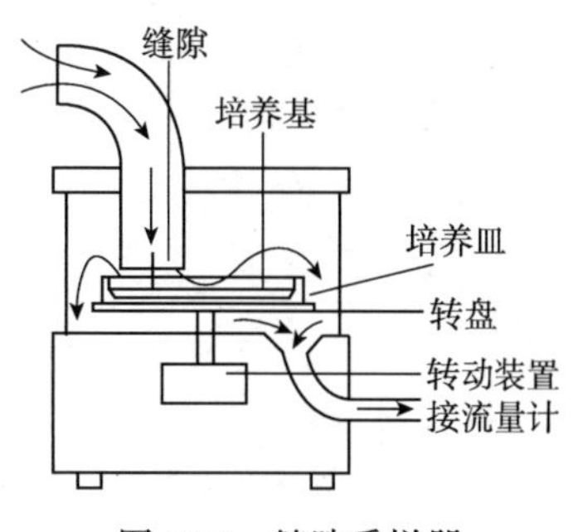

图 13-8　缝隙采样器

三、材料、仪器

（1）培养基　营养琼脂培养基（附录 5-6）、麦氏培养基（附录 5-10）、察氏培养基（附录 5-79）。

（2）仪器及其他　三角瓶、玻璃瓶、培养皿、吸管、培养箱、过滤法装置等。

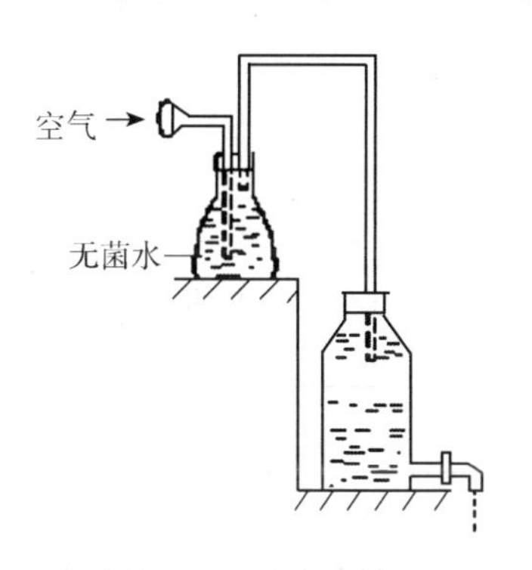

图 13-9　过滤法装置

四、方法

（1）过滤法

1）将仪器按图 13-9 进行安装。

2）将下面的蒸馏水瓶装满 4L 水。

3）上面的三角瓶内装 50ml 无菌水。

4）打开蒸馏水瓶，使瓶内水缓慢流出，这时环境中的空气被吸入，经喇叭口进入盛有 50ml 无菌水三角瓶。当 4L 水流完后，则 4L 空气中微生物被过滤在 50ml 水中。

5）从三角瓶中吸取 1ml 水于无菌培养皿中（3 个重复），加入已熔化并冷至 45℃左右的营养琼脂培养基，混匀，凝固后置 37℃保温箱中培养。

6）培养 48h 后，计算培养皿上的菌落数，并按照以下公式算出每 1L 空气含有细菌数目。1L 空气中细菌数＝1ml 吸收剂（水）经培养所得菌落数（3 皿平均）×50/4。

（2）沉降法

1）将营养琼脂、察氏培养基熔化后，各倒 3 个平板。

2）取上述 2 种培养基平板，打开皿盖，在实验室空气中暴露 5min。

3）将营养琼脂培养基平板置于 37℃保温箱培养 24h，察氏培养基平板置于 28℃保温箱培养 48h，计算其生长菌落数，并观察菌落形态、颜色。

4）计算：根据奥梅梁氏公式，计算 1m^3 被检空气中细菌数或霉菌数。

$$空气中细菌数或霉菌数（个/m^3）=N\times100\times100/(\pi\times r^2)$$

式中，N 为经 37℃培养 24h 或 28℃培养 48h 平板上所生长的菌落数（个）；r 为培养皿半径（cm）。

（3）根据撞击法原理，检查无菌空气管道中无菌空气无菌程度。

检查发酵厂无菌空气管道中无菌空气的无菌程度时，可先用酒精棉球将压缩空气排气口进行消毒，使无菌空气排空 1min，再将制备好营养琼脂培养基、察氏培养基平板打开，使平板培养基表面对准排气口 1min，盖好皿盖。将营养琼脂培养基平板于37℃培养 24h，察氏培养基平板于 28℃培养 48h，计算平板生长的菌落数。每种培养基重复 3 皿。根据以下公式可算出单位体积空气中的含菌量。

$$空气中菌数（个/m^3）=1000\times N\times V\times t$$

式中，V 为空气流量（L/min）；t 为采样时间（min）；N 为平板菌落数（个）。

五、结果

1．过滤法。将实验数据填入表 13-15，并报告 1m^3 检测空气中的细菌总数。

表 13-15　过滤法检测结果

平板	菌落数	空气中细菌总数 /（个 /L）
1		
2		
3		
平均		

2．沉降法。将实验数据填入表 13-16，并报告 1m^3 检测空气中的细菌或霉菌总数。

表 13-16　沉降法检测结果

平板	菌落数	细菌总数 /（个 /m^3）	平板	菌落数	霉菌总数 /（个 /m^3）
1			1		
2			2		
3			3		
平均			平均		

3．据撞击法原理，检查发酵厂无菌空气管道中无菌空气中微生物含量。将实验数据填入如沉降法表 13-16 中，并报告 1m^3 无菌空气中细菌总数和霉菌总数。

第十四章　药学微生物学

14.1　药物体外抗菌实验

一、目的

掌握测定微生物对抗菌药物敏感性试验常见方法。

二、原理

常用体外测定药物抑菌能力的方法一般分两类：琼脂扩散渗透法和系列浓度稀释法。琼脂扩散渗透法是利用药物能够渗透到琼脂培养基的性质，将试验菌混入琼脂培养基，倾注倒平板，或将试验菌涂布于琼脂平板表面，用不同方法将药物置于已含试验菌琼脂平板上。据加药方法不同分为滤纸片法、打洞法、挖沟法和管碟法。系列浓度稀释法是将药物稀释成不同系列浓度，混入培养基，加入试验菌，培养后观察结果，得知药物最低抑菌浓度。

三、材料、仪器

（1）*菌种*　金黄色葡萄球菌，肉汤培养基培养 16～18h；大肠杆菌，肉汤培养基培养 16～18h；试验菌块（未知菌块）：土壤中分离得到的放线菌；已知菌块：链霉菌 1787-2。

（2）*试剂*　0.1% 新洁尔灭、0.1% 结晶紫、2.5% 碘液、0.85% 生理盐水、青霉素（2μg/ml 和 0.5μg/ml）等。

（3）*仪器及其他*　培养皿、滴管、镊子、滤纸片、铲、不锈钢钢管、陶土盖等。

四、方法

（1）*滤纸片法*　滤纸片法是以一定直径（6～8mm）无菌滤纸片，蘸取一定浓度被检药液，将其紧贴在含菌平板上，药液便会沿琼脂向四周扩散，若对该试验菌有抑制作用，经一定时间培养后，就可在滤纸片周围形成不长菌透明圈（图 14-1）。

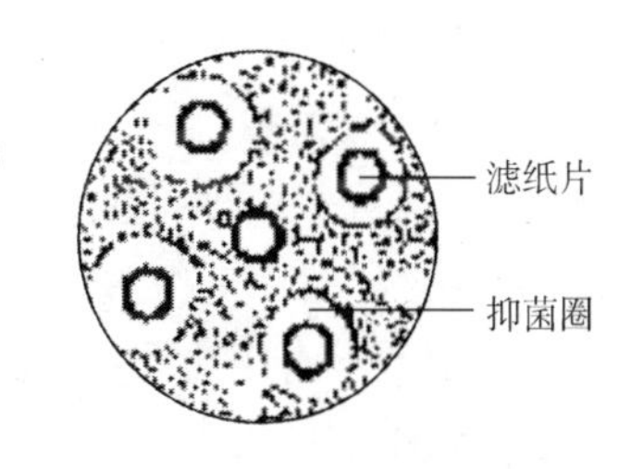

图 14-1　滤纸片法

滤纸片法是琼脂扩散法中最常用方法。适用于新药初筛试验（初步判断药物是否有抗菌作用）及临床药敏试验（细菌对药物的敏感性试验，以便临床选择治疗用药参考）。可进行多种药物或一种药物不同浓度对同一种试验菌的抗菌试验。

1）用无菌滴管分别取金黄色葡萄球菌和大肠杆菌肉汤培养液 4～5 滴，加入培养皿，每皿加入15～20ml已熔化并冷却至50℃左右培养基，制成含菌平板，备用。

2）用无菌镊子夹取滤纸片，分别浸入0.1%新洁尔灭、0.1%结晶紫、2.5%碘液、0.85%生理盐水中。

3）在盛药平皿内壁除去多余药液，将其贴在含菌平板表面，做好标记，37℃培养20h。

注意：加药顺序以先加生理盐水为宜。

4）观察滤纸片周围的抑菌圈。滤纸片边缘到抑菌圈边缘距离在1mm以上者为阳性（＋），即微生物对药物敏感；反之为阴性（－）。

（2）挖沟法　适用于半流动药物或中药浸煮剂抗菌试验。可在同一平板上试验一种药物对几种试验菌的抗菌作用。

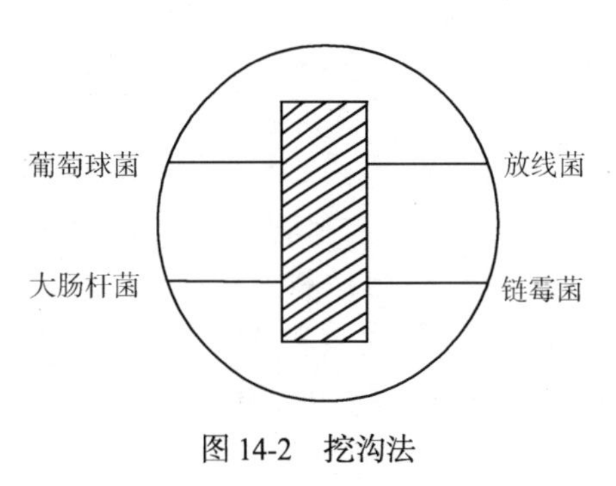

图14-2　挖沟法

1）在4个琼脂平板中央（见图14-2），用无菌铲挖一长沟，沟内琼脂全部挖出。

2）分别放入等量0.1%新洁尔灭、0.1%结晶紫、2.5%碘液、0.85%生理盐水，以装满不流出为宜。

3）在沟两侧垂直划线接种试验菌。

4）细菌37℃培养24～48h；放线菌和真菌28℃培养48～72h。

5）观察沟两边生长的试验菌离沟抑菌距离，从而判断待测药物对试验菌抑制能力。

（3）移块法　适用于软膏或琼脂菌块杀菌或抑菌能力测试。

1）用无菌滴管取金黄色葡萄球菌肉汤培养液4～5滴，加入培养皿，每皿加入15～20ml已熔化并冷却至50℃左右培养基，制成含菌平板，备用。

2）在培养基表面贴1cm^{2}琼脂块5块（中间为链霉菌1787-2，周围为未知4个琼脂块）。

3）37℃培养48h，若样品有抑菌作用，则在其周围出现不长菌的抑菌圈。

（4）管碟法　利用药物在琼脂培养基中钢管内向外进行扩散渗透的原理，如药物对试验菌有杀菌或抑菌作用，则在其作用有效范围内，可形成抑菌圈。此法比滤纸片法精确，常用于抗生素生物测定。

1）制备含有定量菌的琼脂培养基，定量加入无菌培养皿（20ml）。

2）用镊子取无菌不锈钢钢管按照等距离放在培养基表面，一般一皿放4个钢管。

3）在每个钢管中加等量药液（皿底预先对所加药液名称做好标记）。

4）将皿盖换成陶瓷盖，37℃培养16～18h。

5）观察结果，据抑菌圈大小确定药物杀菌或抑菌能力强弱。

五、结果

1．将滤纸片法结果填入表14-1。

表 14-1 滤纸片法结果

化学药品	抑菌圈直径 /mm	化学药品	抑菌圈直径 /mm
0.1% 新洁尔灭		2.5% 碘液	
0.1% 结晶紫		0.85% 生理盐水	

2．观察挖沟法实验中沟两边所生长的试验菌离沟的抑菌距离，判断药物对这些试验菌抑菌能力大小。

3．观察移块法实验中样品（土壤分离的放线菌）有无抑菌作用?

4．观察管碟法实验结果，根据抑菌圈大小，确定药物杀菌或抑菌力大小。

14.2 药物最低抑菌浓度（MIC）测定

一、目的

掌握药物的最低抑菌浓度的概念和测定方法。

二、原理

药物的最低抑菌浓度（minimal inhibitory concentration，MIC）是指药物能够抑制微生物生长的最低浓度。MIC 可以评价药物抑菌作用程度，常以 μg/ml 或 U/ml 表示。其值愈小，则抑菌作用愈强。MIC 测定方法有：液体稀释法、平板稀释法、斜面混入法和微孔板法 4 种。

三、材料、仪器

（1）菌种　金黄色葡萄球菌，肉汤培养基培养 6h。

（2）培养基　牛肉膏蛋白胨培养基（附录 5-1）。

（3）试剂　青霉素（2μg/ml）。

（4）仪器及其他　试管、移液管、微量吸管、微孔板等。

四、方法

（1）液体稀释法　在一系列试管中，用液体培养基连续稀释药物，然后在每一试管加入一定量试验菌培养，肉眼观察药物能抑制试验菌生长的最低浓度（MIC）。

1）取 6 支小试管编号 1～6。

2）用 5ml 移液管取肉汤培养基 1.8ml 加到第 1 管，其余各管各加 1ml。

3）用 1ml 移液管取青霉素溶液 0.2ml 加入第 1 管混匀，从第 1 管取 1ml 加第 2 管混匀，其他依次稀释，5 号管混匀取 1ml 扔掉，6 号管不加青霉素为对照。

4）另取一支 1ml 移液管，分别取 1∶1000 试验菌稀释液 0.1ml 加到含有不同浓度药液的试管和对照管中。

注意：加入顺序为从对照管（6 号）开始依次向药液浓度高的试管进行。

（2）平板稀释法

1）用灭菌蒸馏水把待检药液配成一系列浓度梯度：1∶1、1∶2、1∶4、1∶8、1∶16、1∶32、1∶64。

2）将每种浓度的待检药液1ml，加入9ml 50～60℃的琼脂培养基，迅速混匀倾入培养皿，制成一系列药物浓度递减平板。

3）设立对照组，不加药液，将培养基倒入培养皿。

4）将不同试验菌经适当稀释后，点接在含药和对照平板，接种量为10^5cfu。

5）37℃培养18～24h，观察药物对试验菌抑菌结果。

（3）斜面混入法　基本同平板稀释法，不同之处在于药物与培养基混合后加入试管，摆成斜面接种。此法一般适用于对真菌、结核菌等有抑制作用药物的测定。

（4）微孔板法　基本同试管，不同之处是先将药物稀释后，用微量吸管加入不同孔，每孔加100ml药物稀释液，再加10ml菌液混匀，在适当温度下培养。微孔板是一种聚氯乙烯塑料板，通常96孔，可用于同时测定多种药物的最低抑菌浓度。

五、结果

观察细菌生长状况，能完全抑制试验菌生长的最高稀释倍数管，其抗生素浓度即为最低抑菌浓度。

14.3　药物无菌检查法

一、目的

1. 学习注射剂的无菌检查方法。
2. 了解抗生素等特殊灭菌制剂的无菌检查方法。

二、原理

无菌检查法是检查药品与辅料是否无菌的一种方法，各种注射剂、手术眼科制剂都必须保证无菌，符合药典相关规定。药物的无菌检查法包括直接接种法和膜过滤法。

三、材料、仪器

（1）对照用试验菌

1）金黄色葡萄球菌菌液：取金黄色葡萄球菌培养物1环，接种需氧-厌氧菌培养基，30～35℃培养16～18h，用灭菌生理盐水稀释成10^{-6}。

2）生孢梭菌菌液：取生孢梭菌需氧-厌氧培养基培养物1环，接种相同培养基，30～35℃培养18～24h，用灭菌生理盐水稀释成10^{-5}。

3）白色念珠菌菌液：取白色念珠菌霉菌琼脂培养基培养物1环，接种到霉菌培养基内，20～25℃培养24h，用灭菌生理盐水稀释成10^{-5}。

（2）培养基　需氧-厌氧菌培养基（硫乙醇酸盐液体培养基）（附录5-78）、真菌培养基（马铃薯葡萄糖培养基）（附录5-3）。

（3）试剂　待测药物、灭菌生理盐水（0.9%NaCl）等。

（4）仪器及其他　吸管、试管等。

四、方法

1）以无菌操作取1ml对照菌液或待测药物按表14-2所示加入15ml无菌试验培养基中，摇匀。

2）需氧-厌氧菌培养基30～35℃培养7d，真菌培养基20～25℃培养7d，阳性菌对照管培养1d，按表记录实验结果。

3）培养期间应逐日检查是否有菌生长，阳性对照24h内应有细菌或真菌生长。

表14-2　药物无菌检查法

管号	样品	接种	培养时间/d	需氧、厌氧菌	真菌
1	需氧-厌氧培养基	金黄色葡萄球菌	1		
2	需氧-厌氧培养基	生孢梭菌	1		
3	需氧-厌氧培养基	0.9%NaCl	7		
4	需氧-厌氧培养基	待测药物	7		
5	需氧-厌氧培养基	待测药物	7		
6	需氧-厌氧培养基	待测药物	7		
7	需氧-厌氧培养基	待测药物	7		
8	需氧-厌氧培养基	待测药物	7		
9	真菌培养基	白色念珠菌	1		
10	真菌培养基	0.9%NaCl	7		
11	真菌培养基	待测药物	7		
12	真菌培养基	待测药物	7		
13	真菌培养基	待测药物	7		
14	真菌培养基	待测药物	7		
15	真菌培养基	待测药物	7		

注：记录结果时“＋”为浑浊，“－”为澄清。

4）结果判断：当阳性对照管明显浑浊并确有细菌或真菌生长，阴性对照管无菌生长，待检药物在需氧-厌氧菌及真菌培养基均为澄清或无明显浑浊，且经显微镜检证明无菌生长，则判定被检测样品无菌试验合格。

五、结果

将无菌试验结果记录于表14-2。

第十五章　城市污水微生物检测

城市污水来源多，分布广，含有大量微生物。目前污水处理率低，可以说城市污水是一个较大的水体污染源。水体污染引起的传染病暴发并不少见，城市污水中微生物检测具有重要意义。

一、采样

选择居民住宅点、医院、市场、饭店下水道和河涌断面作为采样点。医院污水在污水处理器的排放口处采样；居民区、市场、饭店的污水在排污管道断面的中心点采样；河涌水在河涌中心点采样。采样深度为水面下 0.2～0.5m 处，采样时及采样前数天避开雨天。采用瞬时采样法，时间为上午 10～12 时。用单层采水器或 500ml 无菌采样瓶采集水样约 400ml。采集医院污水的采样瓶在灭菌前加入 10% 硫代硫酸钠 0.3ml 以除去残余氯。采样后样品避光保存，4h 内送检验室检验。

二、 检测指标及检验方法

pH 采用精密 pH 试纸测定，pH 试纸测量范围 6.4～8.0。细菌总数测定采用平皿计数法；大肠菌群数采用多管发酵法；肠道致病菌（沙门菌属、志贺菌属）检验采用第十三章食品卫生微生物学检测中沙门氏菌属检验、志贺氏菌属检验方法；金黄色葡萄球菌检验采用第十三章食品卫生微生物学检测中金黄色葡萄球菌检验方法。

主要参考文献

安利国，邢维贤. 2010. 细胞生物学实验教程. 2版. 北京：科学出版社.
蔡信之，黄君红. 2011. 微生物学. 3版. 北京：科学出版社.
东秀珠，蔡妙英. 2001. 常见细菌系统鉴定手册. 北京：科学出版社.
杜连祥，路福平. 2005. 微生物学实验技术. 北京：中国轻工业出版社.
顾晓松，谭湘林，丁斐. 2002. 分子生物学理论与技术. 北京：北京科学技术出版社.
胡开辉. 2004. 微生物学实验. 北京：中国林业出版社.
黄秀梨. 2009. 微生物学. 3版. 北京：高等教育出版社.
黄秀梨，辛明秀. 2008. 微生物学实验指导. 2版. 北京：高等教育出版社.
贾士儒. 2010. 生物工程专业实验. 2版. 北京：中国轻工业出版社.
金伯泉. 2002. 细胞和分子免疫学实验技术. 西安：第四军医大学出版社.
李阜棣，喻子牛，何绍江. 1996. 农业微生物学实验技术. 北京：中国农业出版社.
林清华. 1999. 免疫学实验. 武汉：武汉大学出版社.
林稚兰，黄秀梨. 2000. 现代微生物学与实验技术. 北京：科学出版社.
凌代文. 1999. 乳酸细菌分类鉴定及实验方法. 北京：中国轻工业出版社.
刘进元，张淑平，武耀廷. 2006. 分子生物学实验指导. 2版. 北京：高等教育出版社.
刘志恒，姜成林. 2004. 放线菌现代生物学与生物技术. 北京：科学出版社.
牛天贵. 2002. 食品微生物实验技术. 北京：中国农业大学出版社.
沈关心，周汝麟. 2002. 现代免疫学实验技术. 2版. 武汉：湖北科学技术出版社.
沈萍，陈向东. 2007. 微生物学实验. 4版. 北京：高等教育出版社.
苏世彦. 1998. 食品微生物检验手册. 北京：中国轻工业出版社.
魏群. 2007. 分子生物学实验指导. 2版. 北京：高等教育出版社.
杨革. 2010. 微生物学实验教程. 2版. 北京：科学出版社.
杨文博. 2004. 微生物学实验. 北京：化学工业出版社.
张致平. 2003. 微生物药物学. 北京：化学工业出版社.
赵斌，林会，何绍江. 2014. 微生物学实验. 2版. 北京：科学出版社.
周德庆. 2011. 微生物学教程. 3版. 北京：高等教育出版社.
James M. Jay. 2001. 现代食品微生物学. 5版. 徐岩，张继民，汤丹剑译. 北京：中国轻工业出版社.

附　录

附录 1　玻璃器皿清洗

实验中所使用的玻璃器皿清洁与否直接影响实验结果。器皿的不清洁或被污染，往往会造成较大的实验误差，甚至会出现相反的实验结果。因此，玻璃器皿的清洗工作是非常重要的。

1-1　新购玻璃器皿清洗

新购买的玻璃器皿表面常附着有游离的碱性物质，可先用肥皂水（或去污粉）刷洗，再用自来水洗净，然后浸泡在 1%～2% 盐酸溶液中，过夜（不少于 4h），再用自来水冲洗 2～3 次，最后用蒸馏水冲洗 2～3 次，如果表面形成均匀的水膜视为清洗干净，否则重复上述清洗过程。洗刷干净的玻璃器皿置于烘箱中烘干备用。

1-2　使用过的玻璃器皿清洗

（1）一般玻璃器皿　如试管、烧杯、锥形瓶等（包括量筒）。先用自来水刷洗至无污物，再选用大小合适的毛刷蘸取去污粉（掺入肥皂粉）刷洗或浸入肥皂水内，将器皿内外（特别是内壁）细心刷洗，用自来水冲洗干净后再用蒸馏水洗 2～3 次，表面形成均匀的水膜视为清洗干净，烘干或倒置在清洁处，干后备用。若发现内壁有难以去掉的污迹，应分别使用下述的各种清洗剂（附录 2）予以清除，再重新冲洗。

（2）量器　如吸管、滴定管、容量瓶等量器。使用后立即浸泡于水中，勿使物质干涸。实验完毕后用流水冲洗，除去附着的试剂、蛋白质等物质，晾干后浸泡在铬酸洗液中 4～6h（或过夜），再用自来水充分冲洗，最后用蒸馏水冲洗 2～4 次，风干备用。

（3）其他　盛过传染性样品（如分子克隆、病毒）的容器先进行高压灭菌或其他形式的消毒，再进行清洗。盛过各种毒物（特别是剧毒药品和放射性核素物质）的容器必须经过专门处理，确知没有残余毒物存在时方可进行清洗，否则应使用一次性容器。

附录 2　清洗液种类和配制

2-1　铬酸洗液

即重铬酸钾 - 硫酸洗液，简称清洗液或清洁液，广泛应用于玻璃器皿的清洗，常用清洗液有 2 种。

① 浓溶液：称取 50g 重铬酸钾，加水 150ml，使其溶解。慢慢加入 800ml 浓硫酸，边加边搅拌，冷却后贮存备用。

② 稀溶液：称取 50g 重铬酸钾，溶于 850ml 自来水中，慢慢加入工业浓硫酸 100ml，边加边搅拌。

配好的清洗液应是棕红色或橘红色，贮存于有盖容器内。

注意：①清洗液中的硫酸具有强腐蚀作用，玻璃仪器浸泡时间太长，会使玻璃变质，切忌忘记将仪器取出冲洗。②若清洗液沾污衣服或皮肤应立即用水洗，再用苏打水或氨液洗。如果溅在桌椅上，立即用水洗去或湿布抹去。③玻璃仪器投入前，尽量干燥，以防清洗液稀释。④此液的使用仅限于玻璃和瓷质仪器，不适用于金属和塑料仪器。⑤有大量有机质的玻璃仪器先行擦洗然后再用清洗液，这是因为有机物过多，会加快清洗液失效。此外，清洗液虽为很强去污剂，但不是所有污剂都可清除。⑥盛清洗液的容器应始终加盖，以防氧化变质。⑦清洗液可反复使用，但当其变为墨绿色即失效，不能再用。

2-2　浓盐酸（工业用）

可洗去水垢或某些无机盐沉淀。

2-3　5% 草酸溶液

可洗去高锰酸钾痕迹。

2-4 5%～10% 磷酸三钠（$Na_3PO_4 \cdot 12H_2O$）溶液

可清洗油污物。

2-5 30% 硝酸溶液

可清洗 CO_2 测定仪器及微量滴管。

2-6 5%～10% 乙二胺四乙酸二钠（EDTA-2Na）溶液

加热煮沸可洗去玻璃器皿内壁白色沉淀物。

2-7 尿素清洗液

为蛋白质的良好溶剂，适用于清洗盛蛋白质制剂及血样的容器。

2-8 乙醇与浓硝酸混合液

利用所产生的氧化氮洗净滴定管。在滴定管中加入 3ml 乙醇，然后沿管壁慢慢加入 4ml 浓硝酸（相对密度 1.4），盖住滴定管管口。

2-9 有机溶液

如丙酮、乙醇、乙醚等可用于洗脱油脂、脂溶性染料等污痕；二甲苯可洗去油漆污垢。

2-10 氢氧化钾 - 乙醇溶液和含有高锰酸钾的氢氧化钠溶液

强碱性的清洗液，对玻璃器皿侵蚀性很强，可清除容器内壁污垢，清洗时间不宜过长。使用时应小心谨慎。

上述清洗液可多次使用，但使用前必须将待清洗的玻璃器皿先用水冲洗多次，除去肥皂液、去污粉或各种废液。若仪器上有凡士林或羊毛脂时，应先用软纸擦去，再用乙醇或乙醚擦净，否则会使清洗液迅速失效。例如，肥皂水、有机溶剂（乙醇、甲醛等）及少量油污物均会使重铬酸钾 - 硫酸洗液变绿，降低清洗能力。

附录 3 试剂和标准溶液的配制

3-1 1.000mol/L NaOH 溶液

称取 4g 干燥 NaOH，定容至 100ml，然后以 1.000mol/L HCl 标定液标定，准确调整其浓度至 1.000mol/L。

3-2 1.000mol/L HCl 溶液

取 8.6ml 浓盐酸加入 91.4ml 蒸馏水，然后以 1.000mol/L NaOH 标定液标定，准确调整其浓度至 1.000mol/L。

3-3 1% 孟加拉红

1g 孟加拉红加入蒸馏水 100ml。

3-4 1% 链霉素

1g 链霉素加入无菌水 100ml。

3-5 2% 标准葡萄糖液

精确称取预先在 105℃干燥至恒重的无水葡萄糖（AR）2.000±0.002g，蒸馏水溶解后，于 100ml 容量瓶加蒸馏水定容。

3-6 吲哚试剂

对二甲基氨基苯甲醛	2g
95% 乙醇	190ml
浓盐酸	40ml

3-7 甲基红指示剂

甲基红	0.04g
95% 乙醇	60ml
蒸馏水	40ml

先将甲基红溶于 95% 乙醇，然后加入蒸馏水。

3-8 伏 - 波试剂

3-8.1 5%α- 萘酚无水乙醇溶液

α- 萘酚	5g
无水乙醇	100ml

3-8.2 40% KOH 溶液

KOH	40g
蒸馏水	100ml

3-9 溴麝香草酚蓝指示剂

溴麝香草酚蓝	0.04g
0.01mol/L NaOH	6.4ml
蒸馏水	93.6ml

溴麝香草酚蓝在 pH 6.0～7.6 时颜色由黄变蓝，常用浓度为 0.04%。

3-10 1%α-萘酚乙醇（95%）溶液

α-萘酚	1g
95% 乙醇	100ml

3-11 10% 三氯化铁盐酸溶液

称取 10g $FeCl_3 \cdot 6H_2O$，溶于 100ml 2% 盐

酸溶液。

3-12 pH4.5乙酸缓冲液

水合硫酸钙	5.1g
硫酸钠	6.8g
冰醋酸	4.05g
蒸馏水	1000ml

3-13 TE缓冲液

Tris-HCl（pH 8.0）	10mmol/L
EDTA（pH8.0）	1mmol/L

0.1MPa、121℃灭菌15min，4℃贮存。

3-14 10%SDS

10g SDS溶于100ml蒸馏水。

3-15 20×SSC溶液

在800ml水中溶解175.3g NaCl和88.2g柠檬酸钠，加入数滴10mol/L NaOH溶液调pH 7.0，加水定容至1L，分装后高压灭菌。

3-16 重蒸酚液

苯酚重蒸后，用0.02mol/L Tris-0.01mol/L EDTA（pH 7.8）饱和。

3-17 0.5%石炭酸生理盐水

石炭酸	5.0g
氯化钠	8.5g
蒸馏水	1000ml

3-18 1%离子琼脂

称取琼脂粉1g加入50ml蒸馏水中，沸水浴中加热溶解；加入50ml巴比妥缓冲液；再加1滴1%硫柳汞溶液防腐，分装试管，放冰箱中备用。

3-19 pH8.5离子强度0.075mol/L巴比妥缓冲液

巴比妥	2.76g
巴比妥钠	15.45g
蒸馏水	1000ml

3-20 兔血浆

取3.8%柠檬酸钠溶液一份加兔全血四份，混好静置，则血细胞下降，即可得兔血浆用于实验。

3.8%柠檬酸钠溶液：柠檬酸钠3.8g，加蒸馏水至100ml，溶解后过滤，装瓶，0.1MPa、121℃灭菌20min。

3-21 明胶磷酸盐缓冲液

明胶	12g
Na_2HPO_4	4g
蒸馏水	1000ml
pH	6.2

0.1MPa、121℃灭菌20min。

3-22 甲萘胺-乙酸溶液

称取0.5g α-甲萘胺溶解于5mol/L乙酸溶液。

3-23 对氨基苯磺酸-乙酸溶液

称取0.8g对氨基苯磺酸溶解于100ml 5mol/L乙酸溶液。

3-24 二苯胺试剂

对苯胺	0.5g
浓硫酸	100ml
蒸馏水	20ml

附录4 染色液的配制

4-1 细菌简单染色液

4-1.1 草酸铵结晶紫（crystal violet）染液

A液：	结晶紫	2g
	95%乙醇	10ml
B液：	草酸铵	0.8g
	蒸馏水	80ml

混合A、B液，静置48h后使用。

4-1.2 齐氏（Ziehl）石炭酸品红染色液

A液：	碱性品红	0.3g
	95%乙醇	10ml
B液：	石炭酸	5.0g
	蒸馏水	95ml

将碱性品红在研钵中研磨，逐渐加入95%乙醇，继续研磨使其完全溶解，配成A液。将石炭酸溶解水中，配成B液。混合A液及B液即成染液。通常可将此混合液稀释5～10倍使用，稀释液易变质失效，每次不宜多配。

4-2 革兰氏染色液

4-2.1 草酸铵结晶紫染液（同4-1.1）

4-2.2 鲁氏（Lugol's）碘液

碘片	1.0g
碘化钾	2.0g
蒸馏水	300ml

先将碘化钾溶解在少量水中，再将碘片溶解在碘化钾溶液中，待碘全溶，加足水分。

4-2.3 番红染液

番红	2.5g
95%乙醇	100ml

取上述配好的番红-乙醇溶液10ml与80ml蒸馏水混匀即成。

4-3　芽孢染色液

4-3.1　5% 孔雀绿染液

孔雀绿	5g
蒸馏水	100ml

4-3.2　0.5% 番红水溶液

番红	0.5g
蒸馏水	100ml

4-4　细菌荚膜染色液

4-4.1　0.5% 番红水溶液（同 4-3.2）

4-4.2　草酸铵结晶紫染液（同 4-1.1）

4-5　鞭毛染色液

4-5.1　硝酸银鞭毛染色液

A 液：	单宁酸	5.0g
	$FeCl_3$	1.5g
	蒸馏水	100ml
	15% 福尔马林	2.0ml
	1%NaOH	1.0ml

配好后，当日使用，次日效果差，第三天则不宜使用。

B 液：	$AgNO_3$	2.0g
	蒸馏水	100.0ml

待 $AgNO_3$ 溶解后，取出 10ml 备用，向其余 90ml $AgNO_3$ 中滴入浓 NH_4OH，使之成为很浓厚的悬浮液，再继续滴加 NH_4OH，直到新形成的沉淀又重新刚刚溶解为止。再将备用的 10ml $AgNO_3$ 慢慢滴入，则出现薄雾，但轻轻摇动后，薄雾状沉淀又消失，再滴 $AgNO_3$，直到摇动后仍呈现轻微而稳定的薄雾状沉淀为止。如所呈雾不重，此染剂可使用 1w，如雾重，则银盐沉淀出，不宜使用。

4-5.2　利夫森鞭毛染色液

A 液：	碱性品红	1.2g
	95% 乙醇	100.0ml
B 液：	单宁酸	3.0g
	蒸馏水	100.0ml
C 液：	NaCl	1.5g
	蒸馏水	100.0ml

三种溶液于室温可保存几周，若置冰箱保存，可保存数月。用前将 A、B、C 液等量混合均匀后使用。混合液于瓶中密封置冰箱可保存几周。

4-5.3　亚甲蓝染色液

在含有 52ml 95% 乙醇和 44ml 四氯乙烷的锥形瓶中，慢慢加入 0.6g 氯化亚甲蓝，旋转锥形瓶，使其溶解，5～10℃放置 12～24h，加入 4ml 冰醋酸，用质量好的滤纸过滤。贮存于清洁密闭容器内。

4-6　放线菌形态观察染色液

4-6.1　亚甲蓝染色液（同 4-5.3）

4-6.2　石炭酸品红染色液（同 4-1.2）

4-7　酵母菌形态观察及死活细胞区别染色液

4-7.1　亚甲蓝染色液（同 4-5.3）

4-7.2　鲁氏碘液（同 4-2.2）

4-8　酵母菌子囊孢子观察染色液

4-8.1　5% 孔雀绿染液（同 4-3.1）

4-8.2　0.5% 番红水溶液（同 4-3.2）

4-9　霉菌形态观察染色液（乳酸石炭酸棉蓝染色液）

石炭酸	10g
乳酸（相对密度 1.21）	10ml
甘油	20ml
蒸馏水	10ml
棉蓝	0.02g

将石炭酸在蒸馏水中加热溶解后，加入乳酸和甘油，再加入棉蓝，溶解即成。

附录 5　培养基配方

5-1　牛肉膏蛋白胨培养基（肉汤培养基）（培养细菌）

牛肉膏	5g
蛋白胨	10g
NaCl	5g
蒸馏水	1000ml
pH	7.2～7.4

0.1MPa、121℃灭菌 20min。

固体肉汤培养基加琼脂 2%；半固体加琼脂 0.6%～0.8%。

肠道中某些菌，如产气杆菌（*Aerobacter aerogenes*），在此培养基生长较差，要用新鲜牛肉汁代替牛肉膏。制备方法如下。

取新鲜牛肉除去脂肪、结缔组织，用绞肉机绞碎，每 1kg 牛肉加水 250ml，冷浸过夜，煮沸 2h，晾凉，纱布过滤去渣。调 pH 6.8～7.0，再煮沸 15min。取鸡蛋清 20ml，调匀至生泡沫时，边搅动牛肉汁边加入蛋清，煮沸 5min，静置，滤纸过滤。将滤液补水至原来水量，分装，加塞，0.1MPa、121℃灭菌 20min。制备后的新鲜牛肉汁，透明、澄清、无细小沉淀、金黄色。

5-2 高氏（Gause）I号培养基（培养放线菌）

可溶性淀粉	20.00g
KNO_3	1.00g
NaCl	0.50g
K_2HPO_4	0.50g
$MgSO_4$	0.50g
$FeSO_4$	0.01g
琼脂	15.00～20.00g
蒸馏水	1000.00ml
pH	7.4～7.6

配制时，先用少量冷水将淀粉调成糊状，倒入沸水中加热，边搅拌边加入其他成分，溶解后补足水分至1000ml。0.1MPa、121℃灭菌20min。

5-3 马铃薯葡萄糖琼脂培养基（PDA）（培养真菌）

马铃薯	200g
葡萄糖	20g
琼脂	15～20g
蒸馏水	1000ml
pH	自然

马铃薯去皮，切成块加水，小火煮沸30min，用纱布过滤，再加糖及琼脂，溶化后补足水。0.1MPa、121℃灭菌20min。

5-4 豆芽汁葡萄糖培养基（培养真菌）

黄豆芽	100g
葡萄糖	50g
琼脂	15～20g
蒸馏水	1000ml
pH	自然

将黄豆用水浸泡一夜，放在室温（20℃左右），上面盖湿布，每天冲洗1～2次，弃去腐烂、不发芽的黄豆，待发芽至3.3cm左右即可；取100g豆芽加水1000ml，小火煮沸30min，用纱布过滤，再加糖及琼脂，溶化后补足水。0.1MPa、121℃灭菌20min。

5-5 马丁氏培养基（分离真菌）

KH_2PO_4	1.0g
$MgSO_4 \cdot 7H_2O$	0.5g
蛋白胨	5.0g
葡萄糖	10.0g
1%孟加拉红	3.3ml
琼脂	15.0～20.0g
蒸馏水	1000.0ml
pH	自然

用时以无菌操作在1000ml培养基中加入1%链霉素3ml，使其终浓度为30μg/ml。

5-6 营养琼脂培养基（培养细菌）

牛肉膏	3g
蛋白胨	10g
NaCl	5g
琼脂	15～20g
蒸馏水	1000ml
pH	7.0～7.2

0.1MPa、121℃灭菌20min。

5-7 无氮琼脂培养基（培养自生固氮菌、胶质芽孢杆菌）

甘露醇或葡萄糖	10.0g
KH_2PO_4	0.2g
$MgSO_4 \cdot 7H_2O$	0.2g
NaCl	0.2g
$CaSO_4 \cdot H_2O$	0.2g
$CaCO_3$	5.0g
琼脂	20.0g
蒸馏水	1000.0ml
pH	7.0～7.2

0.056MPa、112℃灭菌30min。

5-8 水生111无氮培养基

KH_2PO_4	0.075g
$MgSO_4 \cdot 7H_2O$	0.012g
$CaCO_3$	0.100g
蒸馏水	1000.000ml
pH	7.0～7.2

5-9 麦芽汁培养基

①取大麦或小麦若干，用水洗净，浸水6～12h，15℃阴暗处发芽，上盖一块纱布，每日早、中、晚淋水1次。麦根伸长至麦粒的2倍时，即停止发芽，摊开晒干或烘干，贮存备用。②干麦芽磨碎，1份麦芽加4份水，在65℃水浴锅中糖化3～4h，糖化程度可用碘滴定检测。③将糖化液用4～6层纱布过滤，滤液如混浊不清，可用鸡蛋清澄清，方法是将一个鸡蛋清加水约20ml，调匀至生泡沫时为止，然后倒在糖化液中搅拌煮沸后再过滤。④将滤液稀释到5～6波美度，pH约6.4，加入2%琼脂。

5-10 麦氏琼脂培养基（酵母菌产孢子培养基）

葡萄糖	1.0g
KCl	1.8g
酵母浸膏	2.5g

乙酸钠	8.2g
琼脂	15.0～20.0g
蒸馏水	1000.0ml
pH	自然

0.056MPa、112℃灭菌 20min。

5-11　淀粉培养基

蛋白胨	10g
NaCl	5g
牛肉膏	5g
可溶性淀粉	2g
琼脂	2g
蒸馏水	1000ml
pH	7.2

0.1MPa、121℃灭菌 20min。

5-12　油脂培养基

蛋白胨	10g
牛肉膏	5g
NaCl	5g
香油或花生油	10g
1.6% 中性红溶液	1g
琼脂	15～20g
蒸馏水	1000ml

0.1MPa、121℃灭菌 20min。

注意：不能使用变质油；油、琼脂和水先加热；调好 pH 后，再加入中性红；分装时，需不断搅拌，使油均匀分布于培养基中。

5-13　明胶培养基

牛肉膏蛋白胨液	100ml
明胶	12～18g
pH	7.2～7.4

在水浴锅中将上述成分溶化，不断搅拌，溶化后调 pH7.2～7.4。0.1MPa、121℃灭菌 20min。

5-14　石蕊牛奶培养基

牛奶粉	100.000g
石蕊	0.075g
蒸馏水	1000.000ml
pH	6.8

0.1MPa、121℃灭菌 15min。

5-15　尿素琼脂培养基

尿素	20.000g
琼脂	15.000g
NaCl	5.000g
KH_2PO_4	2.000g
蛋白胨	1.000g
酚红	0.012g
蒸馏水	1000.000ml
pH	6.8±0.2

在 100ml 蒸馏水中，加入上述所有成分（除琼脂外）。混合均匀，过滤灭菌。将琼脂加入 900ml 蒸馏水加热煮沸，0.1MPa、121℃灭菌 15min。冷却至 50℃，加入灭好菌的基本培养基，混匀后，分装试管，摆斜面。

5-16　葡萄糖发酵培养基

蛋白胨水培养基（附录 5-18）	1000ml
1.6% 溴甲酚紫乙醇溶液	1～2ml
pH	7.6
20% 葡萄糖	10ml

将上述含指示剂蛋白胨水培养基（pH7.6）分装试管，每管内放一倒置小玻璃管，使其充满培养基。将分装好蛋白胨水培养基于 0.1MPa、121℃灭菌 20min；葡萄糖溶液于 0.056MPa、112℃灭菌 30min。无菌操作每 10ml 培养基加入 20% 糖溶液 0.5ml。

5-17　5% 乳糖发酵培养基

蛋白胨	2g
NaCl	3g
$NaHPO_4 \cdot 12H_2O$	2g
乳糖	50g
0.2% 溴麝香草酚蓝溶液	12ml
蒸馏水	1000ml
pH	7.4

除乳糖外其他成分溶解于 50ml 蒸馏水，调 pH7.4，0.1MPa、121℃灭菌 20min；将乳糖溶解于另外 50ml 蒸馏水，0.056MPa、112℃灭菌 30min。将两溶液混合，无菌操作分装小试管，保存备用。

5-18　蛋白胨水培养基

蛋白胨	10g
NaCl	5g
蒸馏水	1000ml
pH	7.6

0.1MPa、121℃灭菌 20min。

5-19　葡萄糖蛋白胨水培养基

蛋白胨	5g
葡萄糖	5g
K_2HPO_4	2g
蒸馏水	1000ml
pH	7.0～7.2

过滤，分装试管，每管 10ml。0.1MPa、121℃灭菌 30min。

5-20　柠檬酸盐培养基

$NH_4H_2PO_4$	1.0g

K_2HPO_4	1.0g
NaCl	5.0g
$MgSO_4$	0.2g
柠檬酸钠	2.0g
琼脂	15.0～20.0g
蒸馏水	1000.0ml
1% 溴香草酚蓝乙醇溶液	10.0ml

将上述各成分加热溶解，调 pH6.8，加入指示剂，摇匀，用脱脂棉过滤。制成后为黄绿色，分装试管。0.1MPa、121℃灭菌 20min。

注意：配制时控制好 pH，不要过碱，以黄绿色为准。

5-21 醋酸铅培养基

pH7.4 固体牛肉膏蛋白胨培养基	100ml
硫代硫酸钠	0.25g
10% 醋酸铅水溶液	1ml

将固体牛肉膏蛋白胨培养基 100ml 加热熔化，待冷至 60℃时加入硫代硫酸钠 0.25g，调 pH7.2，分装锥形瓶，0.1MPa、121℃灭菌 20min，取出待冷至 55～60℃，加入 10% 无菌醋酸铅水溶液 1ml，混匀后倒入试管或培养皿。

5-22 酪蛋白琼脂培养基

酪蛋白	4.000g
KH_2PO_4	0.360g
$MgSO_4 \cdot 7H_2O$	0.500g
$ZnCl_2$	0.014g
$Na_2HPO_4 \cdot 7H_2O$	1.070g
NaCl	0.160g
$CaCl_2$	0.002g
胰蛋白酶	0.050g
琼脂	20.000g
蒸馏水	1000.000ml
pH	6.5～7.0

配制时酪蛋白用 0.1%NaOH 溶液水浴加热溶解，再加微量元素，调 pH，加琼脂。0.1MPa、121℃灭菌 20min。

5-23 *L*- 精氨酸盐培养基

蛋白胨	1.00g
NaCl	5.00g
K_2HPO_4	0.30g
L- 精氨酸盐	10.00g
琼脂	6.00g
酚红	0.01g
蒸馏水	1000.00ml
pH	7.0～7.2

0.1MPa、121℃灭菌 20min。

5-24 ONPG 培养基

邻硝基酚 *β-D*- 半乳糖苷（ONPG）	60mg
0.01mol/L 磷酸钠缓冲液（pH7.5）	10ml
1% 蛋白胨水溶液（pH7.5）	30ml

将 ONPG 溶于缓冲液，加蛋白胨水溶液，过滤除菌，分装 10mm×75mm 试管，每管 0.5ml，用橡皮塞塞紧。

5-25 10% 卵黄琼脂培养基

肉浸液（见附录 5-69）	1000ml
蛋白胨	15g
NaCl	5g
琼脂	25～30g
pH	7.5
50% 葡萄糖水溶液	22ml
50% 卵黄盐水悬液	10～15ml

0.1MPa、121℃灭菌 20min，待冷至 50℃，每 100ml 加无菌 50% 葡萄糖水溶液 22ml 和 50% 卵黄盐水悬液 10～15ml，摇匀，倒平板。

5-26 马尿酸钠培养基

马尿酸钠	1g
牛肉膏	3g
蒸馏水	1000ml
pH	7.2～7.4

0.1MPa、121℃灭菌 20min。

5-27 丙二酸盐培养基

酵母膏	1.000g
$(NH_4)_2SO_4$	2.000g
$K_2HPO_4 \cdot 3H_2O$	0.600g
KH_2PO_4	0.400g
NaCl	2.000g
丙二酸钠	3.000g
溴百里酚蓝	0.025g
蒸馏水	1000.000ml
pH	7.0～7.2

将上述成分溶解于蒸馏水，调 pH，再加入溴百里酚蓝，使培养基呈草绿色，分装试管；同时做 1 份不加丙二酸钠培养基作空白对照。0.1MPa、121℃灭菌 20min。

5-28 氨基酸脱羧酶培养基

酵母膏	3g
DL- 苯丙氨酸	2g
（或 *L*- 苯丙氨酸）	（1g）
Na_2HPO_4	1g

NaCl　5g
琼脂　12g
蒸馏水　1000ml
pH　7.0
0.1MPa、121℃灭菌 20min。

5-29　细菌基础培养基

$(NH_4)_2SO_4$　2.0g
$NaH_2PO_4 \cdot H_2O$　0.5g
KH_2PO_4　0.5g
$MgSO_4 \cdot 7H_2O$　0.2g
$CaCl_2 \cdot 2H_2O$　0.1g
蒸馏水　1000.0ml
pH　6.5

如液体培养，过滤除菌后分装试管。如固体培养，配成双倍浓度溶液后过滤除菌，另配3%～4%水琼脂（0.1MPa、121℃灭菌 20min），使用时两者等量混合，倒平板。

5-30　12.5% 豆芽汁培养基

黄豆芽 125g 加水 1L，煮沸 0.5h，过滤补足水，0.056MPa、112℃灭菌 20min。

5-31　0.6% 酵母浸汁培养基

加 60g 干酵母粉溶于 1L 水，必要时加一些蛋清澄清滤液；0.1MPa、121℃灭菌 20min，趁热用双层滤纸过滤；0.056MPa、112℃灭菌 20min。

5-32　同化碳源培养基

5-32.1　同化碳源基础培养基

$(NH_4)_2SO_4$　5.0g
KH_2PO_4　1.0g
$MgSO_4 \cdot 7H_2O$　0.5g
酵母膏　0.2g
琼脂　20.0g
0.056MPa、112℃灭菌 20min。

5-32.2　同化碳源液体培养基

$(NH_4)_2SO_4$　5.0g
KH_2PO_4　1.0g
$MgSO_4 \cdot 7H_2O$　0.5g
$CaCl_2 \cdot 2H_2O$　0.1g
NaCl　0.1g
酵母膏　0.2g
糖或其他碳源　5.0g
蒸馏水　1000.0ml

培养基过滤后分装小试管，每管 3ml，0.056MPa、112℃灭菌 20min。

5-33　同化氮源基础培养基

葡萄糖　20.0g
KH_2PO_4　1.0g
$MgSO_4 \cdot 7H_2O$　0.5g
酵母膏　0.2g
琼脂　20.0g
蒸馏水　1000.0ml

培养基过滤后分装大试管，每管 20ml，0.056MPa、112℃灭菌 20min。

5-34　产酯培养基

葡萄糖　5g
10% 豆芽汁　100ml

分装 50ml 锥形瓶，每瓶 20ml，0.056MPa、112℃灭菌 20min。

5-35　果罗德科瓦培养基

葡萄糖　1g
蛋白胨　10g
NaCl　120g
琼脂　20g
蒸馏水　1000ml
0.056MPa、112℃灭菌 20min。

5-36　酵母生酸培养基

葡萄糖　5g
灭菌 $CaCO_3$　0.5g
酵母浸出液　100ml
琼脂　2g
常压间歇灭菌。

5-37　石蕊牛奶培养基

脱脂牛奶　100ml
2.5% 石蕊　4ml

配制后石蕊牛奶培养基应呈紫丁香色，分装小试管（10mm×100mm），0.056MPa、112℃灭菌 20min。

5-38　明胶培养基（酵母）

麦芽汁　1000ml
明胶　120g
0.056MPa、112℃灭菌 20min。

5-39　尿素斜面培养基

蛋白胨　1.000g
NaCl　5.000g
KH_2PO_4　2.000g
酚红　0.012g
蒸馏水　1000.000ml
琼脂　20.000g
pH　6.8

每管装培养基 2.7ml，灭菌后，向每管加入 0.3ml 过滤除菌的 20% 尿素溶液，混合后摆斜面。

5-40 延胡索酸发酵培养基

葡萄糖	100.00g
$MgSO_4 \cdot 7H_2O$	0.10g
KH_2PO_4	0.15g
$(NH_4)_2SO_4$	3.00g
K_2HPO_4	0.15g
$CaCl_2$	0.10g
$CaCO_3$	30.00～50.00g
蒸馏水	1000.00ml

0.1MPa、121℃灭菌 20min。

5-41 乳酸发酵培养基

葡萄糖	150.000g
$MgSO_4 \cdot 7H_2O$	0.250g
$ZnSO_4$	0.440g
KH_2PO_4	0.300～0.600g
尿素	0.522g
蒸馏水	1000.000ml

0.1MPa、121℃灭菌 20min。

5-42 LB（Luria-Bertani）培养基

蛋白胨	10g
酵母膏	5g
NaCl	10g
蒸馏水	1000ml
pH	7.0

0.1MPa、121℃灭菌 20min。

5-43 TY 培养基

胰蛋白胨	5.0g
酵母酶解粉	3.0g
$CaCl_2 \cdot 2H_2O$	0.7g
蒸馏水	1000.0ml
pH	6.8～7.2

0.1MPa、121℃灭菌 20min。

5-44 合成培养基

$(NH_4)_3PO_4$	1.0g
KCl	0.2g
$MgSO_4 \cdot 7H_2O$	0.2g
豆芽汁	10.0ml
琼脂	20.0g
蒸馏水	1000.0ml
pH	7.0

向培养基中加入 12ml 0.04% 溴甲酚紫（pH5.2～6.8，颜色由黄变紫，作指示剂），0.1MPa、121℃灭菌 20min。

5-45 葡萄糖牛肉膏蛋白胨培养基

葡萄糖	10g
牛肉膏	3g
蛋白胨	5g
NaCl	5g
琼脂	20g
蒸馏水	1000ml
pH	7.0～7.2

0.1MPa、121℃灭菌 30min。

5-46 酪蛋白培养基

牛肉膏	3g
酪蛋白	10g
NaCl	5g
琼脂	20g
蒸馏水	1000ml
pH	7.6～8.0

称酪蛋白 1g，先用少量 2% NaOH 润湿，玻璃棒搅动，再加适量蒸馏水，在沸水中加热并搅拌至完全溶解，加入其他成分，补足水量至 1000ml，调整 pH，0.1MPa、121℃灭菌 30min。

5-47 缓冲蛋白胨水（沙门氏菌前增菌用）

蛋白胨	10.0g
NaCl	5.0g
$Na_2HPO_4 \cdot 12H_2O$	9.0g
KH_2PO_4	1.5g
蒸馏水	1000.0ml
pH	7.2

0.1MPa、121℃灭菌 20min。

5-48 氯化镁孔雀绿增菌液（R10 增菌液）

甲液：胰蛋白胨	5.0g
NaCl	8.0g
KH_2PO_4	1.6g
蒸馏水	1000.0ml
乙液：$MgCl_2$	40g
蒸馏水	100ml

丙液：0.4% 孔雀绿水溶液

分别将上述成分配好，0.1MPa、121℃灭菌 20min。用时取甲液 90ml、乙液 9ml、丙液 0.9ml 无菌操作混合即可。

5-49 四硫磺酸钠煌绿增菌液

基础培养基	100ml
碘溶液	2ml
0.1% 煌绿溶液	1ml

①基础培养基：多胨 5g，胆盐 1g，$CaCO_3$ 10g，硫代硫酸钠 30g，蒸馏水 1000ml。将各成分加入蒸馏水中，加热溶解，分装每瓶 100ml，分装时随时振摇，使碳酸钙混匀，0.1MPa、121℃灭菌 20min 备用。②碘溶液：碘 6g，碘化钾 5g，蒸馏水 20ml。

四硫磺酸钠煌绿增菌液（换用方法）

基础液	900ml
硫代硫酸钠溶液	100ml
碘液	20ml
煌绿溶液	2ml
牛胆盐溶液	50ml

①基础液：蛋白胨 1g，牛肉膏 0.5g，NaCl 0.3g，$CaCO_3$ 4.5g，蒸馏水 1000ml。将各成分加入蒸馏水中，加热至 70℃溶解，调 pH7.0，0.1MPa、121℃灭菌 20min。②硫代硫酸钠溶液：$Na_2S_2O_3 \cdot 5H_2O$ 50g，加蒸馏水至 100ml。③碘溶液：碘片 20g，碘化钾 25g，加蒸馏水至 100ml。将碘化钾充分溶解少量蒸馏水中，加入碘片，振摇玻瓶至碘片全部溶解，再加足蒸馏水，贮于棕色玻瓶内，紧盖瓶盖备用。④煌绿溶液：煌绿 0.5g，蒸馏水 100ml。存放暗处，不少于 1d，使其自然灭菌。⑤牛胆盐溶液：干燥牛胆盐 10g，蒸馏水 100ml。煮沸溶解，0.1MPa、121℃灭菌 20min。

临用时，按上述顺序，无菌操作依次加入各溶液，每加入一种成分，摇匀后再加入下种成分，分装灭菌瓶，每瓶 100ml。

5-50　亚硒酸盐胱氨酸增菌液

蛋白胨	5.0g
乳糖	4.0g
亚硒酸氢钠	4.0g
KH_2PO_4	4.5g
1%*L*-胱氨酸-氢氧化钠溶液	1ml
蒸馏水	1000.0ml

1%*L*-胱氨酸-氢氧化钠溶液：称 *L*-胱氨酸 0.1g，加入 1mol/L NaOH 1.5ml，溶解后加蒸馏水 8.5ml。

将除亚硒酸氢钠和 *L*-胱氨酸以外各成分溶解于 900ml 蒸馏水，加热煮沸，待冷备用。另将亚硒酸氢钠溶液溶解于 100ml 蒸馏水，加热煮沸，待冷，以无菌操作与上液混合。再加入 1% *L*-胱氨酸-氢氧化钠溶液 1ml，调 pH7.0±0.1。

5-51　亚硫酸铋琼脂

蛋白胨	10.0g
牛肉膏	5.0g
葡萄糖	5.0g
硫酸亚铁	0.3g
Na_2HPO_4	4.0g
柠檬酸铋铵	2.0g
亚硫酸钠	6.0g
0.5% 煌绿溶液	5ml
琼脂	18.0～20.0g
蒸馏水	1000.0ml
pH	7.5

将前五种成分溶解于 300ml 蒸馏水；柠檬酸铋铵和亚硫酸钠另用 50ml 蒸馏水溶解；琼脂于 600ml 蒸馏水煮沸溶解，冷至 80℃；将以上三液混合，补水至 1000ml，调 pH，加 0.5% 煌绿溶液 5ml，摇匀，冷至 50℃左右，倒平板。

注意：此培养基不需高压灭菌。制备过程不宜过分加热，以免降低其选择性。在临用前 1d 制备，贮存于室温暗处，超过 48h 不宜使用。

5-52　DHL 琼脂（Deoxycholate Hydr-ogen sulfide Lactose Agar）

蛋白胨	20.0g
牛肉膏	3.0g
乳糖	10.0g
蔗糖	10.0g
去氧胆酸钠	1.0g
硫代硫酸钠	2.3g
柠檬酸钠	1.0g
柠檬酸铁铵	1.0g
0.5% 中性红溶液	6ml
琼脂	18.0～20.0g
蒸馏水	1000.0ml
pH	7.3

将除中性红和琼脂外成分溶解于 400ml 蒸馏水，调 pH，再将琼脂于 600ml 蒸馏水煮沸溶解，两液混合，加入 0.5% 中性红溶液 6ml，冷至 50℃左右，倒平板。

5-53　HE 琼脂（Hektoen's Enteric Agar）

脉胨	12g
牛肉膏	3g
乳糖	12g
蔗糖	12g
水杨苷	2g
胆盐	20g
NaCl	5g
琼脂	18～20g
蒸馏水	1000ml
0.4% 溴麝香草酚蓝	16ml
Andrade 指示剂	20ml
甲液	20ml
乙液	20ml
pH	7.5

①甲液：硫代硫酸钠 34g，柠檬酸铁铵 4g，蒸馏水 100ml。②乙液：去氧胆酸钠 10g，蒸馏水 100ml。③ Andrade 指示剂：酸性品红 0.5g，

1mol/L NaOH 16ml，蒸馏水 100ml。将品红溶解于蒸馏水中，加入 NaOH 溶液；数小时后，若品红褪色不全，再加 NaOH 溶液 1～2ml。

将前七种成分溶解于 400ml 蒸馏水作基础液，琼脂加入 600ml 蒸馏水煮沸溶解。加入甲液和乙液于基础液，调 pH。加指示剂，并与琼脂液混合，冷至 50℃左右，倒平板。

5-54　WS 琼脂（分离沙门氏菌）

蛋白胨	12g
牛肉膏	3g
NaCl	5g
乳糖	12g
蔗糖	12g
十二烷基硫酸钠	2g
琼脂	15g
Andrade 指示剂	20ml
0.4% 溴麝香草酚蓝	16ml
甲液	20ml
蒸馏水	1000ml
pH	7.0

除 Andrade 指示剂和甲液（配方见 5-53HE 琼脂）外，其他成分加热溶解，不需消毒，调 pH 后加 Andrade 指示剂和甲液，倒平板。平板应呈草绿色。

5-55　SS 琼脂

基础培养基	1000ml
乳糖	10g
柠檬酸钠	8.5g
硫代硫酸钠	8.5g
10% 柠檬酸铁溶液	10ml
1% 中性红溶液	2.5ml
0.1% 煌绿溶液	0.33ml

基础培养基：将牛肉膏 0.5g，胨 0.5g，三号胆盐 0.35g，三种成分溶解于 400ml 蒸馏水。琼脂 1.7g 于 600ml 蒸馏水煮沸溶解。两液混合，于 0.1MPa、121℃灭菌 20min 保存备用。

加热熔化基础培养基，按比例加入除染料外各成分，充分混合均匀，调 pH7.0，加入中性红和煌绿溶液，倒平板。

注意：配好的培养基宜当日使用，或保存冰箱 48h 使用；煌绿溶液配好后应在 10d 内使用。

5-56　三糖铁（TSI）琼脂

蛋白胨	15.0g
牛肉膏	3.0g
酵母膏	3.0g
乳糖	10.0g
蔗糖	10.0g
葡萄糖	1.0g
NaCl	5.0g
$FeSO_4$	0.2g
硫代硫酸钠	0.3g
琼脂	12.0g
0.2% 酚红溶液	12.5ml
蒸馏水	1000.0ml
pH	7.4

将除琼脂和酚红外成分溶解于蒸馏水，调 pH，加入琼脂，加热煮沸溶化琼脂。加 0.2% 酚红溶液 12.5ml（培养基 1000ml），摇匀，分装试管，装量宜多些，以便得到较高底层。0.1MPa、121℃灭菌 20min。

5-57　氰化钾（KCN）培养基

蛋白胨	10.000g
NaCl	5.000g
KH_2PO_4	0.225g
$NaH_2PO_4 \cdot 2H_2O$	5.640g
蒸馏水	1000.000ml
pH	7.4
0.5%KCN 溶液	2ml

0.1MPa、121℃灭菌 20min。灭菌后培养基充分冷却后，每 100ml 培养基加入 0.5%KCN 溶液 2ml（最终浓度 1∶10.000），分装 12mm×100mm 试管，每管 4ml，用灭菌橡皮塞紧，冰箱冷藏保存，可保存两个月。同时以不加 KCN 培养基作为对照。

注意：KCN 是剧毒药物，使用时应小心，切勿沾染。夏天分装在冰箱中进行。

5-58　半固体琼脂（供动力观察、菌种保存、H 抗原位相变异试验用）

蛋白胨	10.0g
牛肉膏	3.0g
NaCl	5.0g
琼脂	3.5～4.0g
蒸馏水	1000.0ml
pH	7.4

0.1MPa、121℃灭菌 20min，直立凝固备用。

5-59　GN 增菌液

胰蛋白胨	20.0g
葡萄糖	1.0g
甘露醇	2.0g
柠檬酸钠	5.0g
去氧胆酸钠	0.5g
K_2HPO_4	4.0g

KH_2PO_4　1.5g
NaCl　5.0g
蒸馏水　1000.0ml
pH　7.0
0.056MPa、112℃灭菌20min。

5-60　麦康凯琼脂

蛋白胨　17g
脉胨　3g
猪或羊、牛胆盐　5g
NaCl　5g
琼脂　17g
蒸馏水　1000ml
乳糖　10g
0.01%结晶紫水溶液　10ml
0.5%中性红水溶液　5ml

蛋白胨、脉胨、猪胆盐和NaCl溶解于400ml蒸馏水，调pH7.2。琼脂加入600ml蒸馏水，加热煮沸溶解。将两液混合，分装锥形瓶，0.1MPa、121℃灭菌20min。临用时，加热熔化培养基，趁热加入灭菌乳糖（0.056MPa、112℃灭菌20min），冷至50℃左右，再加入灭菌结晶紫和中性红溶液，摇匀，倒平板。

5-61　伊红亚甲蓝（EMB）琼脂

蛋白胨　10g
乳糖　10g
K_2HPO_4　2g
琼脂　17g
2%伊红　20ml
0.65%亚甲蓝水溶液　10ml
蒸馏水　1000ml
pH　7.1

将蛋白胨、K_2HPO_4、琼脂溶解于蒸馏水，调pH，分装锥形瓶，0.1MPa、121℃灭菌20min。临用时，加热熔化培养基，趁热加入灭菌乳糖（0.056MPa、112℃灭菌20min），冷至50℃左右，加入伊红及亚甲蓝水溶液，摇匀，倒平板。

5-62　葡萄糖半固体管

蛋白胨　1.0g
牛肉膏　0.3g
NaCl　0.5g
葡萄糖　1.0g
1.6%溴甲酚紫乙醇溶液　0.1ml
琼脂　0.3g
蒸馏水　100.0ml
pH　7.4

蛋白胨、牛肉膏、NaCl溶于水中，调pH，加琼脂加热溶化，再加入指示剂和葡萄糖，分装试管，0.1MPa、121℃灭菌20min。

5-63　葡萄糖铵琼脂培养基

NaCl　5.0g
$MgSO_4 \cdot 7H_2O$　0.2g
$(NH_4)H_2PO_4$　1.0g
K_2HPO_4　1.0g
葡萄糖　2.0g
琼脂　20.0g
蒸馏水　1000.0ml
0.2%溴麝香草酚蓝　40.0ml
pH　6.8

将盐类和糖类溶解于蒸馏水中，调pH，加入琼脂煮沸溶化后，再加指示剂，分装，0.1MPa、121℃灭菌20min。

5-64　西蒙氏柠檬酸盐培养基

NaCl　5.0g
$MgSO_4 \cdot 7H_2O$　0.2g
$(NH_4)H_2PO_4$　1.0g
K_2HPO_4　1.0g
柠檬酸钠　5.0g
琼脂　20.0g
蒸馏水　1000.0ml
0.2%溴麝香草酚蓝　40.0ml
pH　6.8

将盐类溶解于蒸馏水中，调pH，加入琼脂煮沸溶化后，再加指示剂，分装，0.1MPa、121℃灭菌20min。

5-65　胰酪胨大豆肉汤

胰酪胨　17.0g
大豆蛋白胨　3.0g
NaCl　100.0g
K_2HPO_4　2.5g
葡萄糖　2.5g
蒸馏水　1000.0ml
pH　7.3
0.1MPa、121℃灭菌20min。

5-66　7.5%氯化钠肉汤

蛋白胨　10g
牛肉膏　3g
NaCl　75g
蒸馏水　1000ml
pH　7.4
0.1MPa、121℃灭菌20min。

5-67　血琼脂培养基

pH 7.6牛肉膏蛋白胨琼脂　100ml

脱纤维羊血（或兔血）	10ml

将牛肉膏蛋白胨琼脂加热熔化，待冷至50℃，加入无菌脱纤维羊血（或兔血），摇匀后倒平板或制成斜面。

5-68 Baird-Parker 琼脂培养基

胰蛋白胨	10g
牛肉膏	5g
酵母膏	1g
丙酮酸钠	10g
甘氨酸	12g
$LiCl \cdot 6H_2O$	5g
琼脂	20g
蒸馏水	950ml
pH	7.0±0.2
卵黄亚碲酸钾增菌剂	50ml

卵黄亚碲酸钾增菌剂：30%卵黄盐水50ml与过滤除菌的1%亚碲酸钾10ml混合，冰箱保存。

0.1MPa、121℃灭菌20min，培养基冷至50℃，每95ml加入预热到50℃卵黄亚碲酸钾增菌剂5ml，摇匀，倒平板。

注意：培养基在冰箱储存不能超过48h。

5-69 肉浸液肉汤

绞碎牛肉	500g
NaCl	5g
蛋白胨	10g
K_2HPO_4	2g
蒸馏水	1000ml

将去筋膜无油脂碎牛肉500g加入蒸馏水1000ml，放冰箱过夜，除去液面浮油，隔水煮沸0.5h，使肉渣完全凝结成块，用纱布过滤，收集滤液，加水补足原量。加入蛋白胨、NaCl和磷酸盐，溶解后调pH7.4～7.6，过滤，分装，0.1MPa、121℃灭菌20min。

5-70 庖肉培养基

牛肉浸液	1000ml
蛋白胨	30g
酵母膏	5g
NaH_2PO_4	5g
葡萄糖	3g
可溶性淀粉	2g
碎肉渣	适量
pH	7.8

称取新鲜除脂肪和筋膜碎牛肉500g，加蒸馏水1000ml和1mol/L NaOH 25ml，搅拌煮沸15min，充分冷却，除去表层脂肪，澄清，过滤，加水补足1000ml，加除碎肉渣各种成分，调pH；碎肉渣经水洗晾至半干，分装于15mm×150mm试管2～3cm，每管加入还原铁粉0.1～0.2g，将培养基分装至每管超过肉渣表面约1cm，上盖熔化凡士林或液体石蜡0.3～0.4cm，0.1MPa、121℃灭菌20min。

5-71 酪蛋白琼脂培养基

酪蛋白	10.0g
牛肉膏	3.0g
Na_2HPO_4	2.0g
NaCl	5.0g
琼脂	15.0g
蒸馏水	1000.0ml
0.4%溴麝香草酚蓝	12.5ml
pH	7.4

将除指示剂外成分加热溶解（酪蛋白不溶解），调pH，加入指示剂，0.1MPa、121℃灭菌20min。

5-72 动力-硝酸盐培养基

蛋白胨	5g
牛肉膏	3g
硝酸钾	1g
琼脂	3g
蒸馏水	1000ml
pH	7.0

0.1MPa、121℃灭菌20min。

5-73 缓冲葡萄糖蛋白胨水培养基

蛋白胨	5g
葡萄糖	5g
K_2HPO_4	5g
蒸馏水	1000ml
pH	7.0～7.2

0.1MPa、121℃灭菌20min。

5-74 甘露醇卵黄多黏菌素（MYP）琼脂培养基

蛋白胨	10g
牛肉膏	1g
甘露醇	10g
NaCl	10g
琼脂	15g
蒸馏水	1000ml
0.2%酚红溶液	13ml
50%卵黄溶液	50ml
多黏菌素B	100 000IU
pH	7.4

将前五种成分加入蒸馏水溶解，调pH，加

酚红溶液，分装，0.1MPa、121℃灭菌 20min，待培养基冷至 50℃，每 100ml 培养基加入 50% 卵黄溶液 5ml 及多黏菌素 B 10 000IU，混匀倒平板。

5-75　木糖 - 明胶培养基

胰胨	10g
酵母膏	10g
木糖	10g
Na_2HPO_4	5g
明胶	120g
蒸馏水	1000ml
0.2% 酚红溶液	25ml
pH	7.6

将除酚红外成分加热溶解，调 pH，加入酚红溶液，分装，0.1MPa、121℃灭菌 20min，迅速冷却。

5-76　乳糖蛋白胨培养液

蛋白胨	10g
牛肉膏	3g
乳糖	5g
1.6% 溴甲酚紫乙醇溶液	1ml
NaCl	5g
蒸馏水	1000ml

将蛋白胨、牛肉膏、乳糖及 NaCl 加热溶解于 1000ml 蒸馏水中，调 pH7.2～7.4。加入 1.6 % 溴甲酚紫乙醇溶液 1ml，充分混匀。0.056MPa、112℃灭菌 20min。

5-77　3 倍浓缩乳糖蛋白胨液体培养基

体积不变，其成分量为 5-76 配方中的 3 倍。

5-78　硫乙醇酸盐培养基

胰酶消化酪蛋白胨	15.0g
L- 胱氨酸	0.5g
葡萄糖	5.0g
酵母膏	5.0g
氯化钠	2.5g
硫乙醇酸钠	0.5g
刃天青	0.001g
蒸馏水	1000.0ml
pH	7.1

煮沸溶解，冷却调 pH，分装试管，每管 10ml，0.1MPa、121℃灭菌 20min。临用前隔水煮沸 10min，以驱除培养基中溶解的氧气，迅速冷却。

5-79　察氏培养基

硝酸钠	3.00g
磷酸氢二钾	1.00g
硫酸镁（$MgSO_4 \cdot 7H_2O$）	0.50g
氯化钾	0.50g
硫酸亚铁	0.01g
蔗糖	30.00g
琼脂	15.00～20.00g
蒸馏水	1000.00ml
pH	7.0～7.2

附录 6　芽孢杆菌属典型菌株检索表

群 1．芽孢囊不明显膨大；芽孢椭圆形或柱状，革兰氏阳性

1．生长在葡萄糖营养琼脂上的幼龄细胞，用亚甲蓝淡染色，原生质中有不着色的颗粒。
　（1）严格好氧，伏 - 波反应阴性……巨大芽孢杆菌（*Bacillus megaterium*）
　（2）兼性厌氧，伏 - 波反应阳性……蜡样芽孢杆菌（*B. cereus*）
　　A．昆虫致病……苏云金芽孢杆菌（*B. thuringiensis*）
　　B．菌落呈假根状……蕈状芽孢杆菌（*B. mycoides*）
　　C．引起人、畜炭疽病……炭疽芽孢杆菌（*B. anthracis*）
2．生长在葡萄糖营养琼脂上的幼龄细胞，用亚甲蓝淡染色，原生质中没有不着色的颗粒。
　（1）在 7%NaCl 中生长；石蕊牛奶不产酸
　　A．pH5.7 生长；伏 - 波反应阳性
　　　a．水解淀粉；还原硝酸盐成亚硝酸盐
　　　　（a）兼性厌氧；利用丙酸盐……地衣芽孢杆菌（*B. licheniformis*）
　　　　（b）好氧；不利用丙酸盐……枯草芽孢杆菌（*B. subtilis*）
　　　b．不水解淀粉；不还原硝酸盐成亚硝酸盐……短小芽孢杆菌（*B. pumilus*）
　　B．pH5.7 不生长；伏 - 波反应阴性……坚强芽孢杆菌（*B. firmus*）
　（2）在 7%NaCl 中不生长；石蕊牛奶产酸……凝结芽孢杆菌（*B. coagulans*）

群 2. 芽孢囊膨大，芽孢椭圆形，中生到端生，革兰氏阳性、阴性或可变

1. 发酵葡萄糖产酸产气

（1）伏 - 波反应阳性，由甘油形成二羟丙酮……多黏芽孢杆菌（*B. polymyxa*）

（2）伏 - 波反应阴性，不形成二羟丙酮……浸麻芽孢杆菌（*B. macerans*）

2. 不从葡萄糖产气

（1）水解淀粉

A. 不形成吲哚；伏 - 波反应阴性

a. 在 65℃下不生长……环状芽孢杆菌（*B. circulans*）

b. 在 65℃下生长……嗜热脂肪芽孢杆菌（*B. stearothermophilus*）

B. 形成吲哚；伏 - 波反应实验阳性……蜂房芽孢杆菌（*B. alvei*）

（2）不水解淀粉

A. 过氧化氢酶阳性；在营养肉汤中连续传代仍存活

a. 兼性厌氧菌；在葡萄糖营养肉汤培养基中 pH 低于 8.0 才能生长
……侧孢芽孢杆菌（*B. laterosporus*）

b. 好氧菌；在葡萄糖营养肉汤培养基中 pH 高于 8.0 能生长
……短芽孢杆菌（*B. brevis*）

B. 过氧化氢酶阴性；在营养肉汤中连续传代不能存活

a. 还原硝酸盐为亚硝酸盐；分解酪蛋白……幼虫芽孢杆菌（*B. larvae*）

b. 不还原硝酸盐为亚硝酸盐；不分解酪蛋白

（a）芽孢囊中含有一个伴孢晶体；在 2%NaCl 中能生长
……日本甲虫芽孢杆菌（*B. popilliae*）

（b）芽孢囊中不含伴孢晶体；在 2%NaCl 中不生长
……缓病芽孢杆菌（*B. lentimorbus*）

群 3. 芽孢囊膨大，芽孢一般球形，端生到次端生，革兰氏阳性、阴性或可变

不水解淀粉；在非碱性培养基中也能生长，不从糖类发酵产酸
……球形芽孢杆菌（*B. sphaericus*）

附录 7 实验常用中英文名词对照表

三画

干热灭菌 hot oven sterilization
干燥箱 drying oven
小梗 sterigma
子囊 ascus（复：asci）
子囊孢子 ascospore
马丁培养基 Martin medium
马铃薯葡萄糖培养基 potato extract glucose medium

四画

专性厌氧菌 obligate anaerobe
无性繁殖 vegetative propagation
支原体 mycoplasma
无菌水 sterile water
无菌吸管 sterile pipette
无菌操作（无菌技术）aseptic technique
气生菌丝 aerial hypha（复：hyphae）
牛肉膏蛋白胨培养基 beef extract peptone medium
中性红 neutral red
比浊法 turbidimetry
水浸法 wet-mount method
分生孢子 conidium（复：conidia）
分生孢子梗 conidiophore
分离 isolation
分辨率（清晰度）resolving power（resolution）
计算室 counting chamber
孔雀绿 malachite green
巴斯德消毒法 pasteurization
双筒显微镜 biocular microscope

五画

节孢子 arthrospore
石炭酸 phenol

平板 plate
平板划线 streak plate
平板菌落计数法 enumeration by plate count method
灭菌 sterilization
卡那霉素 kanamycin
目镜测微尺 ocular micrometer
甲基红试验 methyl red test
四环素 tetracycline
生长曲线 growth curve
生醇发酵 alcoholic fermentation
立克次氏体 rickettsia
发酵液 fermentation solution
对流免疫电泳 counter immunoelectrophoresis

六画

厌氧细菌 anaerobic bacteria
厌氧培养法 anaerobic culture method
有性繁殖 sexual reproduction
划线培养 streak cultivation
吕氏亚甲蓝液 Loeffler's methylene blue
吸管 breed pipette
伏 - 波试验 Voges-Proskauer test
伊红亚甲蓝培养基 eosin methylene blue medium
血球计数板 haemocytometer
负染色 negative stain
多黏菌素 polymyxin
齐氏石炭酸品红染液 Ziehl carbol-fuchsin solution
衣原体 chlamydia
产氨试验 production of ammonia test
异养微生物 heterotrophic microbe
异染粒 metachromatic granule
好氧细菌 aerobic bacteria

七画

麦芽汁培养基 malt extract medium
抑制剂 inhibitor
抑菌圈 zone of inhibition
抗生素 antibiotics
抗生素发酵 antibiotic fermentation
抗血清 antiserum
抗体 antibody
抗原 antigen
抗菌谱 antibiotic spectrum
芽孢 spore
芽孢染色 spore stain
杜氏发酵管 Durham's fermentation tube
豆芽汁葡萄糖培养基 soybean sprout extract glucose medium
来苏尔 lysol
吲哚试验 indole test
利夫森鞭毛染色 Leifson flagella staining
伴孢晶体 parasporal crystal
免疫血清 immune serum
沉淀反应 precipitation reaction
沉淀素 precipitin
沉淀原 precipitogen
局限性转导 specialized transduction
阿什比无氮培养基 Ashby nitrongen-free medium

八画

纯化 purification
苯胺黑（黑色素）nigrosine
杯碟法 cylinder-plate method
奈氏试剂 Nessler's reagent
转导 transduction
转导子 transductant
国际单位制 international system of units，SI
明胶液化试验 gelatin liquefaction test
固氮作用 nitrogen fixation
物镜 objective，objective lens
乳酸石炭酸液 lactophenol solution
乳糖发酵 lactose fermentation
乳糖蛋白胨培养基 lactose peptone medium
肽聚糖 peptidoglycan
单菌落 single colony
单筒显微镜 monocular microscope
油镜 oil immersion lens
孢子囊 sporangium（复：sporangia）
孢子囊柄 sporangiophore
孢囊孢子 sporangiospore
细调节器 fine adjustment
细晶紫 crystal violet

九画

垣酸 teichoic acid
挑菌落 colony selection
革兰氏阴性菌 Gram-negative bacteria，G−
革兰氏阳性菌 Gram-positive bacteria，G+
革兰氏染色 Gram stain
革兰氏碘液 Gram's iodine solution
荚膜染色 capsule stain
相差显微镜 phase contrast microscope
柠檬酸盐培养基 citrate medium
厚垣孢子 chlamydospore
耐氧细菌 aerotolerant bacteria

香柏油 cedar oil
复染 counterstain
匍匐枝 stolon
测微尺 micrometer
恒温箱 incubator
穿刺培养 stab cultivation
诱变剂 mutagenic agent
诱变效应 mutagenic effect

十画

振荡培养 shake cultivation
载片 slide
真菌 fungi
根瘤菌 nodule bacteria
原生质体 protoplast
氨苄青霉素 ampicillin
倾注法 pour plate method
胰蛋白胨 casein tryptone
高氏 I 号合成培养基 Gause's No.1 synthetic medium
高压蒸汽灭菌 high pressure steam sterilization
兼性厌氧菌 facultative anaerobe
消毒 disinfection
消毒剂 disinfectant
涂布器（刮刀）scraper
涂抹培养 smearing cultivation

十一画

球形体 spheroplast
培养皿 petri dish
培养基 medium
培养液 culture solution
接合 conjugation
接合孢子 zygospore
接种针 inoculating needle
接种环 inoculating loop
菌丝 hypha（复：hyphae）
菌丝体 mycelium（复：mycelia）
菌落 colony
营养菌丝 vegetative hypha
硅胶 silica gel
悬液 suspension
悬滴法 hanging drop method
假根 rhizine
假菌丝 pseudohypha
斜面 slant
斜面接种 inoculation of an agar slant
脱色剂 decolorizing agent
盖片 cover glass
液体接种 broth transfer
淀粉水解试验 hydrolysis of starch test

十二画

琼脂扩散法 agar diffusion method
琼脂糖凝胶 agarose gel
葡萄糖蛋白胨培养基 glucose peptone medium
棉塞 cotton plug
紫外线 ultraviolet ray
链霉素 streptomycin
氯霉素 chloramphenicol
稀释分离法 isolation by dilution method
稀释液 diluent（diluted solution）
焦性没食子酸 pyrogallic acid
番红（沙黄、藏花红）safranine
普遍性转导 general transduction
媒染剂 mordant

十三画

摇床 rotating shaker
蓝细菌 cyanobacteria
酪蛋白水解培养基 casein hydrolysate medium
暗视野显微镜 dark field microscope
简单染色 simple stain
微生物发酵 microbial fermentation
数值孔径 numerical aperture，NA
滤膜法 membrane filter technique
溶菌酶 lysozyme

十四画及以上

聚-β-羟丁酸 poly-β-hydroxybutyrate，PHB
酵母甘露醇培养基 yeast extract mann-itol medium
酵母菌 yeast
碱性品红 basic fuchsin
碱性染料 basic dye
稳定期 stationary phase
察氏培养基 Czapek medium
霉菌 mold，mould
噬菌体 bacteriophage
噬菌体裂解 phage lysis
噬菌斑 plaque
镜台测微尺 stage micrometer
凝胶扩散 gel diffusion
凝集反应 agglutination reaction
凝集素 agglutinin
凝集原 agglutinogen
螺旋体 spirochaeta
鞭毛 flagellum（复：flagella）

附录8　实验报告范文

细菌革兰氏染色

一、目的

了解革兰氏染色原理，掌握革兰氏染色方法。

二、原理

革兰氏染色法是1884年由丹麦病理学家C. Gram创立的。此法可将细菌区分为革兰氏阳性和革兰氏阴性两大类，是细菌学上最重要和广泛应用的鉴别染色法。

细菌因其细胞壁成分和结构的不同而对革兰氏染色产生反应不同。革兰氏阳性细菌细胞壁主要由肽聚糖形成网状结构，壁厚、类脂含量低，染色过程中，用乙醇（或丙酮）脱色时细胞壁脱水，使肽聚糖层网状结构的孔径缩小，通透性降低，结果使得结晶紫-碘复合物保留在细胞内而不易脱色呈现紫色。相反，革兰氏阴性细菌的细胞壁中肽聚糖含量低，而脂类物质含量高，脱色处理时，脂类物质被乙醇（或丙酮）溶解，细胞壁通透性增加，使得结晶紫-碘复合物容易被抽提而脱色，经番红复染后呈现红色。革兰氏阳性细菌复染后呈深紫色（紫和红）。

三、材料、仪器

（1）菌种　大肠杆菌（*Escherichia coli*），斜面培养24h；金黄色葡萄球菌（*Stap-hylococcus aureus*），斜面培养24h。

（2）染料　草酸铵结晶紫染液、鲁氏碘液、95%乙醇、番红染液。

（3）仪器及其他

1）配染液等所需仪器：电子天平、称量纸、药匙、量筒、烧杯、玻璃棒、滴瓶等。

2）观察所需仪器及其他：酒精灯、火柴、酒精棉球、载玻片、蒸馏水、接种环、试管架、电吹风、洗瓶、滤纸、显微镜、香柏油、擦镜纸、擦镜液、清洗缸等。

四、方法

（1）涂片　混合涂片法。取一洁净载玻片，在中央滴一小滴蒸馏水。用接种环以无菌操挑取少量大肠杆菌于水滴中，涂布均匀。接种环经烧灼灭菌冷却后，再挑取少量金黄色葡萄球菌混涂于载玻片中央大肠杆菌菌液中，制成混合薄而均匀涂片。

注意：用对数生长期的幼培养物做革兰氏染色；涂片不宜太厚，以免脱色不完全造成假阳性。

（2）干燥　室温自然晾干或电吹风吹干。

注意：电吹风不能距菌膜很近，否则导致菌体严重变形或烤焦。

（3）固定　手执载玻片一端，将有菌膜的一面朝上，快速通过微火2～3次。

注意：载玻片通过微火后，用手背接触涂片反面，以不烫手为宜；过热会导致菌体严重变形或烤焦。

（4）染色

1）初染。加草酸铵结晶紫染液覆盖于涂片处约1min，水洗。

2）媒染。滴加碘液冲去残水，并用碘液覆盖1min，水洗。

3）脱色。用滤纸吸去载玻片残水，倾斜载玻片，用95%乙醇清洗至流出液无紫色为宜，时间25～30s，立即用水缓缓冲洗。

注意：乙醇脱色是革兰氏染色操作关键环节。脱色不足，阴性菌被误染成阳性菌（假阳性）；脱色过度，阳性菌被误染成阴性菌（假阴性）。

4）复染。用滤纸干燥后，加番红染液，覆盖3～4min，水洗。

（5）镜检　待涂片完全干燥后，油镜下观察。

注意：显微观察时以分散开细菌革兰氏染色反应为准，过于密集细菌常常呈假阳性。

（6）清理　实验完毕后，清理油镜头，使显微镜复位。将染色片放入清洗缸浸泡、清洗。

五、结果

经过革兰氏染色，大肠杆菌呈淡红色，为革兰氏阴性，菌体呈现单个、小杆状；金黄色葡萄球菌呈蓝紫色，为革兰氏阳性，金黄色葡萄球菌呈堆积的小球状（见下图）。

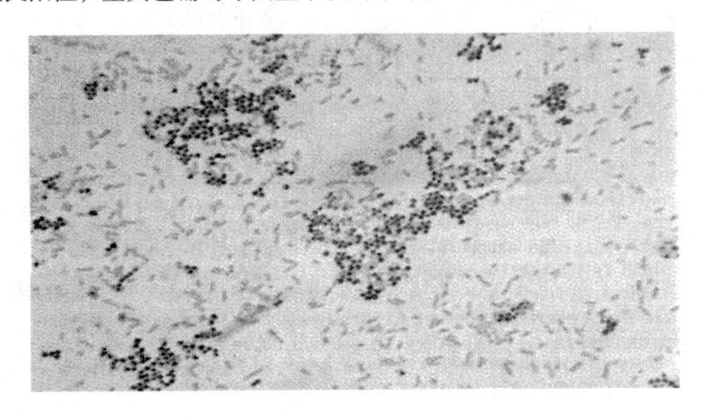

六、讨论

制片时，挑取细菌菌苔要少，在蒸馏水中要求调匀并涂成薄膜，切忌过厚，以免脱色不彻底造成假阳性。

革兰氏染色成败的关键是乙醇脱色，如果脱色过度，阳性菌被染成阴性菌，脱色不足，阴性菌被染成阳性菌。

革兰氏染色时，菌龄不能太老，用对数生长期的幼培养物染色，否则易造成假阴性。